CONTEÚDO DIGITAL PARA ALUNOS
Cadastre-se e transforme seus estudos em uma experiência única de aprendizado:

1 Entre na página de cadastro:
www.editoradobrasil.com.br/sistemas/cadastro

2 Além dos seus dados pessoais e de sua escola, adicione ao cadastro o código do aluno, que garantirá a exclusividade do seu ingresso a plataforma.

1967044A7638671

3 Depois, acesse: www.editoradobrasil.com.br/leb
e navegue pelos conteúdos digitais de sua coleção :D

Lembre-se de que esse código, pessoal e intransferível, é valido por um ano. Guarde-o com cuidado, pois é a única maneira de você utilizar os conteúdos da plataforma.

CB062054

Editora do Brasil

GEO

TERRITÓRIO, REGIÃO E ESPAÇO BRASILEIRO

7

LEVON BOLIGIAN
- Licenciado em Geografia pela Universidade Estadual de Londrina (UEL)
- Doutor em Ensino de Geografia pela Universidade Estadual Paulista (Unesp)
- Professor do Instituto Federal Catarinense (IFC)

ANDRESSA ALVES
- Bacharel e licenciada em Geografia pela Universidade Estadual de Londrina (UEL)
- Mestre em Geografia pela Universidade Estadual Paulista (Unesp)
- Arte-educadora licenciada em Artes Visuais pela Universidade Estadual de Londrina (UEL)
- Especializanda em Gestão Ambiental pela Universidade Federal do Paraná (UFPR)

1ª Edição
São Paulo, 2021

Editora do Brasil

Dados Internacionais de Catalogação na Publicação (CIP)
(Câmara Brasileira do Livro, SP, Brasil)

Boligian, Levon
 Geo 7 : território, região e espaço brasileiro / Levon Boligian, Andressa Alves. -- 1. ed. -- São Paulo : Editora do Brasil, 2021.

 ISBN 978-65-5817-924-5 (aluno)
 ISBN 978-65-5817-923-8 (professor)

 1. Geografia (Ensino fundamental) I. Alves, Andressa. II. Título.

21-65112   CDD-372.891

Índices para catálogo sistemático:
1. Geografia: Ensino fundamental 372.891

Maria Alice Ferreira - Bibliotecária - CRB-8/7964

© Editora do Brasil S.A., 2021
Todos os direitos reservados

Direção-geral: Vicente Tortamano Avanso

Direção editorial: Felipe Ramos Poletti
Gerência editorial: Erika Caldin
Supervisão de artes: Andrea Melo
Supervisão de editoração eletrônica: Abdonildo José de Lima Santos
Supervisão de revisão: Dora Helena Feres
Supervisão de iconografia: Léo Burgos
Supervisão de digital: Ethel Shuña Queiroz
Supervisão de controle de processos editoriais: Roseli Said
Supervisão de direitos autorais: Marilisa Bertolone Mendes

Supervisão editorial: Júlio Fonseca
Edição: Andressa Pontinha e Nathalia Cristine Folli Simões
Assistência editorial: Manoel Leal e Marina Lacerda D'Umbra
Auxiliar editorial: Douglas Bandeira
Especialista em copidesque e revisão: Elaine Cristina da Silva
Copidesque: Gisélia Costa, Ricardo Liberal e Sylmara Beletti
Revisão: Amanda Cabral, Andréia Andrade, Bianca Oliveira, Fernanda Sanchez, Flávia Gonçalves, Gabriel Ornelas, Jonathan Busato, Mariana Paixão, Martin Gonçalves e Rosani Andreani
Pesquisa iconográfica: Daniel Andrade e Rogério Lima
Assistência de arte: Josiane Batista
Design gráfico: Estúdio Anexo
Capa: Megalo Design
Imagem de capa: Skander Khlif
Ilustrações: Bruna Ishihara, Carlos Caminha, Cristiane Viana, Danilo Bandeira, Flip Estúdio, Luca Navarro, Paula Haydee Radi, Studio Caparroz, Tarcísio Garbellini e Zeni Santos
Produção cartográfica: Alessandro Passos da Costa, Allmaps, Jairo Soares, Jairo Souza, Luis Moura, Mario Yoshida e Sonia Vaz
Editoração eletrônica: Select Editoração
Licenciamentos de textos: Cinthya Utiyama, Jennifer Xavier, Paula Harue Tozaki e Renata Garbellini
Controle de processos editoriais: Bruna Alves, Carlos Nunes, Rita Poliane, Terezinha de Fátima Oliveira e Valéria Alves

1ª edição / 1ª impressão, 2021
Impresso na Ricargraf Gráfica e Editora

Rua Conselheiro Nébias, 887
São Paulo/SP – CEP 01203-001
Fone: +55 11 3226-0211
www.editoradobrasil.com.br

APRESENTAÇÃO

Globalização, sustentabilidade, fronteiras, migrações, conflitos internacionais, tecnologias, problemas ambientais, explosão demográfica... são termos que estão diariamente nas mídias, seja nas notícias dos jornais, seja nas redes sociais ou mesmo em filmes e documentários.

Tais ideias estão relacionadas aos estudos da Geografia, ciência que busca compreender como esses fatos, processos e fenômenos são organizados espacialmente pela sociedade.

A **Coleção GEO** convida você a fazer uma viagem por esses e outros temas e conceitos da ciência geográfica, como forma de desvendar a atual realidade que o cerca.

Com as demais matérias escolares, os conteúdos de Geografia irão prepará-lo para ser um cidadão consciente e capaz de interferir, mesmo que com pequenas ações, nos rumos da comunidade onde vive, de nosso país e, até mesmo, do mundo.

E aí, preparado? Então, bons estudos de Geografia para você e sua turma!

Os autores

CONHEÇA SEU LIVRO

Questionamentos 1

Por meio dos **questionamentos** propostos, você poderá refletir a respeito do que já sabe sobre o tema ou, ainda, propor aos colegas a troca de ideias relacionadas ao assunto.

Glossário

Em algumas páginas, você encontrará um pequeno **glossário** com a definição de palavras importantes para o entendimento do que está sendo estudado.

Questionamentos 2

Os **questionamentos** que acompanham as imagens facilitam a interpretação e a análise dos recursos, além de estimularem o desenvolvimento de habilidades importantes no estudo da Geografia.

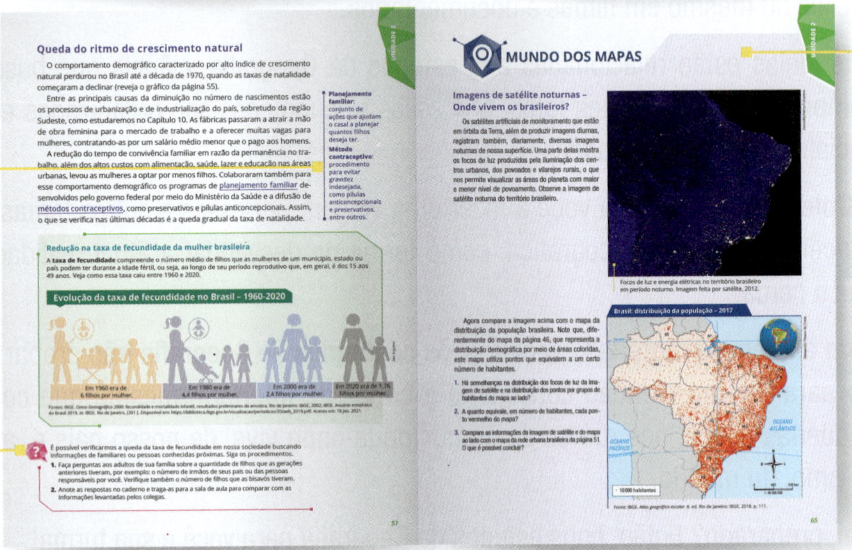

Fique ligado!

Na seção **Fique ligado!** são abordadas informações relevantes para a compreensão ou o aprofundamento do conteúdo que está sendo trabalhado.

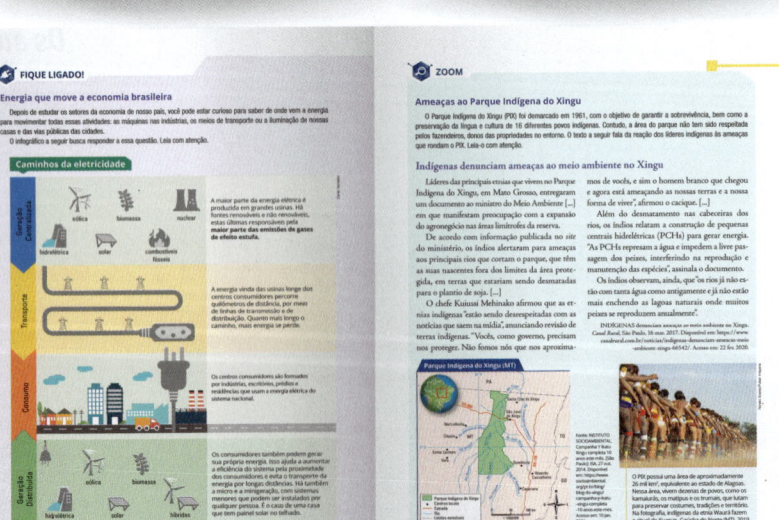

Abertura de unidade

Nas páginas de **abertura da unidade** há imagens e questionamentos que irão motivá-lo a estudar os conteúdos que serão abordados. A indicação dos conteúdos principais da unidade também é apresentada nessas páginas.

Mundo dos mapas

Em todas as unidades, a seção **Mundo dos mapas** apresenta conteúdos e atividades que promovem o entendimento das linguagens gráfica e cartográfica, ferramentas que possibilitam uma melhor compreensão dos fatos e fenômenos geográficos.

Zoom

Na seção **Zoom**, você poderá observar um fato ou conceito sob um ponto de vista diferente, ou seja, por meio de uma forma de análise mais detalhada ou mais ampla do assunto.

Conexões

Na seção **Conexões** são abordados conteúdos relacionados a outras áreas do conhecimento, como História, Matemática e Ciências, mas que têm grande afinidade com os estudos geográficos.

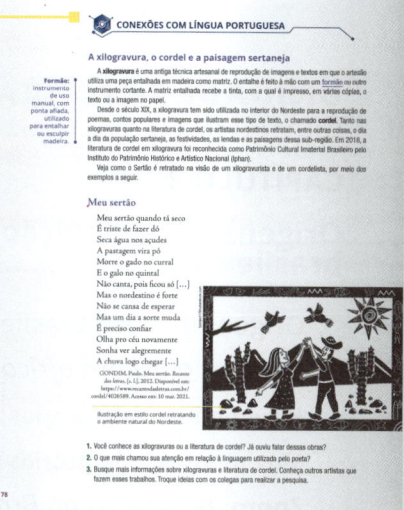

Mãos à obra

Você poderá fazer atividades práticas ou experimentos na seção **Mãos à obra**, o que possibilita uma melhor compreensão do conceito ou do conteúdo estudado.

Atividades

Nas páginas de **atividades** há diferentes seções, em que são propostas questões de retomada do conteúdo estudado e temas complementares ao que foi abordado no capítulo, sempre com recursos diferenciados para auxiliar seus estudos.

Aqui tem Geografia

Filmes, livros e *sites* são recursos complementares apresentados na seção **Aqui tem Geografia**. São indicações de recursos interessantes para que você amplie ainda mais seus conhecimentos de Geografia e perceba como essa ciência está presente no cotidiano das pessoas por meio da literatura, da arte ou em meios audiovisuais.

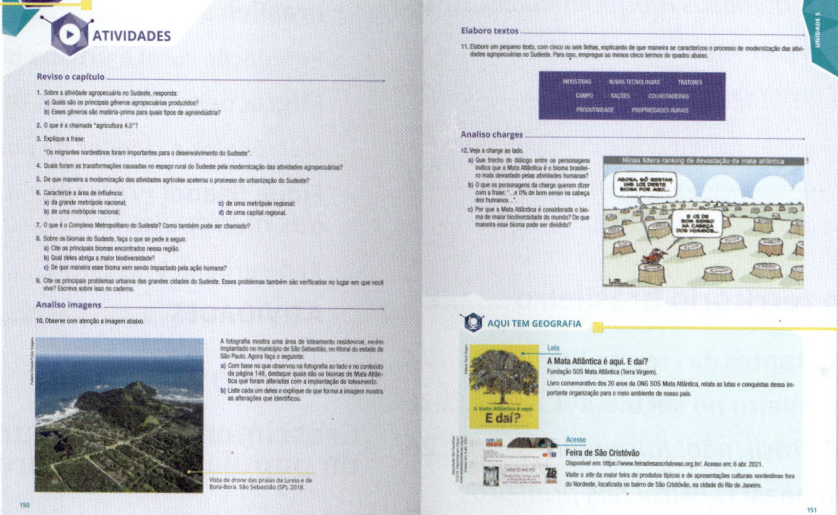

Caderno de Temas Complementares

Em cada volume desta coleção, você encontrará o **Caderno de Temas Complementares**. Nessas páginas especiais são abordados temas interessantes, que vão além do conteúdo de sala de aula e possibilitam novos aprendizados, e também o desenvolvimento de habilidades e procedimentos muito importantes para a vida em sociedade.

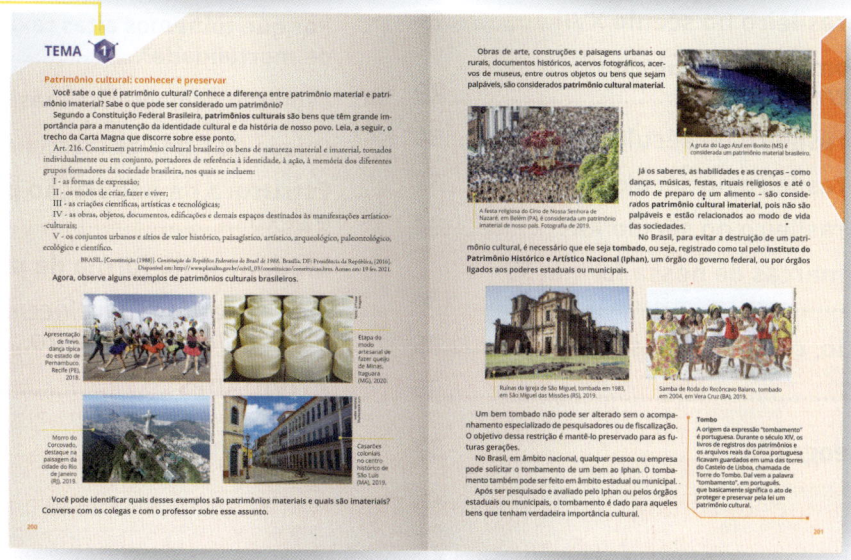

SUMÁRIO

UNIDADE 1 – BRASIL, TERRITÓRIO E PAISAGENS 10

CAPÍTULO 1
Brasil: gigante territorial de múltiplas paisagens 12

- Extensão territorial, limites e fronteiras do Brasil 12
- **Fique ligado!** *Mar territorial e Zona Econômica Exclusiva* 13
- Climas do Brasil 14
- Biomas brasileiros 16
- **Fique ligado!** *Os domínios morfoclimáticos* 18
- Degradação dos grandes biomas brasileiros 19
- Unidades de Conservação no Brasil 20
- Zoom 21
- ATIVIDADES 22

CAPÍTULO 2
Formação do território brasileiro 24

- Primeiros habitantes das terras brasileiras 24
- Território brasileiro no século XVI 26
- **Fique ligado!** *Brasil, não! Ibirapitanga* 26
- **Mundo dos mapas:** *O Brasil nos primeiros mapas do Novo Mundo* 27
- Território brasileiro no século XVII 28
- **Conexões com História:** *Ginga, a rainha guerreira* 29
- Território brasileiro no século XVIII 30
- Território brasileiro no século XIX 31
- Território brasileiro no século XX 32
- Século XXI: marcas de nossa formação territorial 34
- Um território, cinco grandes regiões 35
- ATIVIDADES 36
- **Aqui tem Geografia** 37

UNIDADE 2 – POPULAÇÃO BRASILEIRA 38

CAPÍTULO 3
Origens e distribuição da população brasileira 40

- Origens do povo brasileiro 40
- **Zoom:** *A diáspora africana* 41
- Movimentos imigratórios 42
- Movimentos imigratórios na atualidade 44
- **Zoom:** *Bolivianos no Brasil* 45
- Distribuição espacial da população brasileira 46
- População rural e urbana brasileira 48
- Migrações internas no Brasil 49
- Metrópoles e cidades de porte médio 50
- **Fique ligado!** *Problemas urbanos das metrópoles brasileiras* 50
- Rede urbana brasileira 51
- ATIVIDADES 52

CAPÍTULO 4
Crescimento e estrutura etária da população brasileira 54

- Crescimento populacional brasileiro 54
- Por que tínhamos altas taxas de mortalidade? 55
- Explosão demográfica brasileira 56
- Queda do ritmo de crescimento natural 57
- Estrutura da população por idade e sexo 58
- Mudanças na forma da pirâmide 58
- **Fique ligado!** *O envelhecimento da população brasileira* 59
- ATIVIDADES 60
- **Aqui tem Geografia** 61

CAPÍTULO 5
Estrutura socioeconômica da população brasileira 62

- Setores de atividades econômicas 62
- Principais setores da economia 63
- **Zoom:** *Existe um setor quaternário da economia?* 63
- **Fique ligado!** *Energia que move a economia brasileira* 64
- **Mundo dos mapas:** *Imagens de satélite noturnas – Onde vivem os brasileiros?* 65
- O que é população economicamente ativa? ... 66
- PEA e o setor terciário da economia 66
- **Fique ligado!** *A era do e-commerce* 67
- Renda e desigualdades socioeconômicas no Brasil 68
- Movimentos emigratórios de brasileiros 69
- ATIVIDADES 70

UNIDADE 3 – REGIÃO NORDESTE 72

CAPÍTULO 6
Território nordestino e sub-região do Sertão 74

- Diversidade territorial nordestina 75
- Diversidade natural 75
- População e sub-regiões do Nordeste 76
- Sertão nordestino 77
- **Conexões com Língua Portuguesa:** *A xilogravura, o cordel e a paisagem sertaneja* 78
- Fenômeno das secas 79
- Secas, perda de terra e migrações 80
- **Mãos à obra:** *As secas e sua representação artística* 80

- Economia sertaneja 81
- **Fique ligado!** *A questão da água e a transposição do Rio São Francisco* 82
- **Mundo dos mapas:** *Pontos de vista da paisagem e produção de mapas e croquis* .. 83
- ATIVIDADES 84
- Aqui tem Geografia 84

CAPÍTULO 7
Nordeste: sub-regiões e desenvolvimento econômico 86

- Zona da Mata e Agreste 86
- Zona da Mata e Agreste: aspectos econômicos ... 88
- Meio-Norte 89
- Economia do Meio-Norte 90
- **Zoom:** *As mulheres quebradeiras de coco* 91
- Desigualdades sociais e crescimento econômico nordestino 92
- Frentes do crescimento nordestino: indústria e geração de energia 94
- **Fique ligado!** *Crescimento movido pelo vento* 95
- Potencial turístico do Nordeste 96
- Matopiba: nova fronteira agrícola 97
- **Zoom:** *Números do Matopiba* 97
- ATIVIDADES 98

UNIDADE 4 – REGIÃO NORTE 100

CAPÍTULO 8
Amazônia: um bioma complexo 102

- Conjuntos florestais da Amazônia 104
- **Conexões com Ciências:** *Os níveis da floresta* 105

Campos e cerrados amazônicos 106
Inter-relações entre elementos naturais na Amazônia 106
Inter-relações de clima, vegetação e hidrografia 107
Fique ligado! *As "chuvas de hora certa" e os "rios voadores" da Amazônia* 108
Inter-relações dos solos, rios e vegetação 109
Mundo dos mapas: *Representações do relevo da Região Norte* 110
Biodiversidade da Amazônia 111
ATIVIDADES 112

CAPÍTULO 9
Região Norte: última fronteira econômica 114

Norte: integração pelas rodovias 115
Avanço das atividades florestais e agropecuárias 116
Fique ligado! *Agrovilas: um projeto que não prosperou* 116
Zoom: *Rodovias, colonização agrícola e desmatamento em Rondônia* 117
Implantação das atividades mineradoras e industriais 118
Urbanização da Região Norte 119
Impactos na Amazônia e na biosfera 120
Conexões com Ciências: *Amazônia: pulmão do mundo?* 121
Comunidades tradicionais da Amazônia ... 122
Saberes tradicionais em risco 123
ATIVIDADES 124

Aqui tem Geografia 125

UNIDADE 5 – REGIÃO SUDESTE 126

CAPÍTULO 10
Sudeste: centro econômico nacional ... 128

Concentração industrial no Sudeste 129
Zoom: *A área do Quadrilátero Ferrífero* 130

Parque industrial diversificado 130
Mão de obra e mercado consumidor 131
Infraestrutura de transportes e de geração de energia 132
Centros tecnológicos 134
Zoom: *O nosso "Vale do Silício"* 134
Mundo dos mapas: *Quantidade e qualidade nas legendas dos mapas* 135
ATIVIDADES 136

CAPÍTULO 11
Agropecuária, urbanização e problemas socioambientais no Sudeste 138

Complexo agroindustrial do Sudeste 138
Produtos agropecuários de destaque no Sudeste 140
Fique ligado! *Agricultura 4.0* 140
Produção de cana-de-açúcar 142
As transformações no campo e a urbanização do Sudeste 142
Zoom: *Órfãos da cana* 143
Rápido processo de urbanização 144
Problemas das metrópoles do Sudeste 146
Impactos das atividades agroindustriais e da urbanização nos biomas 147
Mata Atlântica: maior biodiversidade do mundo 147
Florestas, manguezais e restingas 148
Zoom: *Mata Atlântica, quilombos e preservação ambiental* 149
ATIVIDADES 150

Aqui tem Geografia 151

UNIDADE 6 – REGIÃO SUL 152

CAPÍTULO 12
Sul: ocupação, economia e urbanização 154

Ocupação e fluxos migratórios 155

Imigração e centros urbanos sulistas 156
Deslocamentos internos e emigração 157
Agropecuária sulista **158**
Agricultura familiar 158
Agricultura comercial moderna 159
Fique ligado! *O que são commodities agrícolas?* **159**
Impactos socioambientais no espaço rural **160**
Impactos causados por hidrelétricas 161
Urbanização e indústria **162**
Densa rede de cidades 163
Zoom: *Porto Alegre e os problemas de uma grande metrópole* **163**
ATIVIDADES **164**

CAPÍTULO 13
Clima subtropical e biomas sulinos ... 166

Particularidades do clima da Região Sul **166**
Biomas sulinos **168**
Mata de Araucárias 168
Mata Atlântica e Vegetação Litorânea 169
Fique ligado! *Conservar a Mata Atlântica sulista* **169**
Pampas 170
Zoom: *Deserto? Não, é arenização!* **170**
Mundo dos mapas: *Simbologia cartográfica* **171**
ATIVIDADES **172**
Aqui tem Geografia 173

UNIDADE 7 – REGIÃO CENTRO-OESTE 174

CAPÍTULO 14
Centro-Oeste: povoamento, urbanização e agronegócio 176

Marcha para o Oeste 177
Colonização e cidades planejadas 177
Produção agropecuária na atualidade **178**
Conexões com Ciências: *O que são os produtos agrícolas transgênicos?* **179**
Crescimento das cidades **180**
Importantes centros regionais e nacionais 180
Brasília e a integração nacional **182**
A malha rodoviária consolida a integração 183
ATIVIDADES **184**

CAPÍTULO 15
Centro-Oeste: biomas ameaçados 186

Cerrado 187
Soja e ocupação do Cerrado 188
Soja e danos socioambientais 189
Floresta Amazônica **190**
Impactos socioambientais da franja amazônica 190
Zoom: *Ameaças ao Parque Indígena do Xingu* **192**
Pantanal 193
Pecuária e o meio ambiente pantaneiro 194
Fique ligado! *Turismo como alternativa sustentável para o Pantanal* **195**
Mundo dos mapas: *Identificação da temática das representações* **196**
Mãos à obra: *Cartaz-denúncia* **197**
ATIVIDADES **198**
Aqui tem Geografia 198

TEMAS COMPLEMENTARES **199**
Tema 1 – Patrimônio cultural: conhecer e preservar 200
Tema 2 – Nosso Brasil africano 204

REFERÊNCIAS **208**

UNIDADE 1
BRASIL, TERRITÓRIO E PAISAGENS

Nosso país é conhecido no mundo todo por suas belas paisagens e pela grandeza de seu território. Na fotografia de abertura desta unidade, vemos uma pessoa apreciando a paisagem da Chapada Diamantina, no estado da Bahia, no ano de 2021.

1. Quando você fecha os olhos e pensa no Brasil, que imagens lhe vêm à mente?
2. São imagens de quais lugares? Esses locais estão no campo ou na cidade? São próximos ou distantes de onde você mora?
3. Converse com os colegas sobre o que eles pensaram e a respeito do que vocês sentem quando falam do Brasil.

Nesta unidade você vai aprender:
- a extensão territorial do Brasil;
- a localização geográfica de nosso país;
- as diferenças entre limite e fronteira;
- o que é mar territorial;
- quais são os fusos horários brasileiros;
- os tipos de clima que atuam em nosso território;
- os principais biomas do Brasil;
- o que são Unidades de Conservação (UCs);
- o processo histórico de ocupação e de formação do território brasileiro.

Abaíra (BA), 2021.

CAPÍTULO 1

Brasil: gigante territorial de múltiplas paisagens

Nesta unidade, você aprenderá que esse lugar que chamamos Brasil constitui um imenso território com inúmeras paisagens naturais e culturais. Conhecerá também como a sociedade brasileira se formou e como foi organizado o território nacional ao longo dos séculos até a atualidade. Então, prepare-se, nossa viagem está só começando. Vamos lá!

Extensão territorial, limites e fronteiras do Brasil

Observe as informações do mapa-múndi a seguir.

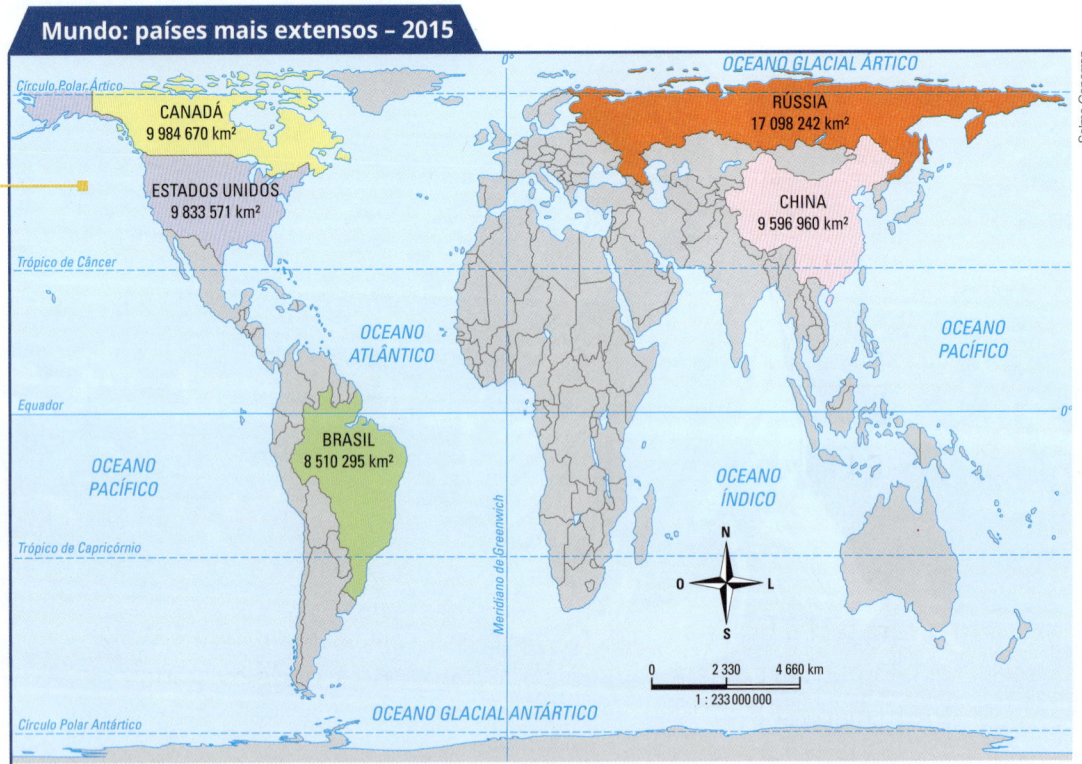

A projeção cartográfica desse mapa-múndi foi criada pelo cartógrafo alemão Arno Peters, em 1973. Nela são mantidas as proporções corretas das áreas dos territórios; porém, no contorno deles há grandes distorções em relação à forma real. A projeção de Peters é ideal para compararmos a extensão dos países em destaque. Reveja-os.

Fonte: IBGE PAÍSES. Rio de Janeiro: IBGE, c2021. Disponível em: https://paises.ibge.gov.br/#/mapa/brasil. Acesso em: 14 fev. 2021.

O planisfério acima mostra que o Brasil é o quinto país mais extenso do mundo. Com área de 8 510 295 km², ele só é menor que a Rússia, o Canadá, os Estados Unidos e a China. Sua dimensão territorial é maior, por exemplo, do que a do total dos países do continente europeu, excetuando-se a parte europeia da Rússia.

O Brasil está localizado na parte centro-oriental da América do Sul e ocupa aproximadamente 48% da área desse continente. A extensa **faixa litorânea de nosso país tem** 7 367 km de extensão e a **fronteira terrestre** é ainda maior, 15 719 km, que faz limites com dez países sul-americanos.

É sobre esse imenso território que o Estado brasileiro exerce **soberania**, ou seja, autoridade e controle irrestrito sobre os elementos naturais e culturais situados em seus **limites**, não somente as terras emersas, mas tudo o que existe em sua faixa de mar territorial, em seu espaço aéreo e no subsolo.

Limite e fronteira: Qual é a diferença?

Muitas vezes nos deparamos com textos ou pessoas que empregam as palavras limite e fronteira como sinônimos. Para a Geografia há uma diferença importante no emprego desses termos:

- **Limite** é a linha imaginária definida em comum acordo entre dois ou mais países fronteiriços. Atualmente, a definição dessa linha imaginária é feita por aparelhos de geolocalização, como o GPS, utilizando partes dos terrenos e elementos naturais, como serras, rios e lagos. O limite estabelece até onde vai a soberania de um país sobre o próprio território.
- **Fronteira** é uma faixa ou zona de território que bordeia o limite do país. A fronteira do Brasil tem 150 km em toda a extensão terrestre e, em alguns estados, ela é bastante povoada.

Fontes: IBGE. *Atlas geográfico escolar*. 8. ed. Rio de Janeiro: IBGE, 2018. p. 90-91; IBGE. *Atlas geográfico das zonas costeiras e oceânicas do Brasil*. Rio de Janeiro: IBGE, 2011. p. 30. Disponível em: http://biblioteca.ibge.gov.br/visualizacao/livros/liv55263.pdf. Acesso em: 7 abr. 2021.

1. Observe o mapa acima e responda: Quais são os pontos extremos do Brasil? Em que estados brasileiros esses pontos estão situados?
2. Nosso país é mais extenso no sentido leste-oeste ou no sentido norte-sul?
3. Com quais países sul-americanos o Brasil se limita? E com quais não se limita?

 FIQUE LIGADO!

Mar territorial e Zona Econômica Exclusiva

O **mar territorial brasileiro** é uma faixa de 12 milhas náuticas (correspondentes a 22 quilômetros) contada a partir da linha da costa, onde o Estado brasileiro também tem plena soberania.

Além dessa faixa, o Brasil tem o direito de explorar mais uma porção de oceano com 200 milhas náuticas (aproximadamente 370 quilômetros), já que é um dos signatários da Convenção das Nações Unidas sobre o Direito do Mar (CNUDM). Essa área é denominada **Zona Econômica Exclusiva (ZEE)** e nela podemos explorar todo tipo de recurso natural (minérios, fauna e flora), sendo responsáveis por sua gestão ambiental. É o caso das zonas de exploração de petróleo, como as bacias de Campos e de Tupi, localizadas a mais de 100 quilômetros da costa brasileira.

- **Signatário:** nesse contexto, refere-se ao país que assina um documento comprometendo-se a cumprir o que nele está determinado.

Plataforma de exploração de petróleo Norbe VI no Campo de Marlim Sul, Bacia de Campos, Rio de Janeiro, 2020.

Meridional: que está situado ou localizado ao sul; o mesmo que austral.

Precipitação ou pluviosidade: quantidade de chuvas em um lugar ou região durante determinado período; o mesmo que precipitação.

Climas do Brasil

Como a maior parte do território brasileiro está localizada na zona tropical ou intertropical do planeta, em nosso país predominam os climas quentes, devido aos altos níveis de insolação durante o ano todo.

Além da posição geográfica, as massas de ar equatoriais e tropicais também atuam proporcionando duas estações bem definidas durante o ano: uma seca e outra chuvosa, ambas com médias de temperatura elevadas. Devemos lembrar que na porção meridional do país há o domínio do clima subtropical ou temperado, em que o inverno apresenta temperaturas médias mais baixas do que em outras partes do Brasil, principalmente em decorrência da intensa influência das frentes frias polares.

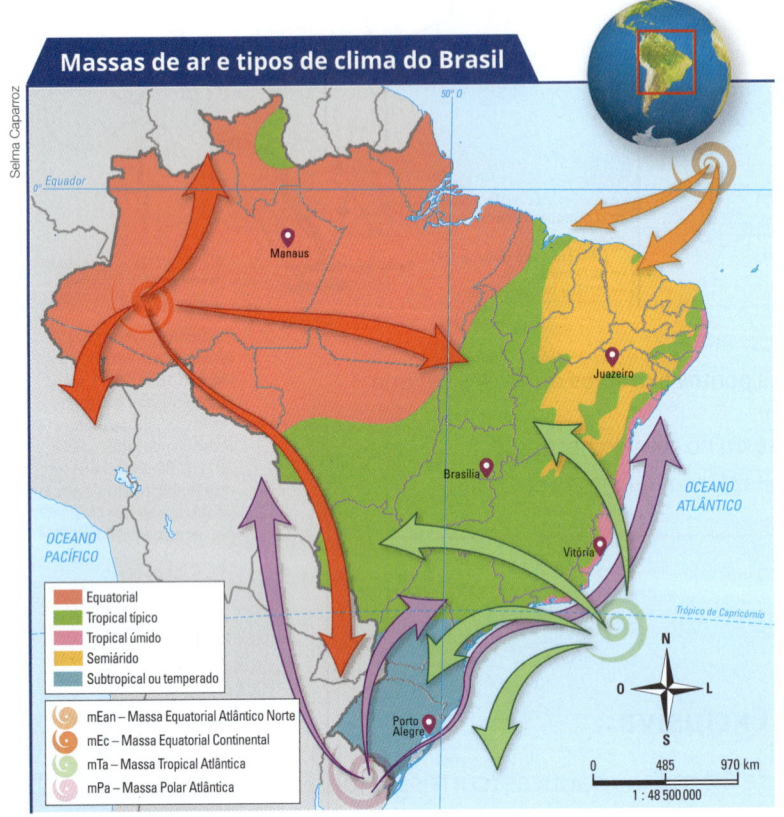

Analise atentamente o mapa, as legendas explicativas e os climogramas das próximas páginas para conhecer as principais características dos tipos de clima predominantes no Brasil, sobretudo em relação à atuação das massas de ar, às médias de temperatura e de precipitação ou de pluviosidade, além de outros aspectos climáticos importantes.

Fonte: IBGE. *Atlas geográfico escolar*. 8. ed. Rio de Janeiro: IBGE, 2018. p. 96.

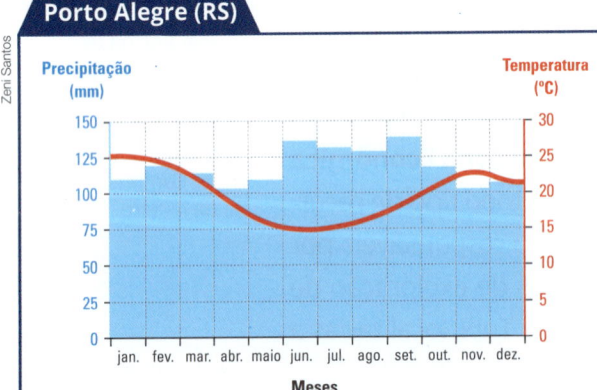

Clima subtropical: caracteriza-se pelo domínio das massas de ar tropical atlântica (mTa), tropical continental (mTc) e polar atlântica (mPa). Apresenta verões quentes e invernos com as temperaturas mais baixas do país, o que acarreta uma média térmica anual em torno de 18 °C. Outra característica importante desse clima são as chuvas bem distribuídas durante todos os meses do ano (com cerca de 1 500 mm anuais).

Fonte: PORTO Alegre Clima (Brasil). *In*: CLIMATE-DATA.ORG. [*S. l.*], [20--?]. Disponível em: https://pt.climate-data.org/america-do-sul/brasil/rio-grande-do-sul/porto-alegre-3845/. Acesso em: 8 fev. 2021.

Clima semiárido: caracteriza-se pelo domínio das massas de ar equatorial atlântica (mEa) e tropical atlântica (mTa), com temperatura média anual de 27 °C e precipitação escassa (cerca de 750 mm), distribuída irregularmente durante o ano.

Fonte: JUAZEIRO Clima (Brasil). *In:* CLIMATE-DATA.ORG. [*S. l.*], [20--?]. Disponível em: https://pt.climate-data.org/america-do-sul/brasil/bahia/juazeiro-31939/. Acesso em: 3 mar. 2021.

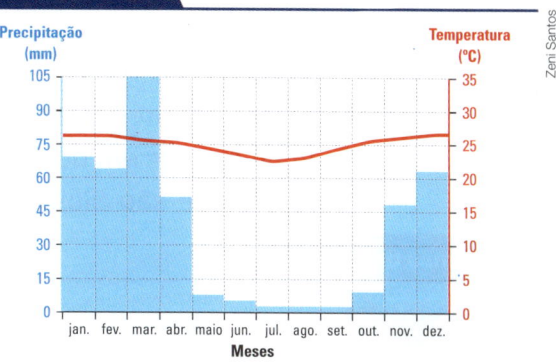

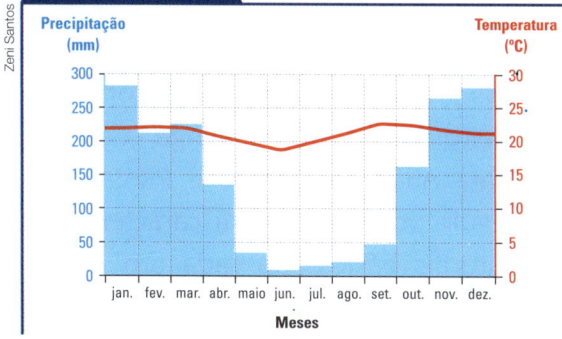

Clima tropical típico: caracteriza-se pelo domínio das massas de ar tropical atlântica (mTa), tropical continental (mTc) e equatorial continental (mEc). Apresenta elevado nível de pluviosidade (com cerca de 1 500 mm anuais), temperatura média de 24 °C e duas estações do ano bem definidas: uma seca (de maio a setembro) e outra chuvosa (de outubro a abril).

Fonte: BRASÍLIA Clima (Brasil). *In:* CLIMATE-DATA.ORG. [*S. l.*], [20--?]. Disponível em: https://pt.climate-data.org/america-do-sul/brasil/distrito-federal/brasilia-852/. Acesso em: 3 mar. 2021.

Clima tropical úmido: caracteriza-se pelo domínio das massas de ar equatorial atlântica (mEa) e tropical atlântica (mTa). Com temperatura média de 25 °C, tem alta pluviosidade (1800 mm anuais) devido à intensa umidade trazida pelas massas de ar marítimas.

Fonte: VITÓRIA Clima (Brasil). *In:* CLIMATE-DATA.ORG. [*S. l.*], [20--?]. Disponível em: https://pt.climate-data.org/america-do-sul/brasil/espirito-santo/vitoria-2181/. Acesso em: 3 mar. 2021.

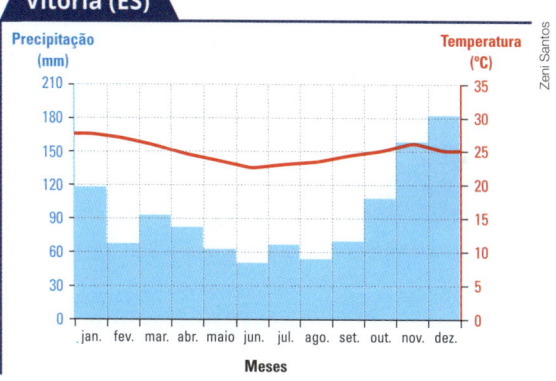

Clima equatorial: caracteriza-se pelo domínio da massa de ar equatorial continental (mEc), com pluviosidade média anual em torno de 2 500 mm, originando um tipo de clima extremamente úmido, sobretudo devido à Floresta Amazônica.

Fonte: BRASIL. Instituto Nacional de Meteorologia. Brasília, DF: INMET, [201-?]. Disponível em: https://portal.inmet.gov.br/. Acesso em: 23 fev. 2021.

1. Com base no mapa dos tipos de clima do Brasil, nos climogramas e nos textos anteriores, responda: Quais são as características do clima no estado em que você vive? Que massas de ar atuam em sua região?

Biomas brasileiros

A extensão territorial e a posição geográfica do Brasil, assim como a atuação de climas quentes e subtropicais, proporcionam a existência de grande diversidade de biomas em nosso país.

Mas o que são biomas? No volume de 6º ano, estudamos que **biomas** são grandes ecossistemas terrestres que têm ampla extensão geográfica e mantêm certo nível de homogeneidade nas características físico-naturais, sobretudo no que se refere à fauna e à flora.

Fonte: IBGE. *Atlas geográfico escolar*. 8. ed. Rio de Janeiro: IBGE, 2018. p. 103.

De maneira geral, são identificados seis grandes biomas no território brasileiro: Amazônia, Caatinga, Cerrado, Mata Atlântica, Pampa e Pantanal. A seguir, você conhecerá características naturais básicas de cada um desses patrimônios ambientais, e no estudo das regiões brasileiras, mais adiante, conhecerá mais profundamente cada um deles.

Amazônia: o relevo desse bioma é formado principalmente por depressões e planícies. Predomina o clima equatorial, quente e úmido, com temperatura média anual em torno de 26 ºC e chuvas abundantes o ano todo. De maneira geral, a vegetação é densa, com milhares de espécies de árvores e arbustos de portes variados. A região abriga uma das maiores biodiversidades do planeta. Pouco alterado até a segunda metade do século XX, esse domínio natural vem sendo devastado nas últimas décadas devido ao avanço das atividades agrícolas, madeireiras e extrativas minerais.

Parque Nacional do Jaú. Novo Airão (AM), 2019.

Caatinga: o relevo desse bioma é formado por depressões e planaltos cujas altitudes variam de 200 metros a 800 metros. O clima é semiárido, com chuvas concentradas em alguns meses do ano. A vegetação característica são arbustos espinhosos e espécies variadas de cactos. Essa área sofre alterações desde a época do Brasil Colônia, quando passou a ser utilizada para o desenvolvimento da pecuária bovina no Nordeste.

Parque Estadual Morro do Chapéu. Morro do Chapéu (BA), 2019.

Cerrado: nesse bioma predominam os planaltos e as chapadas. O clima é bem definido, com temperatura média anual de 24 °C e duas estações principais: uma seca e uma chuvosa. A vegetação caracteriza-se pela presença de arbustos distribuídos de forma esparsa, com galhos e troncos retorcidos, e grande quantidade de gramíneas. Nas últimas décadas, o Cerrado tem sido intensamente alterado para dar lugar a áreas de pastagem (destinadas à criação extensiva de gado) e instalação de lavouras (sobretudo voltadas à cultura de soja).

Cascata Ecoparque. Capitólio (MG), 2020.

Mata Atlântica: bioma caracterizado pela presença de planaltos irregulares, com muitas serras e morros. Nas áreas mais centrais do país em que ocorre, o clima caracteriza-se pela alternância de duas estações: uma seca e outra chuvosa. Já na porção litorânea, os ventos oceânicos, carregados de umidade, proporcionam índices maiores de pluviosidade. No Sul do Brasil, em áreas de relevo planáltico de maior altitude, o clima atuante é o subtropical, com verões quentes e invernos frios. A vegetação remanescente no Sul é composta especialmente de pinheiro-do-paraná, também chamado de araucária, uma árvore de grande porte. Por causa da exuberância de sua fauna e flora, o bioma Mata Atlântica vem sendo devastado de forma ininterrupta desde a chegada dos portugueses, no século XVI.

Parque Nacional da Serra da Bocaina. São José do Barreiro (SP), 2019.

1. Compare a extensão dos grandes biomas brasileiros e os tipos de clima que atuam em nosso país utilizando os mapas das páginas 14 e 16.

2. Observe o mapa dos grandes biomas e diga: Qual ou quais bioma(s) se estende(m) pelo território de seu estado?

Serra do Caverá. Rosário do Sul (RS), 2020.

Pantanal: é uma planície inundável localizada no sudoeste de Mato Grosso e oeste de Mato Grosso do Sul. A formação vegetal é exuberante, com espécies típicas de florestas e do Cerrado. Na estação chuvosa (de novembro a abril), os rios da região transbordam, inundando as áreas mais baixas e planas.

Pampa: região de relevo suave, ondulado, com colinas esparsas. O clima subtropical apresenta chuvas bem distribuídas o ano todo. A vegetação é composta de gramíneas e de outras plantas rasteiras. Atualmente, boa parte dessa forma de vegetação encontra-se alterada, devido sobretudo à prática secular da criação extensiva de gado e, mais recentemente, à introdução das culturas de arroz, soja e trigo.

Poconé (MT), 2018.

 FIQUE LIGADO!

Os domínios morfoclimáticos

Alguns pesquisadores adotam critérios diferentes para delimitar a extensão das paisagens naturais de um lugar ou região. Os estudos do geógrafo brasileiro Aziz Nacib Ab'Sáber (1924-2012), por exemplo, consideraram as características de ordem morfoclimática (interação entre relevo e clima) e fitogeográfica (tipos de vegetação) para delimitar a extensão aproximada das paisagens. Assim, Ab'Sáber utilizou o conceito de **domínios naturais** ou **domínios morfoclimáticos** para indicar seis grandes domínios naturais no território brasileiro: Pradarias, Araucárias, Mares de Morros, Caatinga, Cerrado e Amazônico. Entre essas **regiões naturais** encontram-se o que Ab'Sáber chamou de faixas de transição, ou seja, áreas intermediárias que têm características de dois ou mais domínios morfoclimáticos – como o Pantanal Mato-Grossense, que apresenta formações da Caatinga, do Cerrado e da Mata Atlântica. Observe o mapa ao lado.

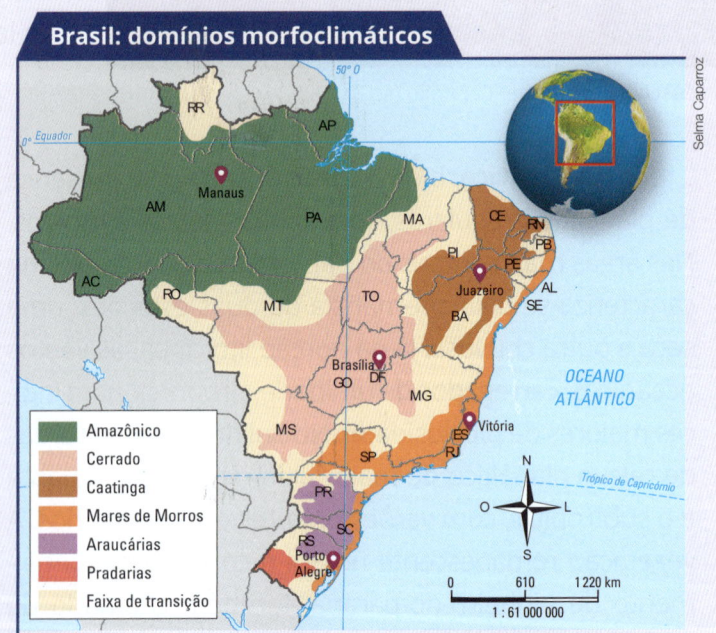

Brasil: domínios morfoclimáticos

Fonte: THÉRY, Hervé; MELLO, Neli Aparecida. *Atlas do Brasil*: disparidades e dinâmicas do território. São Paulo: Edusp, 2018. p. 89.

Degradação dos grandes biomas brasileiros

Boa parte dos grandes biomas brasileiros encontra-se alterado ou completamente devastado pelo desenvolvimento das atividades econômicas e pelo crescimento das cidades em nosso país. Acompanhe, por meio da sequência de mapas a seguir, o processo de alteração desses biomas nos últimos 60 anos, aproximadamente.

Degradação dos grandes biomas brasileiros – 1950-2004

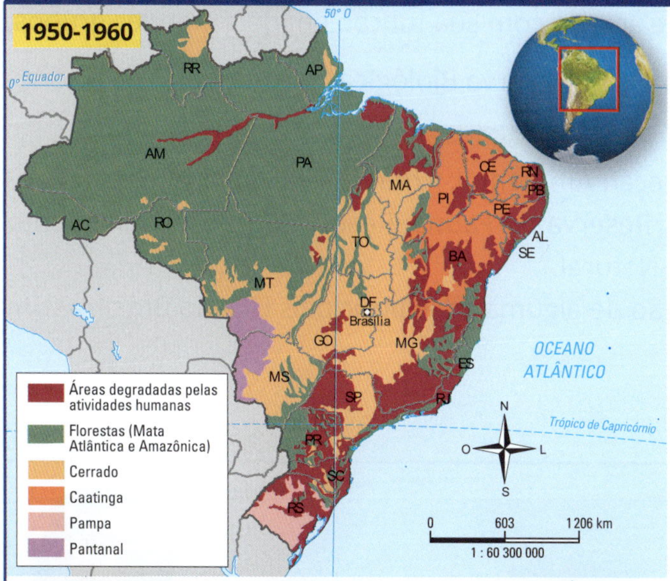

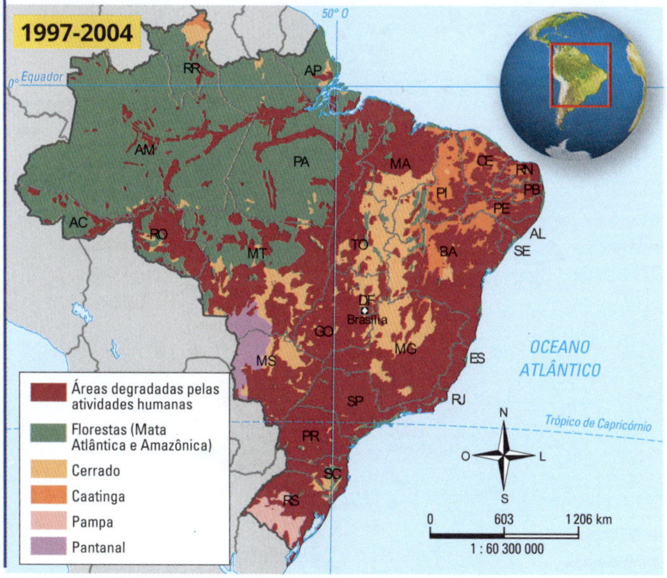

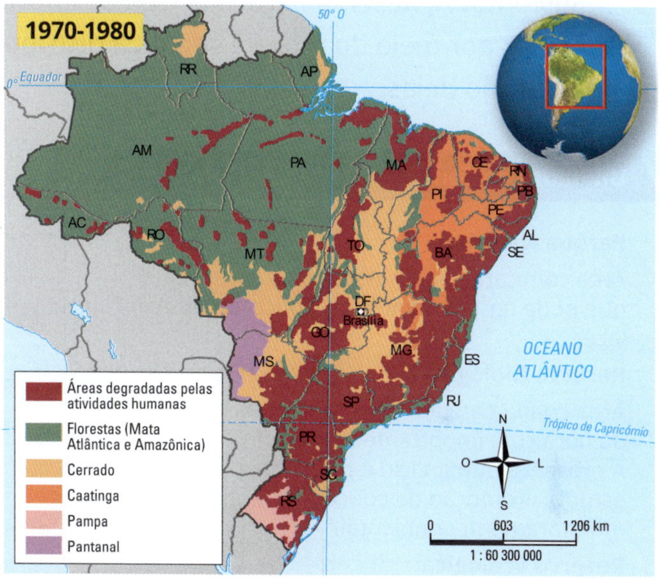

Fonte dos mapas: IBGE. *Atlas nacional do Brasil Milton Santos*. Rio de Janeiro: IBGE, 2010. Disponível em: https://biblioteca.ibge.gov.br/visualizacao/livros/liv47603_cap4_pt9.pdf. Acesso em: 26 abr. 2021.

1. De acordo com a análise dos mapas, quais biomas brasileiros mais sofreram alterações no período indicado?
2. Por que isso ocorreu ou vem ocorrendo?
3. Converse com os colegas a respeito de medidas que poderiam ser estabelecidas para minimizar o processo de devastação desses biomas. Escreva no caderno as principais ideias que surgirem entre vocês.

Unidades de Conservação no Brasil

Nos últimos anos, a sociedade brasileira conseguiu estabelecer, por meio de leis, maneiras de proteger o patrimônio natural e cultural nacional. Assim, para preservar parte dos grandes biomas, foram criadas as chamadas **Unidades de Conservação (UCs)**.

As UCs são áreas do Território Nacional com características naturais relevantes, cujos ecossistemas necessitam de proteção e conservação, já que as áreas em seu entorno se encontram altamente degradadas pela ação humana.

O estabelecimento das UCs pode ser feito pelos governos federal, estadual e municipal. No plano federal, as Unidades de Conservação são divididas de acordo com sua função em dois grandes grupos:

- **Unidades de Proteção Integral** – Estação Ecológica, Reserva Biológica, Parque Nacional, Monumento Natural, Refúgio de Vida Silvestre;
- **Unidades de Uso Sustentável** – Área de Proteção Ambiental, Área de Relevante Interesse Ecológico, Floresta Nacional, Reserva Extrativista, Reserva de Fauna, Reserva de Desenvolvimento Sustentável, Reserva Particular do Patrimônio Natural.

Conheça, por meio do mapa a seguir, a distribuição de algumas das principais UCs do Brasil, assim como a função delas.

Unidades de Conservação Federais no Brasil

Parque Nacional
Área com características naturais excepcionais que pode ter fins científicos, educacionais e de lazer.

Reserva Biológica
Área criada para abrigar espécies da fauna e da flora com importante significado científico. A presença humana só é permitida para estudo, promoção de educação científica e monitoramento ambiental.

Reserva Ecológica
Área para a proteção e a manutenção das florestas e de outros tipos de vegetação natural visando à sua conservação permanente.

Estação Ecológica
Área representativa em que ainda há ecossistemas nativos. Destina-se à realização de pesquisas básicas aplicadas à proteção do ambiente natural e ao desenvolvimento da educação conservacionista.

Área de Proteção Ambiental
Área submetida ao planejamento e à gestão ambiental. Destina-se à compatibilização de atividades humanas com a proteção da fauna, da flora e da qualidade de vida da população local. Caracteriza-se como uma nova forma de defesa da natureza, pois pode ser estabelecida tanto em áreas públicas como particulares e englobar núcleos urbanos. Em algumas delas, é permitido o desenvolvimento de atividades econômicas.

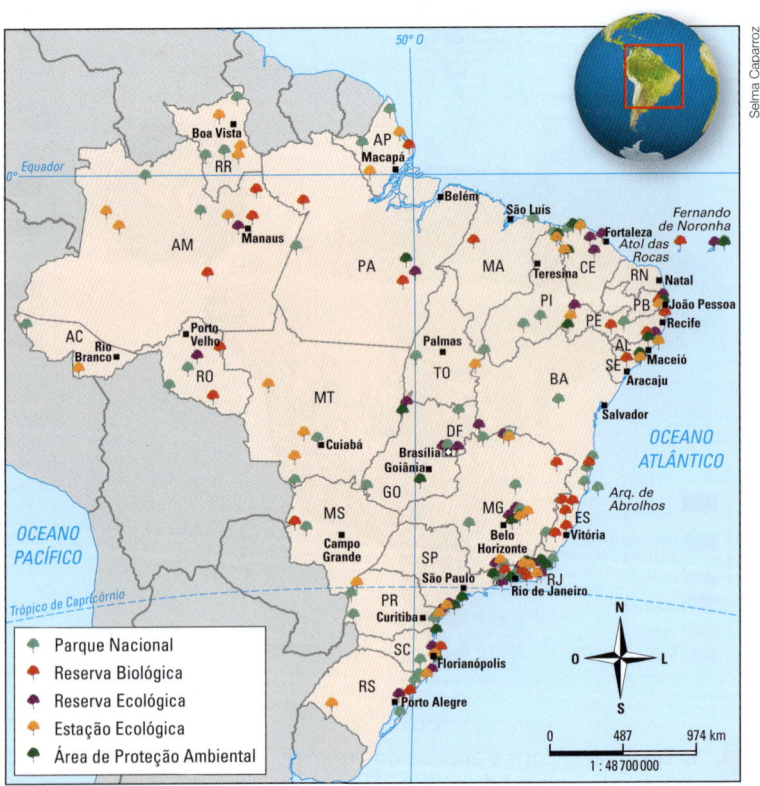

Fonte: IBGE PAÍSES. Rio de Janeiro: IBGE, c2021. Disponível em: https://paises.ibge.gov.br/#/mapa/brasil. Acesso em: 14 fev. 2021

ZOOM

Leia o texto com atenção.

Há [cerca de] 100 anos, as Cataratas do Iguaçu, em Foz do Iguaçu, no oeste do Paraná, recebiam a visita de Santos Dumont. A passagem do aclamado aviador pela região foi fundamental para a criação do Parque Nacional do Iguaçu, principal cartão-postal da região e responsável por atrair mais de 1,5 milhão de pessoas por ano à cidade. [...] O aviador ficou na então Vila Iguassu de 24 a 27 de abril de 1916. [...] Impressionado com o que tinha visto e inconformado por se tratar de uma propriedade privada, Dumont convenceu-se de que deveria fazer algo. "Posso dizer-lhe que esta maravilha não pode continuar a pertencer a um particular. [...]." No dia 8 de maio foi recebido por Afonso Camargo, a quem sugeriu a desapropriação da área e a criação de um parque. Poucos meses depois a área passou a pertencer à União.

E, no dia 19 de janeiro de 1939, um decreto assinado pelo presidente Getúlio Vargas cria junto às Cataratas de Santa Maria o Parque Nacional do Iguaçu, com os seus atuais 185 mil hectares do lado brasileiro. Além das cataratas, o parque abriga o maior remanescente de floresta atlântica da região Sul do Brasil.

WURMEISTER, Fabiula. Passagem de Santos Dumont pelas Cataratas do Iguaçu faz 100 anos. *G1*, [*s. l.*], 10 jun. 2016. Disponível em: http://g1.globo.com/pr/oeste-sudoeste/noticia/2016/06/passagem-de-santos-dumont-pelas-cataratas-do-iguacu-faz-100-anos.html Acesso em: 14 fev. 2021.

Busto de Santos Dumont. Parque Nacional do Iguaçu, Foz do Iguaçu (PR), 2016.

Fonte: Instituto EcoBrasil. Disponível em: http://www.ecobrasil.eco.br/32-restrito/categoria-casos/1250-cct-trilha-macuco-safari-parque-nacional-do-iguacu-1250. Acesso em: 3 mar. 2021.

1. Com outros colegas de turma, pesquise nos *sites* das secretarias municipal ou estadual e do Ministério do Meio Ambiente, entre outros, se existem Unidades de Conservação no município em que vocês vivem ou em municípios próximos. Procure as seguintes informações:
- a localização da UC;
- em que ano foi criada;
- qual é o tipo de UC e sua respectiva função;
- como está sendo administrada e qual é sua importância para a conservação dos biomas locais.

2. Procure também fotografias da UC que mostrem sua infraestrutura, bem como espécies da fauna e da flora do local.

3. Façam, juntos, um painel com o mapa de localização da UC, as fotografias do local e as informações levantadas por vocês. Exponham-no para toda a comunidade escolar.

ATIVIDADES

Reviso o capítulo

1. Por que podemos dizer que o Brasil é um país de dimensões continentais?
2. O que é mar territorial? E Zona Econômica Exclusiva?
3. Caracterize a posição geográfica do território brasileiro.
4. Com base no que aprendeu no capítulo, responda:
   a) Por que o Brasil é considerado um "país tropical"?
   b) Que tipos de clima predominam em nosso país? Por quê?
   c) Destaque duas características ligadas aos biomas brasileiros que comprovem que o Brasil tem uma riqueza natural única em todo o planeta.
5. Diferencie bioma e domínio morfoclimático.
6. O que são as Unidades de Conservação? Como elas podem ser agrupadas?

Elaboro pesquisas

7. Leia o texto, analise as imagens e, em seguida, faça o que se pede.

A tríplice fronteira Brasil, Colômbia e Peru

Município do interior do estado do Amazonas, Tabatinga tem uma população de 63.635 habitantes, de acordo com o Instituto Brasileiro de Geografia e Estatística (IBGE). A Avenida da Amizade, que começa no aeroporto da cidade brasileira, chega à cidade de Letícia, município vizinho da Amazônia colombiana, como um cordão umbilical, fazendo com que a vida na região seja uma intensa mistura cultural, com referências brasileiras, colombianas e peruanas.

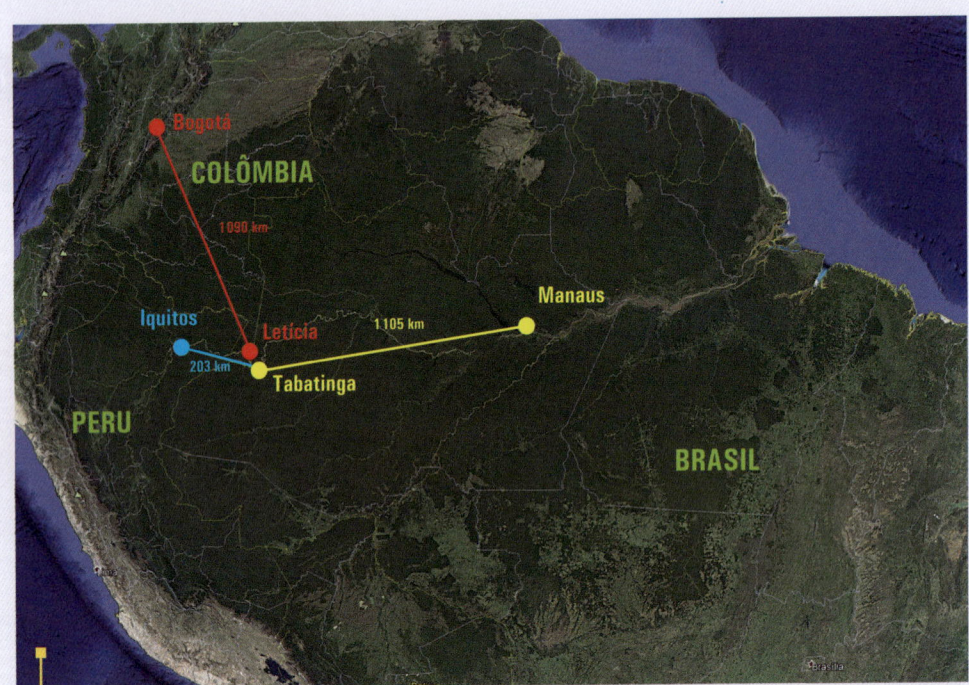

Imagem de satélite, de 2021, mostrando a tríplice fronteira entre Brasil, Colômbia e Peru.

Tabatinga está localizado no oeste do estado do Amazonas, na tríplice fronteira entre o Brasil, a Colômbia e o Peru, tendo [o município] sido criado em 1983. Apresenta uma conurbação (áreas urbanas unificadas) com a cidade colombiana de Letícia.

Capital do departamento de Amazonas, Letícia é o coração da Amazônia colombiana, onde vivem mais de 60% dos habitantes da região. A cidade tem aproximadamente 37.000 habitantes. Entre as populações indígenas que resistem na região, estão: huitotos, incas, tucano e ticunas. [...]

LETÍCIA e Tabatinga: cidades gêmeas na fronteira do Brasil com a Colômbia e o Peru. *Amazonas atual*, Manaus, 10 jun. 2019. Disponível em: https://amazonasatual.com.br/leticia-e-tabatinga-cidades-gemeas-na-fronteira-do-brasil-com-a-colombia-e-o-peru/. Acesso em: 15 jan. 2021.

Imagem de satélite, de 2021, mostrando a tríplice fronteira entre Brasil, Colômbia e Peru.

Tabatinga (AM), 2016.

a) Que países compõem a tríplice fronteira mencionada no texto? Onde ela se localiza no território brasileiro?

b) De que maneira as imagens mostram os limites estabelecidos entre os três países mencionados? Que elementos naturais e culturais são utilizados para estabelecer tais limites?

c) Há outra tríplice fronteira no Brasil. Pesquise sua localização, os países que a compõem e os elementos naturais e culturais que são utilizados para estabelecer os limites entre o Brasil e os países vizinhos.

Analiso imagens e gráficos

8. Analise as informações do climograma abaixo.

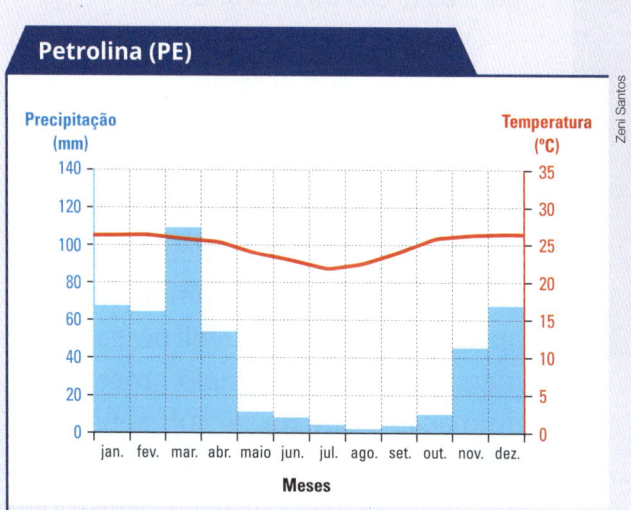

Fonte: PETROLINA Clima (Brasil). *In*: CLIMATE-DATA.ORG. [*S. l.*], [20--?]. Disponível em: https://pt.climate-data.org/america-do-sul/brasil/pernambuco/petrolina-31938/. Acesso em: 16 jan. 2021.

Mata Atlântica. Parque Estadual Carlos Botelho. São Miguel Arcanjo (SP), 2021.

Caatinga, em Salgueiro (PE), 2020.

Agora, observe as fotografias e responda: Qual delas reflete as características vegetacionais adaptadas ao tipo climático representado no gráfico acima? Por quê? Essas características são típicas de qual grande bioma brasileiro?

Capítulo 2 — Formação do território brasileiro

No capítulo anterior, aprendemos que a dimensão territorial do Brasil é bastante vasta, o que possibilita a existência de uma imensa diversidade de paisagens. Podemos pensar, então, na seguinte questão: Como e por que o território brasileiro alcançou as dimensões atuais? É o que vamos investigar neste capítulo.

Primeiros habitantes das terras brasileiras

Observe a fotografia.

As terras encontradas pelos navegadores portugueses no século XVI já eram habitadas há séculos por centenas de povos indígenas, com culturas bastante distintas entre si. Muitos desses povos foram subjugados pelos portugueses para serem submetidos ao trabalho escravo; os que resistiam à escravização eram mortos ou fugiam para as áreas interioranas.

Quando os portugueses chegaram ao território que hoje pertence ao Brasil, pesquisadores estimam que havia entre três e cinco milhões de indígenas habitando essas terras. Desde então, a população indígena sofreu uma redução drástica: em 2010, compunha-se de aproximadamente 800 mil pessoas, número que reflete o amplo processo de dizimação a que foram submetidos esses povos ao longo do tempo. Conheça, por meio do mapa a seguir, a distribuição dos principais grupos indígenas em terras brasileiras no século XVI.

Mãe e bebê caiapó, povo remanescente do grande grupo indígena Jê. São Félix do Xingu (PA), 2016.

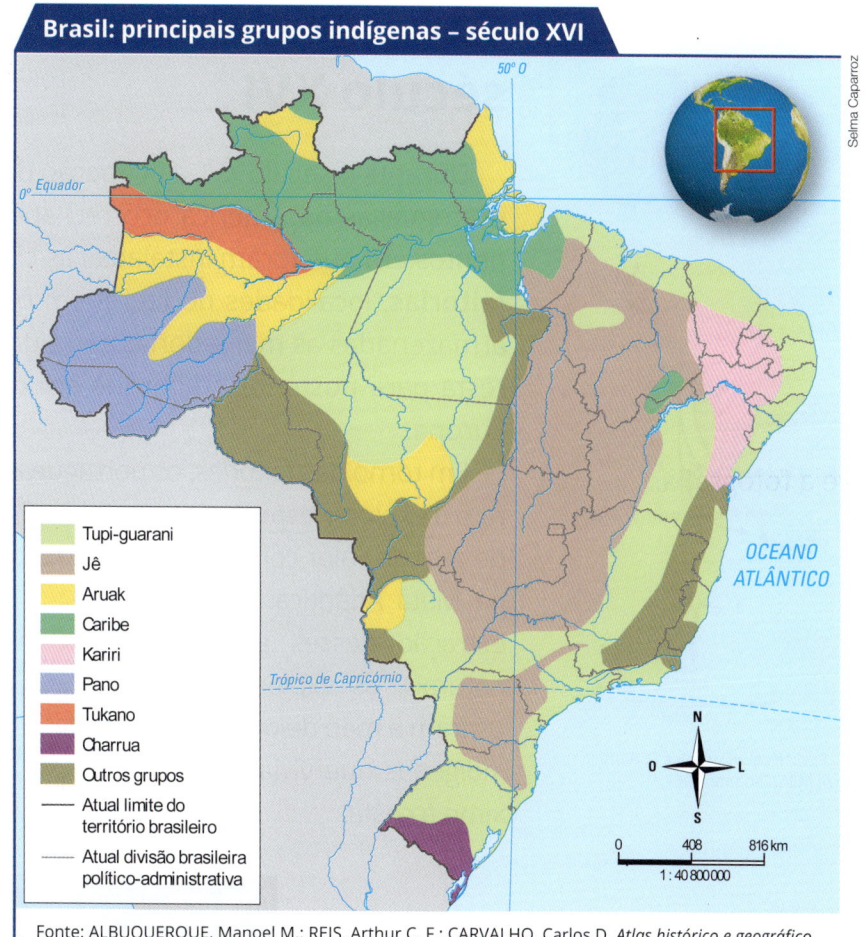

Fonte: ALBUQUERQUE, Manoel M.; REIS, Arthur C. F.; CARVALHO, Carlos D. *Atlas histórico e geográfico brasileiro*. 3. ed. Rio de Janeiro: MEC/Fename, 1967.

■ **Légua:** medida de distância equivalente a 6 600 m.

O Tratado de Tordesilhas

Pode-se dizer que a formação histórica do território brasileiro se iniciou no século XVI, com o desembarque de navegadores portugueses no litoral oriental da América do Sul. A princípio, esses exploradores vieram tomar posse das terras partilhadas com os espanhóis por meio do chamado **Tratado de Tordesilhas**, documento assinado pelas duas potências econômicas da época, Portugal e Espanha, em 1494.

O Tratado de Tordesilhas estabelecia uma linha imaginária a cerca de 370 léguas a oeste das ilhas de Cabo Verde, na África, dividindo as terras a serem exploradas por Portugal (a leste da linha do tratado) e pela Espanha (a oeste). Como mostra o mapa ao lado, essa linha imaginária, que foi o primeiro limite territorial das terras brasileiras, ia do sul do atual estado de Santa Catarina até a Ilha de Marajó, nas terras que hoje compõem o estado do Pará.

Fonte: ALBUQUERQUE, Manoel M.; REIS, Arthur C. F.; CARVALHO, Carlos D. *Atlas histórico e geográfico brasileiro*. 3. ed. Rio de Janeiro: MEC/Fename, 1967.

Fonte: ALBUQUERQUE, Manoel M.; REIS, Arthur C. F.; CARVALHO, Carlos D. *Atlas histórico e geográfico brasileiro*. 3. ed. Rio de Janeiro: MEC/Fename, 1967.

Território brasileiro no século XVI

Durante o século XVI, a ocupação das terras portuguesas na América ocorreu apenas nos pontos em que foram instaladas as chamadas **feitorias**, localidades no litoral em que eram armazenadas as mercadorias extraídas da floresta para posterior embarque em direção à Europa.

Em torno das feitorias, os portugueses passaram a explorar especiarias e pau-brasil, madeira de grande valor comercial na época, abundante na Mata Atlântica. Para a extração desses gêneros naturais, os exploradores usaram a mão de obra dos indígenas que viviam próximo à costa.

> **Especiaria:** folhas, sementes, frutos ou cascas de plantas usados, em geral, como condimento e aromatizante para fins culinários.

 FIQUE LIGADO!

Brasil, não! Ibirapitanga

O pau-brasil (*Caesalpinia echinata* Lam.) é uma espécie endêmica [...] da Floresta Atlântica.

[...] Na Europa, desde o século XII, já era conhecida uma madeira tintorial retirada da espécie *Caesalpinia sappan* L., comumente chamada de *bakham* (árabe), *shappan* (malaiala), *patanga* (sânscrito), *bresil* ou *bersil*, que era levada do Oriente (Tailândia, Ilhas Molucas e Japão) para a Europa, onde era fonte de corante vermelho para tecidos. Com a descoberta da espécie brasileira do mesmo gênero, *C. echinata*, que também possuía madeira vermelha, justamente o significado de seu nome indígena *ibirapitanga*, também passou a ser chamada de *bresil*, brasil ou pau-brasil.

É possível que sua exploração e importância econômica tenham ocasionado a mudança do nome, no início do século XVI, do novo território do domínio português ultramarino, que tinha sido batizado de Terra de Santa Cruz e passou a ser conhecido por Brasil, Terra do Brasil e Costa do Brasil. [...]

ROCHA, Yuri T. Distribuição geográfica e época de florescimento do pau-brasil [...]. *Revista do Departamento de Geografia*, São Paulo, v. 2, p. 23-24, 2010. Disponível em: www.revistas.usp.br/rdg/article/viewFile/47239/50975. Acesso em: 1 nov. 2020.

Tronco raspado de um exemplar de *C. echinata*, o pau-brasil, mostra a madeira vermelha que atraiu os primeiros exploradores portugueses. Rio de Janeiro (RJ), 2016.

MUNDO DOS MAPAS

O Brasil nos primeiros mapas do Novo Mundo

Observe com atenção o mapa histórico que segue.

Mapa de Giovanni Battista Ramusio intitulado *Brasil*, publicado em 1556.

O mapa acima, feito pelo cartógrafo veneziano Giovanni Battista Ramusio (1485-1557) e publicado em 1556, mostra boa parte do território que, mais tarde, se tornaria o Brasil. Ainda que bastante antiga, podemos obter informações valiosas desse tipo de representação cartográfica. Com base no que aprendeu até agora neste capítulo e na análise desse mapa histórico, faça o que se pede a seguir.

1. Observe outros mapas do território brasileiro mostrados no capítulo e compare-os com o mapa veneziano. Identifique o contorno do litoral brasileiro.

2. Além do contorno litorâneo, que outros elementos indicados por Ramusio identificam esse território como sendo o Brasil?

3. Que tipo de atividade econômica é representado pelos desenhos no mapa?

4. Quem está extraindo a matéria-prima? Em sua opinião, quem seriam os personagens vestidos com roupas coloridas?

5. Essa atividade econômica estava restrita a algumas áreas ou a toda a costa brasileira?

6. Identifique ao menos três acidentes geográficos importantes mapeados pelo cartógrafo veneziano.

7. Você conhece a árvore pau-brasil? Converse com os colegas a respeito disso.

Território brasileiro no século XVII

Mesmo com a exploração do pau-brasil, o povoamento e a colonização das terras portuguesas na América do Sul ocorreriam somente a partir da segunda metade do século XVI. Esse processo de ocupação se deu com o surgimento de lavouras de cana-de-açúcar, desenvolvidas de acordo com o sistema de *plantation*, e dos engenhos para a fabricação de rapadura. Essa atividade econômica foi inicialmente desenvolvida no litoral paulista e depois, com mais sucesso, na costa nordestina, onde predomina o solo de massapê.

Nesse período, a Coroa portuguesa, visando à obtenção de maiores vantagens econômicas, substituiu o trabalho forçado de indígenas pelo de africanos escravizados. Assim, entre o final do século XVI e a primeira metade do século XVII, milhares de africanos foram trazidos à força ao Brasil para trabalhar, sobretudo na atividade canavieira (veja as localizações no mapa abaixo).

Nessa época, passaram também a ser exploradas as chamadas **drogas do sertão**, produtos nativos da Floresta Amazônica como o cacau, a baunilha e o urucum, usados como condimentos. Muitos desses produtos apresentavam propriedades terapêuticas e por isso eram chamados de drogas. Geralmente, a colheita era feita nas margens dos principais rios e igarapés da Amazônia.

Também surgiram nesse período os primeiros núcleos urbanos e as fazendas com população fixa. A Vila de São Salvador, atualmente capital do estado da Bahia, foi escolhida para ser a sede do governo português na colônia. Observe o mapa.

> **Massapê:** é um solo extremamente fértil, que favorece a prática da agricultura. Suas cores são escuras, pois é formado por argilas resultantes da decomposição de rochas graníticas e calcárias, abundantes no litoral oriental nordestino.
>
> **Sistema de *plantation*:** tipo de sistema agrícola, criado no Período Colonial, em que grandes extensões de terra foram ocupadas por monoculturas tropicais cultivadas por mão de obra escravizada, cuja produção era exportada para as metrópoles.

Fonte: ISTOÉ BRASIL 500 ANOS. São Paulo: Editora Três, 2003. p. 21.

As sesmarias

A partir do século XVI, a Coroa portuguesa passou a estimular a ocupação das terras brasileiras por meio da doação de propriedades a nobres portugueses que se dispusessem a desbravar o "Novo Mundo" produzindo cana-de-açúcar ou outras culturas tropicais para exportação. Nasciam, assim, as chamadas **sesmarias**, imensas propriedades rurais com limites mal definidos, que podiam alcançar dezenas de milhares de quilômetros quadrados de extensão e estavam, em geral, localizadas ao longo da costa. Para muitos estudiosos, seu estabelecimento criou um padrão de estrutura fundiária composto de gigantescas propriedades rurais que seria reproduzido no decorrer dos séculos em grande parte do país.

Africanos escravizados trabalhando em engenho de cana-de-açúcar no Brasil no ano de 1640.

 CONEXÕES COM HISTÓRIA

Ginga, a rainha guerreira

Durante o processo de escravização na África, vários povos estabeleceram forte resistência contra os exploradores europeus. Destaca-se nesse movimento de luta pela liberdade a figura de uma mulher, a poderosa rainha Ngola Nzinga Mbandi.

Nzinga nasceu em 1582, filha do soberano do reino de Ndongo, região da atual Angola. Quando assumiu o trono no lugar de seu pai, Nzinga passou a combater o tráfico de escravizados, evitando que milhares de pessoas fossem levadas à força da África para as plantações de cana-de-açúcar na América.

A rainha do povo Mbundo guerreou incansavelmente contra os portugueses, que a perseguiram durante quase 40 anos. Sua grande habilidade como guerreira e estrategista militar a livrou, por várias vezes, de ser presa pelas forças lusitanas. Nzinga morreu aos 80 anos sem nunca ter sido capturada.

Em virtude de seus feitos, era chamada de "rainha imortal", e sua fama chegou aos quilombos em terras brasileiras. Aqui passou a ser venerada como "Ginga, a rainha guerreira", símbolo de luta contra a escravidão e pela liberdade, e sua história foi contada em poemas, livros e letras de música.

Território brasileiro no século XVIII

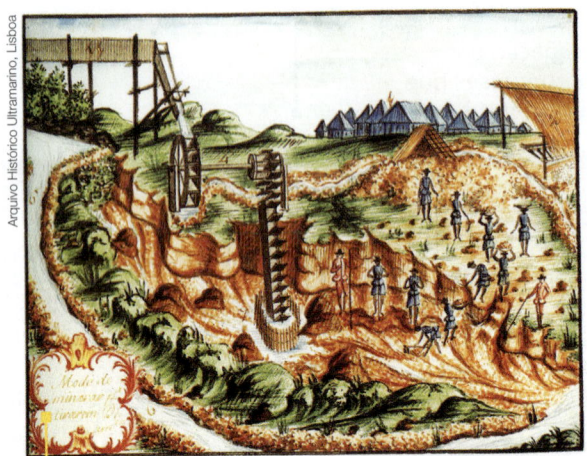

Na imagem, observa-se o garimpo de diamantes. Anônimo (escola portuguesa). [Sem título], século XVIII. Desenho Aquarelado, 17,5 cm × 22 cm.

Os séculos XVII e XVIII foram marcados pelo início da exploração das áreas interioranas, os chamados **sertões**, sobretudo por meio das atividades pecuária e mineradora.

As criações de gado foram deslocadas da costa nordestina para dar lugar aos canaviais, ocupando, a partir de então, áreas na direção montante dos principais rios da região, como o São Francisco, o Jaguaribe e o Parnaíba. Além do Nordeste, a criação de gado bovino tornou-se uma atividade de grande importância também para a ocupação do extremo sul da colônia.

Já a mineração desenvolveu-se com as expedições realizadas pelos bandeirantes paulistas, principalmente para as regiões dos atuais estados de Minas Gerais, Goiás e Mato Grosso. Ao longo dessas expedições, foram descobertas jazidas de ouro, diamantes e esmeraldas, entre outros minerais de significativo valor comercial.

Durante o século XVIII, especificamente, a atividade extrativa mineral ganhou tamanha importância que a sede do governo colonial foi transferida de Salvador para a cidade do Rio de Janeiro, cujo porto estava mais próximo dos núcleos mineradores. Assim, diversos caminhos e estradas foram abertos, permitindo, por exemplo, o escoamento da produção mineral até os portos, de onde era embarcada para a metrópole, e o deslocamento do gado das áreas de criação até os principais núcleos urbanos.

Fonte: ALBUQUERQUE, Manoel M.; REIS, Arthur C. F.; CARVALHO, Carlos D. *Atlas histórico e geográfico brasileiro*. 3. ed. Rio de Janeiro: MEC/Fename, 1967.

O Tratado de Madri

Com a ocupação dos sertões, os portugueses acabaram transgredindo o acordo estabelecido pelo Tratado de Tordesilhas. Assim, a Coroa portuguesa passou a reivindicar a posse definitiva dessas terras à Espanha. Os portugueses alegavam que as terras deveriam pertencer ao país que as estivesse ocupando efetivamente, fosse com atividades econômicas (cultivos, atividades extrativas, mineração etc.), fosse com vilas, povoados e fortificações.

Assim, em 1750, firmou-se o chamado **Tratado de Madri**, por meio do qual a Espanha reconheceu o direito português sobre uma vasta extensão de terras sul-americanas. Depois desse tratado, os limites do território colonial tornaram-se mais semelhantes aos atuais.

Território brasileiro no século XIX

Durante o século XIX, destacou-se o desenvolvimento da atividade cafeeira. Introduzido no Brasil no final do século XVIII, o café foi cultivado inicialmente nas imediações da cidade do Rio de Janeiro, expandindo-se na direção do Vale do Rio Paraíba do Sul. Em apenas algumas décadas, esse produto se transformou em um dos principais gêneros agrícolas brasileiros de exportação e, já no final da primeira metade do século XIX, alcançou áreas do interior de São Paulo, Minas Gerais e Espírito Santo.

Nesse período, o fluxo de africanos escravizados para o Brasil ainda era grande, embora tivesse começado a diminuir após o processo de independência do país. Agora constituído como Estado-Nação soberano, o Brasil proibiu o tráfico de cativos em 1850, decretando, em 1888, a Abolição total da escravatura.

Como forma de substituir a mão de obra escravizada, o Estado estimulou a vinda de trabalhadores imigrantes livres, sobretudo europeus, os quais, a princípio, foram encaminhados para as regiões produtoras de café e para as áreas de povoamento criadas no sul do país. Assim, até à metade do século XX entraram em território brasileiro cerca de 4 milhões de imigrantes.

Além da produção de café, outras atividades agrícolas destacaram-se durante o século XIX, como o cultivo do algodão nas áreas de Caatinga da atual Região Nordeste e a exploração da borracha no interior da Floresta Amazônica, no final do século. O desenvolvimento dessas atividades fez com que o governo ampliasse as vias de acesso ao interior, abrindo caminhos, estradas de terra e ferrovias, que esboçaram os primeiros eixos de comunicação e de integração do território brasileiro.

Africanos escravizados trabalhando na colheita de café. Vale do Paraíba, Rio de Janeiro (RJ), c.1885.

O Brasil e o barão do Rio Branco

A forma atual do território brasileiro se deve, em grande parte, ao trabalho diplomático conduzido por José Maria da Silva Paranhos Júnior, o barão do Rio Branco (1845-1912). Devido aos acordos e às negociações realizados por Paranhos em seu trabalho no Ministério das Relações Exteriores do Brasil, foi assegurada ao governo, no final da primeira década do século XX, a posse de mais de 500 mil quilômetros de terras e resolvidas várias questões fronteiriças com Argentina, Bolívia, Colômbia, Peru e Suriname. Desde então, os limites territoriais brasileiros são os mesmos.

Fonte: ALBUQUERQUE, Manoel M.; REIS, Arthur C. F.; CARVALHO, Carlos D. *Atlas histórico e geográfico brasileiro*. 3. ed. Rio de Janeiro: MEC/Fename, 1967.

Território brasileiro no século XX

A partir do início do século XX, as fronteiras nacionais estavam definidas e começava a se implantar, em determinadas áreas, o processo de tecnificação do território, ou seja, de prolongamento das estradas de ferro, da rede de distribuição de energia elétrica, telegrafia, telefonia, entre outras. Contudo, a organização espacial interna do país ainda se configurava como um grande "arquipélago", com as principais regiões econômicas coexistindo de maneira desarticulada, voltadas basicamente para o abastecimento do mercado externo. O intercâmbio entre essas regiões e entre os estados que as compunham era muito restrito, em decorrência dos pesados impostos alfandegários internos e da precária infraestrutura das vias de transporte que vigoravam na época.

Veja o mapa a seguir.

Sudeste: destacavam-se a atividade cafeeira no interior paulista e a mineração de ferro em Minas Gerais.

Sul: evidenciavam-se as áreas coloniais de imigração europeia, baseadas em pequenas propriedades rurais, voltadas à policultura e à produção de erva-mate.

Centro-Oeste: despontava como área de pecuária extensiva, era o principal fornecedor de carne bovina para o Sudeste.

Nordeste: organizava-se em torno da atividade canavieira na Zona da Mata e do cultivo de algodão no Agreste, produção, em sua maior parte, destinada à exportação.

Amazônia: destacava-se, até o início da década de 1920, como o grande polo mundial da produção de borracha natural.

Fonte: THÉRY, Hervé; MELLO, Neli Aparecida de. *Atlas do Brasil*: disparidades e dinâmicas do território. 3. ed. São Paulo: Edusp, 2018. p. 61.

Essa configuração territorial do Brasil como um arquipélago de economias regionais somente mudaria a partir da década de 1940, com o processo de centralização político-administrativa promovido pelo governo federal, que passou a restringir drasticamente o poder dos governos estaduais e municipais e a intervir de forma planejada na organização do espaço geográfico nacional.

Determinadas ações do governo federal, como a extinção dos impostos interestaduais e os altos investimentos em obras de infraestrutura (rodovias federais, usinas hidrelétricas, portos etc.), possibilitaram o desenvolvimento da atividade industrial no país, facilitando a circulação de pessoas, informações e mercadorias. Todas as regiões econômicas passaram, então, a se articular em torno do centro industrial que se erguia no Sudeste. Estudaremos esses processos de maneira mais detalhada nas próximas unidades deste volume.

Conheça, por meio do mapa e das fotografias a seguir, algumas ações governamentais que, sobretudo a partir dos anos 1950, proporcionariam a integração efetiva do Território Nacional e uma melhor distribuição populacional, diminuindo a pressão demográfica na região costeira do país, o que mudaria a organização do território brasileiro.

Organização do território brasileiro – final do séc. XX

Selma Caparroz

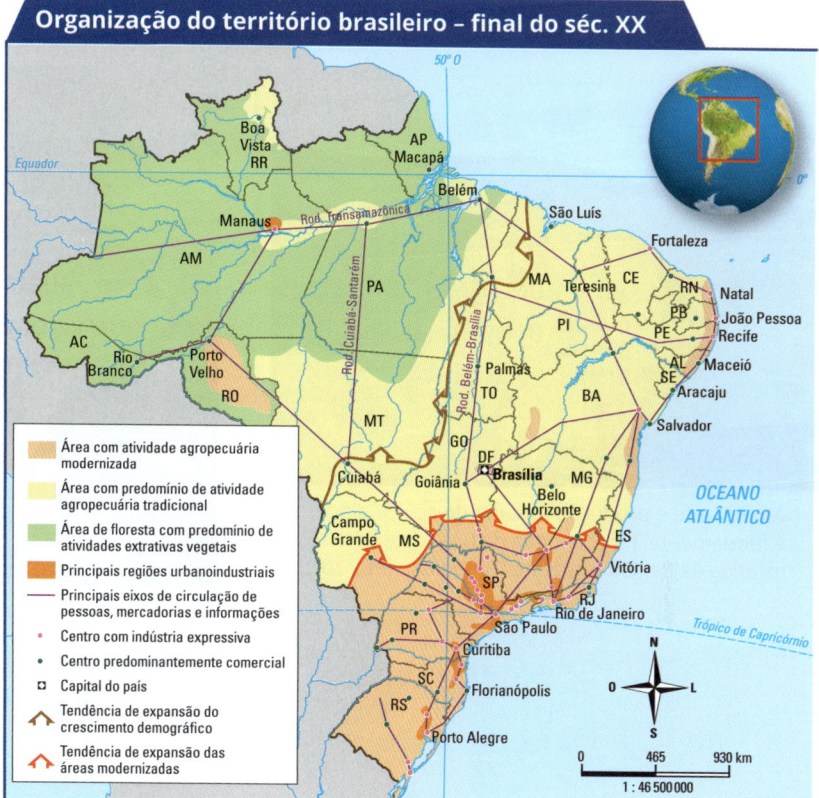

Fontes: IBGE. *Anuário estatístico do Brasil 1996*. Rio de Janeiro: IBGE, 1997; IBGE. *Anuário estatístico do Brasil 2007*. Rio de Janeiro: IBGE, 2008.

Folhapress

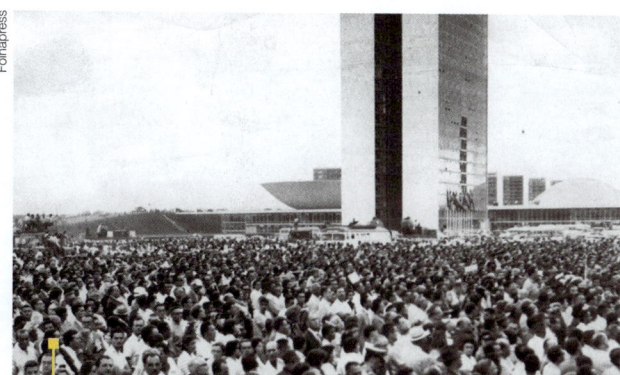

Transferência da capital do país para a Região Centro-Oeste, criando um Distrito Federal e inaugurando, em 1960, a cidade de Brasília.

Inauguração de Brasília em 21 de abril de 1960.

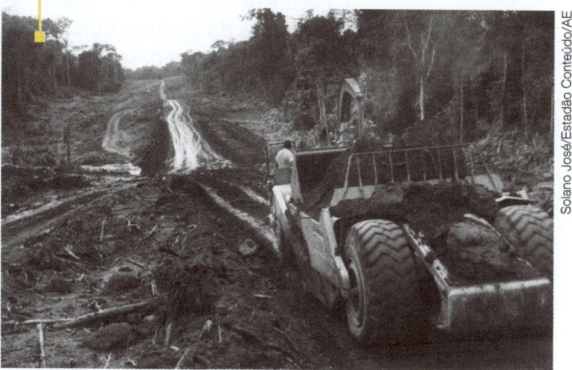

Abertura de extensas rodovias no interior do país, como a Cuiabá-Santarém, a Belém-Brasília e a Transamazônica.

Derrubada de floresta nativa para a construção da Rodovia Transamazônica. Altamira (PA), 1972.

Solano José/Estadão Conteúdo/AE

Emater/Agência Senado

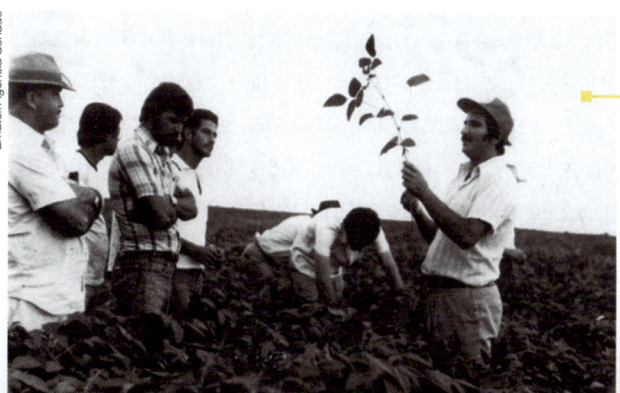

Estímulo da **expansão das fronteiras econômicas** ou **agrícolas** em direção às grandes áreas, ainda pouco povoadas, do Cerrado e da Floresta Amazônica, fomentando a implantação de grandes projetos de colonização agrícola e de mineração nas regiões Centro-Oeste e Norte.

Plantação de soja em colônia agrícola no Mato Grosso na década de 1970.

Século XXI: marcas de nossa formação territorial

Observe as paisagens a seguir.

Atualmente a produção de cana-de-açúcar ainda é fundamental na economia de boa parte dos estados da Região Nordeste. Timboassu (PE), 2020.

A industrialização ocorrida na cidade de São Paulo e em municípios vizinhos durante o século XX alavancou a economia brasileira ao patamar de uma das maiores do mundo. São Paulo (SP), 2017.

A cidade de Sorriso foi fundada às margens da Rodovia Cuiabá-Santarém com base em um projeto de colonização agrícola privado, estimulado pelo governo federal no final dos anos 1970.

A vasta dimensão territorial do Brasil possibilita uma imensa diversidade de paisagens naturais e culturais. Em muitas delas encontram-se marcas ou vestígios que remetem à história da ocupação e da formação do Território Nacional. São permanências históricas ou marcas de um tempo passado que foram incorporadas às atividades contemporâneas. É o que nos mostra a Foto 1, em que se verifica a permanência da atividade canavieira na Zona da Mata nordestina; a Foto 2, que revela as raízes do processo de industrialização da cidade de São Paulo; ou, ainda, a Foto 3, que mostra o resultado dos incentivos governamentais para a colonização do Centro-Oeste e da Amazônia.

Um território, cinco grandes regiões

Para compreender melhor a diversidade territorial brasileira, sua organização socioespacial e as características da população de nosso país, o governo brasileiro criou, em 1934, o **Instituto Brasileiro de Geografia e Estatística (IBGE)**. Esse órgão foi responsável por dividir, na década de 1940, o território nacional, para fins de estudos, em cinco grandes regiões, a saber: **Norte**, **Nordeste**, **Centro-Oeste**, **Sudeste** e **Sul**.

O mapa a seguir destaca algumas características marcantes de cada uma dessas grandes regiões, as quais vamos conhecer de maneira aprofundada nas cinco últimas unidades deste livro.

Brasil: grandes regiões – IBGE

Fonte: IBGE. *Atlas geográfico escolar*. 8. ed. Rio de Janeiro: IBGE, 2018. p. 90.

Nordeste
Nessa região está o segundo maior contingente populacional do país e dela partiram importantes fluxos migratórios nacionais. Vem crescendo economicamente nas últimas décadas, processo impulsionado pelo aumento da atividade industrial e do turismo.

Sudeste
É a região mais populosa do país, reunindo cerca de 42% do total da população brasileira. É também a região mais industrializada, com boa parte de suas atividades agrícolas empregando tecnologia moderna.

Sul
A menor das regiões brasileiras destaca-se pela presença de atividades agrícolas modernas e por abrigar o segundo maior parque industrial do país.

Centro-Oeste
Região caracterizada pela forte presença das fronteiras agropecuárias, que ocupam áreas cada vez maiores do Cerrado com atividades extensivas e modernas.

Norte
A maior região do país (3 853 669,7 km²) é caracterizada pela presença da Floresta Amazônica e pela baixa densidade populacional (cerca de 4,5 hab./km²).

ATIVIDADES

Reviso o capítulo

1. Quem eram os primeiros habitantes das terras brasileiras?
2. O que estabelecia o Tratado de Tordesilhas?
3. Para que serviam as feitorias? Onde se localizavam?
4. O que eram as drogas do sertão?
5. Enumere as principais características de uma sesmaria.
6. Explique a importância do Tratado de Madri para a Coroa portuguesa.
7. Qual foi o papel do barão do Rio Branco no estabelecimento dos atuais limites do território brasileiro?
8. Por que o território brasileiro se configurava como um "arquipélago" econômico no início do século XX?
9. Cite algumas ações governamentais que promoveram a integração efetiva do território brasileiro na segunda metade de século XX.
10. Quais são as cinco grandes regiões brasileiras? Que órgão governamental foi responsável por estabelecer essa regionalização?

Organizo ideias

11. Em nossos estudos, é muito importante aprendermos a organizar os conhecimentos adquiridos. Nesta atividade, você organizará as principais ideias relacionadas ao processo histórico de formação territorial brasileiro. Para isso, transcreva o diagrama abaixo no caderno completando as lacunas com informações que caracterizam cada século, de acordo com os tópicos indicados no modelo. Veja.

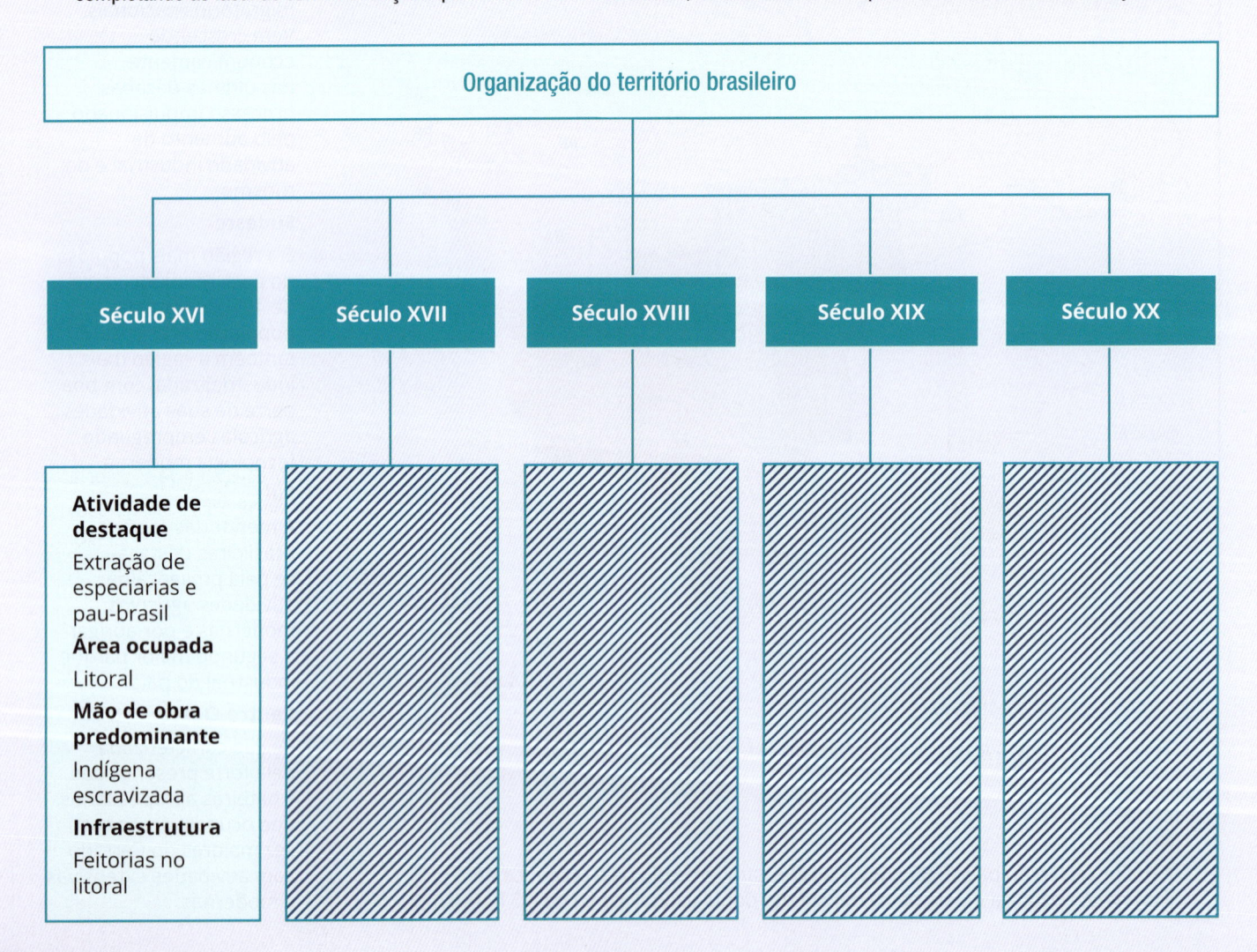

Organização do território brasileiro

Século XVI	Século XVII	Século XVIII	Século XIX	Século XX
Atividade de destaque Extração de especiarias e pau-brasil **Área ocupada** Litoral **Mão de obra predominante** Indígena escravizada **Infraestrutura** Feitorias no litoral				

Elaboro pesquisas

12. Leia as informações do quadro a seguir.

BRASIL - DIFERENTES MEDIÇÕES DO TERRITÓRIO BRASILEIRO, EM KM² (1889-2013)	
Ano	Área oficial do território brasileiro (em km²)
1889	8 337 218
1922	8 511 189
1946	8 516 037
1952	8 513 844
1980	8 511 965
1993	8 547 403,5
2000	8 514 215,3
2001	8 514 876,599
2013	8 515 767,049

Fonte: IBGE. Áreas territoriais. *In*: IBGE. Rio de Janeiro, [2020]. Disponível em: https://www.ibge.gov.br/geociencias/organizacao-do-territorio/estrutura-territorial/15761-areas-dos-municipios.html?t=saiba-mais-edicao&c=1. Acesso em: 26 abr. 2021.

Com outros colegas de turma, faça uma pesquisa para descobrir os motivos que levaram o território brasileiro a, em determinados momentos, ganhar área e, em outros, perdê-la. Procure saber se os motivos estão relacionados a acordos fronteiriços ou técnicas e tecnologias utilizadas nas medições e na organização dos dados. Busque dados mais atualizados consultando: https://www.ibge.gov.br/geociencias/organizacao-do-territorio/estrutura-territorial/15761-areas-dos-municipios.html?t=saiba-mais-edicao&c=1 (acesso em: 26 abr. 2021).

AQUI TEM GEOGRAFIA

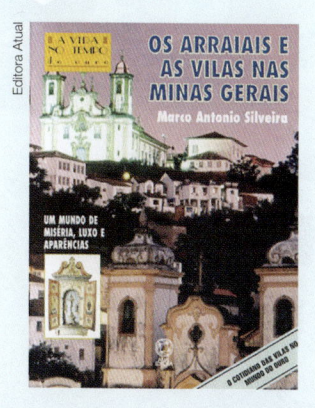

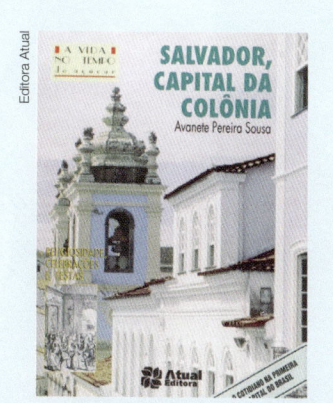

Leia

Coleção A Vida no Tempo (Atual Editora).

Essa coleção leva o leitor a conhecer o dia a dia das pessoas em cada momento histórico-chave do processo de formação territorial do Brasil.

Acesse

Brasiliana Iconográfica

Disponível em: https://www.brasilianaiconografica.art.br/explore/linha-do-tempo. Acesso em: 8 abr. 2021.

Site que mostra uma riquíssima linha do tempo ilustrada, com resumos de fatos históricos importantes para você melhor compreender a formação territorial brasileira.

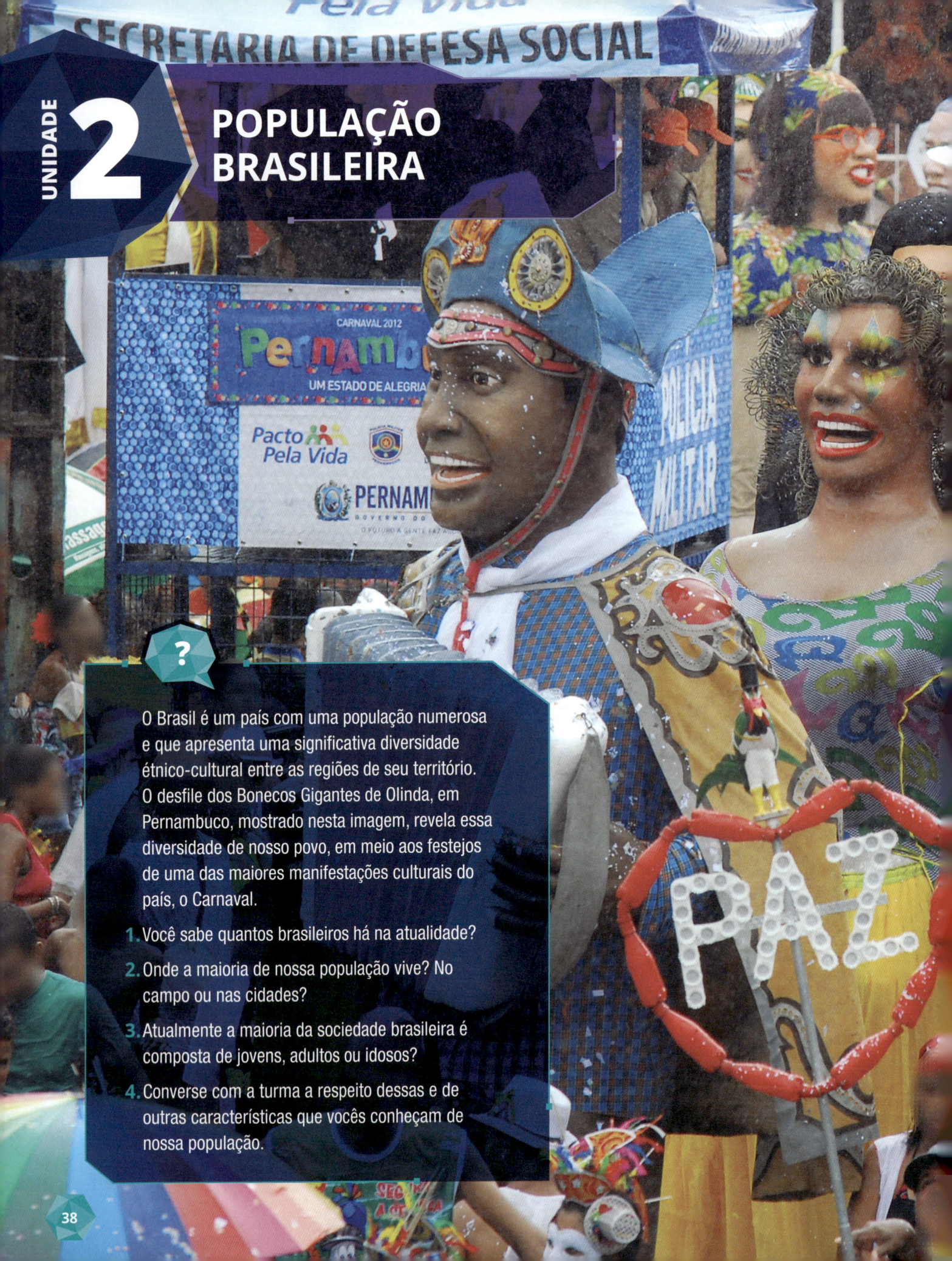

UNIDADE 2
POPULAÇÃO BRASILEIRA

O Brasil é um país com uma população numerosa e que apresenta uma significativa diversidade étnico-cultural entre as regiões de seu território. O desfile dos Bonecos Gigantes de Olinda, em Pernambuco, mostrado nesta imagem, revela essa diversidade de nosso povo, em meio aos festejos de uma das maiores manifestações culturais do país, o Carnaval.

1. Você sabe quantos brasileiros há na atualidade?
2. Onde a maioria de nossa população vive? No campo ou nas cidades?
3. Atualmente a maioria da sociedade brasileira é composta de jovens, adultos ou idosos?
4. Converse com a turma a respeito dessas e de outras características que vocês conheçam de nossa população.

Nesta unidade, você vai aprender:
- as origens étnico-culturais do povo brasileiro;
- os primeiros movimentos migratórios e a imigração na atualidade;
- a distribuição espacial da população no território brasileiro;
- as populações urbana e rural do país;
- o êxodo rural;
- o processo de urbanização brasileiro;
- os movimentos migratórios internos;
- o processo de crescimento da população nacional;
- a estrutura etária e econômica da população;
- os setores de atividades econômicas;
- as desigualdades socioeconômicas no Brasil;
- o processo emigratório de brasileiros.

Olinda (PE), 2012.

CAPÍTULO 3
Origens e distribuição da população brasileira

As imagens a seguir mostram pessoas de diferentes origens étnico-culturais que viveram em nosso país no início do século passado. A **origem étnico-cultural** de um grupo se refere ao passado comum de seus ancestrais, assim como a língua, a religião e as tradições culturais semelhantes, que lhes concede uma identidade própria. Observe com atenção as imagens a seguir.

Fotografias que retratam a diversidade das origens étnico-culturais do povo brasileiro.

1. Você consegue identificar a origem étnico-cultural de cada pessoa retratada?
2. Elas representam, de alguma forma, sua origem étnico-cultural?
3. Converse com os colegas sobre a diversidade de origens do povo brasileiro.

Origens do povo brasileiro

Como aprendemos no Capítulo 2, a formação histórica do território brasileiro reuniu diferentes grupos humanos. Vimos que, nos primeiros séculos de ocupação, os principais grupos envolvidos foram:

- os **povos indígenas**, como os tupi, jê, aruaque, charrua, entre outros, que originalmente habitavam as terras brasileiras;

- os **portugueses**, que vieram se apropriar das riquezas das terras indígenas;

- os **povos africanos**, como os nagô, jejê, haussá, benguela, entre outros, trazidos para trabalhar como mão de obra escravizada nas atividades econômicas coloniais.

O encontro entre povos indígenas, europeus (a princípio, basicamente portugueses) e africanos não ocorreu de forma harmoniosa. A interferência da sociedade europeia na cultura indígena dizimou grupos inteiros que haviam se constituído milhares de anos antes. O contato com os povos trazidos à força da África foi também marcado por violência.

A partir da segunda metade do século XIX, povos de outras origens passaram a fazer parte da composição da população brasileira. Eram, sobretudo, europeus (espanhóis, italianos, alemães, eslavos etc.) e asiáticos (árabes e japoneses), povos que, como veremos nas próximas páginas, fugiam de guerras e da pobreza que assolava seus países de origem, aportando no Brasil em busca de melhores condições de vida.

ZOOM

A diáspora africana

Estudos recentes avaliam que aproximadamente 13 milhões de africanos foram escravizados e trazidos para o continente americano, entre os séculos XVI e XIX. Contudo, estima-se que cerca de três milhões morreram durante a travessia do Oceano Atlântico.

O processo de escravização foi iniciado pelos portugueses, que, sobretudo por meio de suas feitorias ao longo da costa ocidental da África, subjugaram diferentes povos que tinham costumes e tradições distintos. Alguns estudiosos dividem esses povos em dois grandes grupos: oeste-africanos e bantos. Atualmente, levantamentos do IBGE indicam que cerca de 50% da população brasileira descende de grupos étnicos africanos.

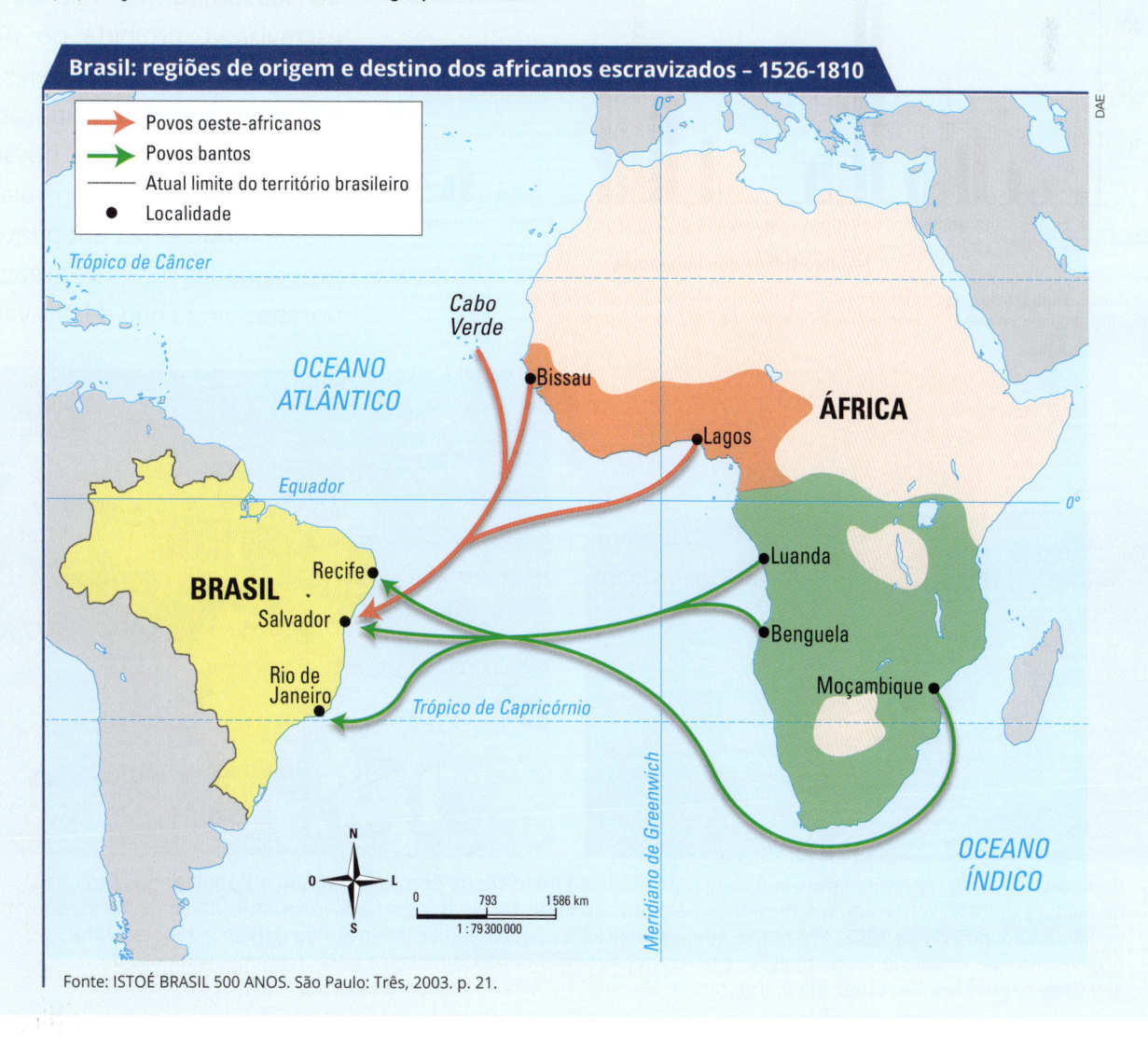

Brasil: regiões de origem e destino dos africanos escravizados – 1526-1810

Fonte: ISTOÉ BRASIL 500 ANOS. São Paulo: Três, 2003. p. 21.

Movimentos imigratórios

A partir da segunda metade do século XIX, a entrada de migrantes estrangeiros no Brasil intensificou-se, principalmente os de origem europeia e asiática. A chegada desses imigrantes passou, então, a influenciar diretamente a composição étnica e cultural de nosso país.

Os fluxos imigratórios mais intensos ocorreram no final do século XIX e nas primeiras décadas do século XX. Nesse período, calcula-se que cerca de quatro milhões de imigrantes tenham chegado ao Brasil, vindos, sobretudo, de Portugal, Espanha, Itália, Alemanha e Japão. Esses imigrantes fixaram-se em várias partes do país, concentrando-se nas atuais regiões Sudeste e Sul. Observe o gráfico a seguir.

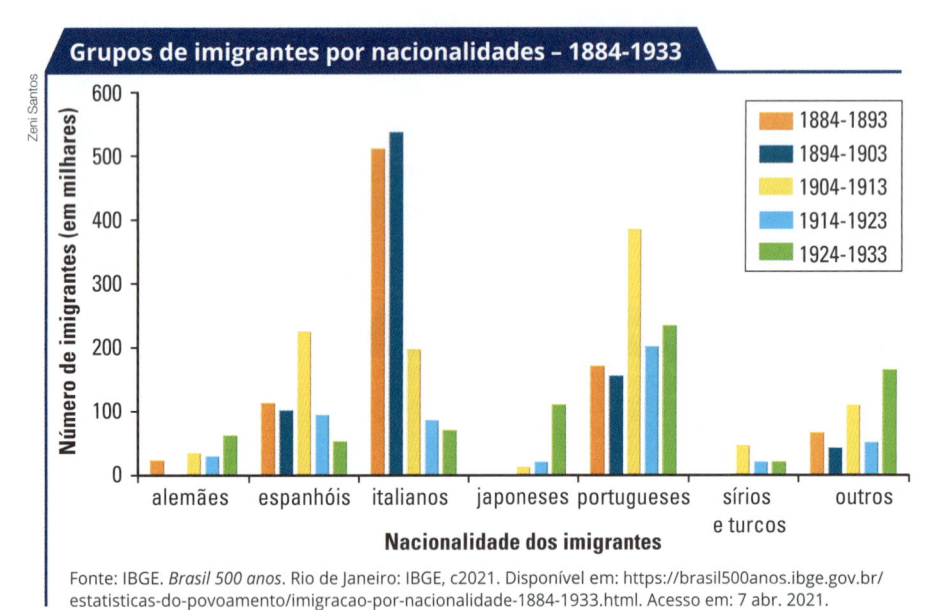

Grupos de imigrantes por nacionalidades – 1884-1933

Fonte: IBGE. *Brasil 500 anos*. Rio de Janeiro: IBGE, c2021. Disponível em: https://brasil500anos.ibge.gov.br/estatisticas-do-povoamento/imigracao-por-nacionalidade-1884-1933.html. Acesso em: 7 abr. 2021.

Como vimos no Capítulo 2, o principal fator de atração de imigrantes para o Sudeste foi o trabalho na lavoura cafeeira, quando substituíram a mão de obra escravizada, proibida no país a partir de 1888. No Sul, eles promoveram a efetiva ocupação das terras assegurando a posse do território nacional e instalaram-se, de modo geral, em pequenas propriedades rurais de áreas interioranas ainda não desbravadas.

Boa parte dos imigrantes italianos que chegaram ao Brasil no início do século XX passou a trabalhar nas fazendas de lavoura de café, sobretudo no interior dos estados do Sudeste. Na fotografia **A**, imigrantes italianos, no estado de São Paulo, no ano de 1902. Por outro lado, os imigrantes que se dirigiram ao Sul do país se estabeleceram, principalmente, em núcleos coloniais, e receberam pequenas parcelas de terra para o desenvolvimento de atividades agrícolas. Na fotografia **B**, imigrantes alemães, no estado de Santa Catarina, no final do século XIX.

Após a década de 1930, as restrições impostas pelo governo brasileiro atenuaram os fluxos imigratórios. Com isso, a entrada de estrangeiros somente voltou a ser um fator demográfico de destaque recentemente, como veremos mais adiante. Observe no mapa abaixo as áreas onde se fixaram os principais contingentes de imigrantes no Brasil, nos séculos XIX e XX.

Brasil: principais localidades com grupos de imigrantes – 1884-1933

Fonte: ISTOÉ BRASIL 500 ANOS. São Paulo: Três, 2003. p. 80.

Emigrante e imigrante: qual é a diferença?

Os **movimentos migratórios** ou **migrações** são deslocamentos da população de um lugar para residir em outro.

Há dois tipos de movimentos migratórios: o movimento de saída do local de origem para fixar-se em outra localidade ou país, denominado de **emigração**; e o movimento de entrada no local de destino para fixar-se, denominado **imigração**. Dessa forma, denomina-se **emigrante** a pessoa que se muda para outra localidade ou país; essa mesma pessoa ao chegar ao local ou país de destino é considerada **imigrante**. Como já foi dito, as pessoas migram, de maneira geral, para buscar melhores condições de vida e de trabalho no lugar de destino.

Movimentos imigratórios na atualidade

Leia as notícias a seguir.

Imigrantes venezuelanos estão em 23% dos municípios brasileiros

MANTOVANI, Flávia. Imigrantes venezuelanos estão em 23% dos municípios brasileiros. *Folha de S.Paulo*, São Paulo, 28 set. 2020. Disponível em: https://bit.ly/3n1F6ki. Acesso em: 20 abr. 2021.

Nova onda de haitianos chega ao Brasil pela Guiana e engrossa êxodo de estrangeiros em Roraima

COSTA, Emily. Nova onda de haitianos chega ao Brasil pela Guiana e engrossa êxodo de estrangeiros em Roraima. *G1*, Rio de Janeiro, 16 dez. 2019. Disponível em: https://glo.bo/3dx1LSe. Acesso em: 20 abr. 2021.

Como você leu no título das reportagens acima, nos últimos anos, o fluxo de imigrantes estrangeiros para o Brasil passou a ser bastante significativo.

De acordo com dados do governo federal, em 2020 havia aproximadamente dois milhões de estrangeiros residindo em território nacional. A maioria deles vive em grandes centros urbanos das regiões Sudeste e Sul, como São Paulo, Belo Horizonte, Curitiba, e em várias outras capitais.

Muitos migram para fugir da **pobreza** e do **desemprego** de seus países de origem, como os bolivianos, angolanos e senegaleses. Outros buscam refúgio das consequências de **desastres naturais**, como os haitianos, ou ainda de **conflitos armados**, como os sírios e palestinos.

Há também uma parcela significativa de imigrantes que entrou no país para trabalhar nas filiais de grandes empresas, sobretudo multinacionais, transferidos das matrizes ou das filiais localizadas em países desenvolvidos ou emergentes, como Estados Unidos, Japão e China, ou de alguma nação europeia.

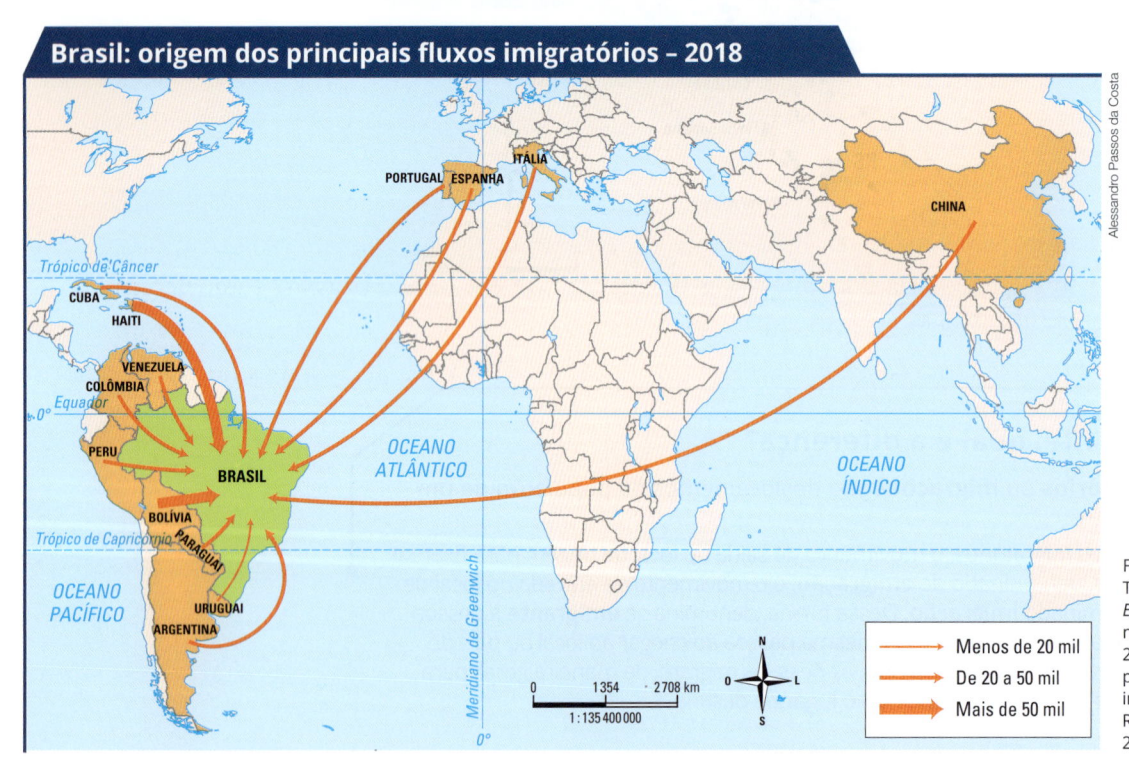

Brasil: origem dos principais fluxos imigratórios – 2018

Fonte: CAVALCANTI, L; OLIVEIRA, T; MACÊDO, M; PEREDA, L. *Resumo Executivo*: imigração e refúgio no Brasil. Brasília, DF: OBMigra, 2019. Disponível em: https://portaldeimigracao.mj.gov.br/images/publicacoes-obmigra/RESUMO%20EXECUTIVO%20_%202019.pdf. Acesso em: 31 mar. 2021.

Observe no mapa da página anterior a origem dos principais fluxos imigratórios para o Brasil e, no gráfico ao lado, os principais grupos de imigrantes atualmente estabelecidos em nosso país.

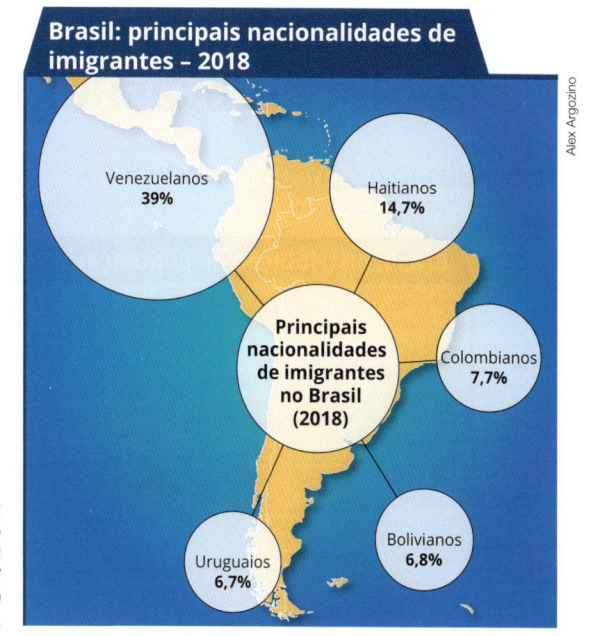

Brasil: principais nacionalidades de imigrantes – 2018

- Venezuelanos 39%
- Haitianos 14,7%
- Colombianos 7,7%
- Bolivianos 6,8%
- Uruguaios 6,7%

Principais nacionalidades de imigrantes no Brasil (2018)

Fonte: CAVALCANTI, L; OLIVEIRA, T; MACÊDO, M; PEREDA, L. *Resumo Executivo*: imigração e refúgio no Brasil. Brasília, DF: OBMigra 2019. Disponível em: https://portaldeimigracao.mj.gov.br/images/publicacoes-obmigra/RESUMO%20EXECUTIVO%20_%202019.pdf. Acesso em: 9 abr. 2021.

ZOOM

Bolivianos no Brasil

Leia o texto com atenção.

[...] As condições socioeconômicas estão na base do fenômeno migratório boliviano. No imaginário da maioria dos bolivianos, o Brasil é um país de oportunidades, com uma população hospitaleira. Uma parte dos bolivianos que vieram para o Brasil em busca de melhores condições de vida foi aliciada por traficantes de pessoas que prometeram uma vida excelente e um salário de mil dólares por mês para trabalhar em São Paulo. Na realidade, os salários são muito mais baixos, e muitos bolivianos são explorados nas oficinas de costura.

Festa da comunidade boliviana em São Paulo (SP), 2019.

O boliviano Walter trabalhou um ano em situação análoga à escravidão: "eu trabalhava das 7 h até 1 h, 2 h da manhã. Tinha só um dia de folga, mas não saía de casa. O dono não deixava sair. Ninguém saía. Estávamos trancados mesmo". A maioria dos imigrantes bolivianos que vão para o Brasil se estabelecem em São Paulo, devido às oportunidades de trabalho no setor têxtil e da possibilidade de se reunirem com parentes já moradores da cidade. [Isso corre, porque os] migrantes tendem a passar pelo mesmo trajeto, visto que já têm informações [...] e contatos no lugar de destino. [...]

LENDERS, Sebastian. Bolivianos, haitianos e venezuelanos – três casos de imigração no Brasil. *Heinrich Böll Stiftung*, Rio de Janeiro, 14 abr. 2019. Disponível em: https://br.boell.org/pt-br/2019/04/15/bolivianos-haitianos-e-venezuelanos-tres-casos-de-imigracao-no-brasil. Acesso em: 20 jan. 2021.

1. Por que os bolivianos têm procurado o Brasil para se estabelecer?
2. Qual é o tipo de trabalho no qual muitos deles estão empregados?
3. Você sabe o que significa trabalhar em uma "situação análoga à escravidão"? Pesquise informações a respeito dessa condição e traga para a sala de aula.

Distribuição espacial da população brasileira

Observe o mapa com atenção.

Brasil: distribuição da população – 2010

Habitantes por km²:
- Menos de 1,0
- 1,1 a 10,0
- 10,1 a 25,0
- 25,1 a 100,0
- Mais de 100,0

Fonte: IBGE. *Atlas geográfico escolar*. 8. ed. Rio de Janeiro: IBGE, 2018. p. 112.

1. Com base no que você estudou no Capítulo 2 a respeito do processo de ocupação histórica do território brasileiro, explique a atual distribuição espacial da população mostrada no mapa.

O mapa desta página mostra que a maior parte da população brasileira está concentrada na porção leste do país. Como vimos, foi justamente essa parte do território brasileiro a primeira a ser ocupada pelos portugueses, a partir do século XVI.

Nessa faixa territorial, estão localizadas as aglomerações urbanas mais populosas do Brasil, as regiões metropolitanas de São Paulo (com cerca de 22 milhões de habitantes) e do Rio de Janeiro (com aproximadamente 13 milhões de habitantes), as metrópoles de Salvador, Recife, Porto Alegre e Curitiba, entre outras.

O mapa mostra que as maiores **densidades demográficas** (acima de 100 hab/km²) encontram-se justamente nas áreas onde estão localizadas essas grandes cidades, nas regiões Nordeste, Sudeste e Sul, historicamente de ocupação e povoamento mais antigo. Juntas, elas reúnem cerca de 85% da população do país, distribuída em uma área que representa aproximadamente 36% do território nacional.

A parte oeste do Brasil apresenta-se bem menos povoada, em geral com densidades demográficas iguais ou inferiores a 10 hab/km², já que se caracteriza como uma área de povoamento mais recente. Ela compreende as regiões Norte e Centro-Oeste, que, juntas, reúnem cerca de 15% da população brasileira, distribuída em uma superfície que representa aproximadamente dois terços do território nacional. É nessa porção do país que se estendem dois de nossos maiores biomas: a Amazônia e o Cerrado. No entanto, nessa parte do Brasil há também importantes áreas com alta densidade demográfica, sobretudo no entorno das capitais estaduais, como Manaus, Cuiabá, Goiânia e no Distrito Federal. Reveja o mapa da página anterior e identifique essas localizações.

O que é densidade demográfica?

A densidade demográfica nos ajuda a conhecer e comparar o povoamento de um território, seja de um município, um estado ou um país. Ela indica o número médio de habitantes por unidade de superfície, em geral, em km². Para se obter a densidade demográfica de um território, devemos dividir a área de sua superfície pelo total de habitantes, ou seja, por sua **população absoluta**. Veja, como exemplo, o cálculo da densidade demográfica dos municípios de Osasco (SP) e Altamira (PA).

Densidade demográfica de Osasco (SP)

$$\frac{\text{População absoluta (em 2020)}}{\text{Área do município}} = \frac{699\,944 \text{ habitantes}}{65 \text{ km}^2} = 10\,768 \text{ habitantes/km}^2$$

Densidade demográfica de Altamira (PA)

$$\frac{\text{População absoluta (em 2020)}}{\text{Área do município}} = \frac{115\,969 \text{ habitantes}}{159\,533 \text{ km}^2} = 0,73 \text{ habitantes/km}^2$$

O município de Osasco (SP), devido ao seu território relativamente pequeno, praticamente não possui mais área rural, como mostra a fotografia de 2018.

Já o município de Altamira (PA), tem uma imensa área rural, recortada por rios e florestas, como mostra a fotografia de 2020.

População rural e urbana brasileira

No mapa da página 46, vimos que as maiores densidades demográficas brasileiras estão nas capitais, no Distrito Federal, em grandes cidades do interior ou no entorno delas. Além do processo de ocupação territorial, isso também ocorre porque, atualmente, a maioria da população vive em áreas urbanas, sobretudo em grandes cidades. Porém, nem sempre foi assim. Observe com atenção o gráfico a seguir.

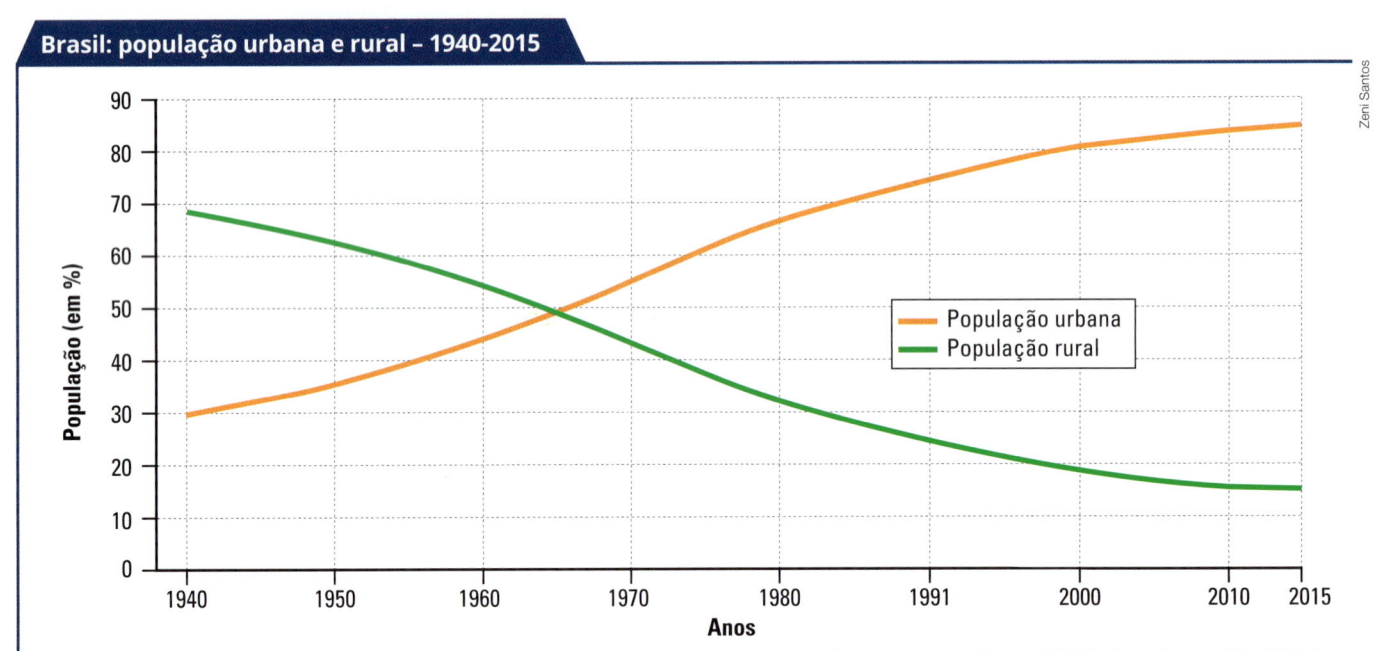

Brasil: população urbana e rural – 1940-2015

Fontes: IBGE. *Anuário estatístico do Brasil*. Rio de Janeiro: IBGE, 1998; IBGE. *Censo demográfico 2000*. Rio de Janeiro: IBGE, 2001; SINOPSE do Censo Demográfico 2010. *In*: IBGE. Rio de Janeiro, c2021. Disponível em: www.ibge.gov.br; RURAL population. *In*: THE WORLD BANK. Washington, DC, c2021. Disponível em: http://data.worldbank.org/indicator/SP.RUR.TOTL.ZS. Acessos em: 20 jan. 2021.

?
1. Qual era a proporção de pessoas vivendo no campo e nas cidades em 1940?
2. Em que ano a população urbana passou a ser maior que a população rural? Por que isso ocorreu? Converse com os colegas e o professor a esse respeito.

O uso cada vez maior de tecnologias modernas nas atividades agrícolas fez com que o trabalho de muitos camponeses fosse substituído por máquinas e equipamentos que aumentaram a produtividade nas propriedades rurais.

A falta de perspectiva de trabalho no campo levou boa parte dessas pessoas a se deslocar em direção às cidades em busca de emprego no comércio, nas indústrias ou na área de serviços. Assim, iniciou-se o mais intenso fluxo migratório da história de nosso país. Essa migração do campo para as cidades, chamada **êxodo rural**, contribuiu significativamente para o **processo de urbanização** brasileiro, ou seja, o aumento da população urbana e do espaço físico das cidades.

Os maiores fluxos ocorreram entre as décadas de 1960 e 1980, paralelamente aos períodos mais intensos de desenvolvimento industrial e de modernização das atividades agrícolas. Nesse intervalo, a população urbana brasileira ultrapassou a população rural em aproximadamente 50 milhões de habitantes. Calcula-se que o êxodo rural tenha colaborado com cerca de 60% desse contingente populacional – o restante resultou do crescimento natural das populações urbanas. O ritmo em que ocorreu esse aumento foi considerado um fenômeno inigualável no mundo.

Migrações internas no Brasil

Além dos deslocamentos de trabalhadores rurais em direção aos centros urbanos, ocorreram também, durante o século XX, importantes movimentos migratórios entre regiões e estados brasileiros.

É possível apontar como principais **polos de repulsão** populacional, ou seja, que perdem habitantes, as regiões Nordeste, Sul e Sudeste; e como principais **polos de atração** populacional, isto é, que recebem habitantes, as regiões Sudeste, Centro-Oeste e Norte. Observe o mapa seguinte, que representa os principais movimentos migratórios internos ocorridos no Brasil entre os polos de atração e repulsão, a partir da década de 1950.

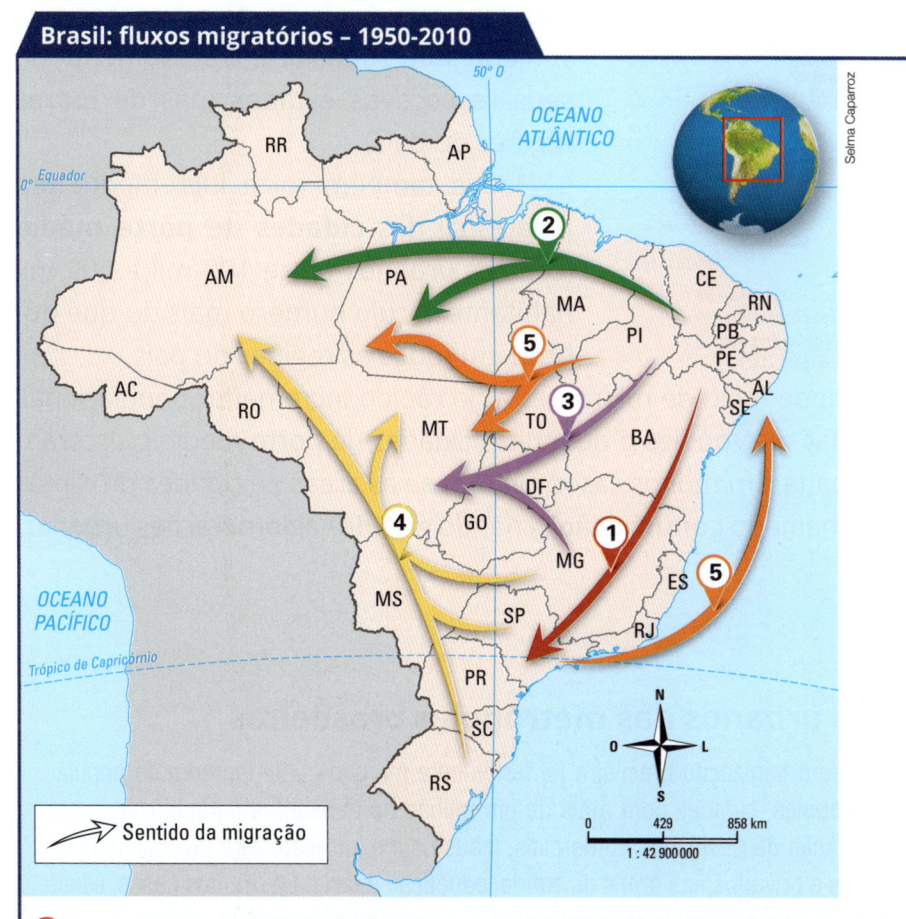

Brasil: fluxos migratórios – 1950-2010

① Fluxos migratórios do Nordeste para os grandes centros urbanos do Sudeste, sobretudo em direção ao estado de São Paulo, ocorridos mais intensamente a partir da década de 1950.

② Fluxos migratórios do Nordeste para a Amazônia, em direção a novas áreas agrícolas e garimpos a partir da década de 1960.

③ Fluxos migratórios do Nordeste e Sudeste para a Região Centro-Oeste entre o final da década de 1950 e o início da década de 1970, principalmente em razão da construção de Brasília.

④ Fluxos migratórios dos estados do Sul, além de São Paulo e de Minas Gerais, para as regiões Centro-Oeste e Norte, especialmente nas décadas de 1970 e 1980, graças à expansão das áreas de fronteira agrícola na Amazônia.

⑤ Os fluxos migratórios entre as regiões diminuíram a partir da década de 1990. Porém, são significativos os movimentos de retorno de migrantes nordestinos dos estados do Sudeste para seus estados de origem, assim como do Nordeste em direção ao Norte e ao Centro-Oeste.

Fonte: CENTRO DE ESTUDOS MIGRATÓRIOS. *Migrações no Brasil*: o peregrinar de um povo sem-terra. São Paulo: Paulinas, 1986. p. 22-23.

Brasil: centros urbanos com mais de 500 mil habitantes – 2020

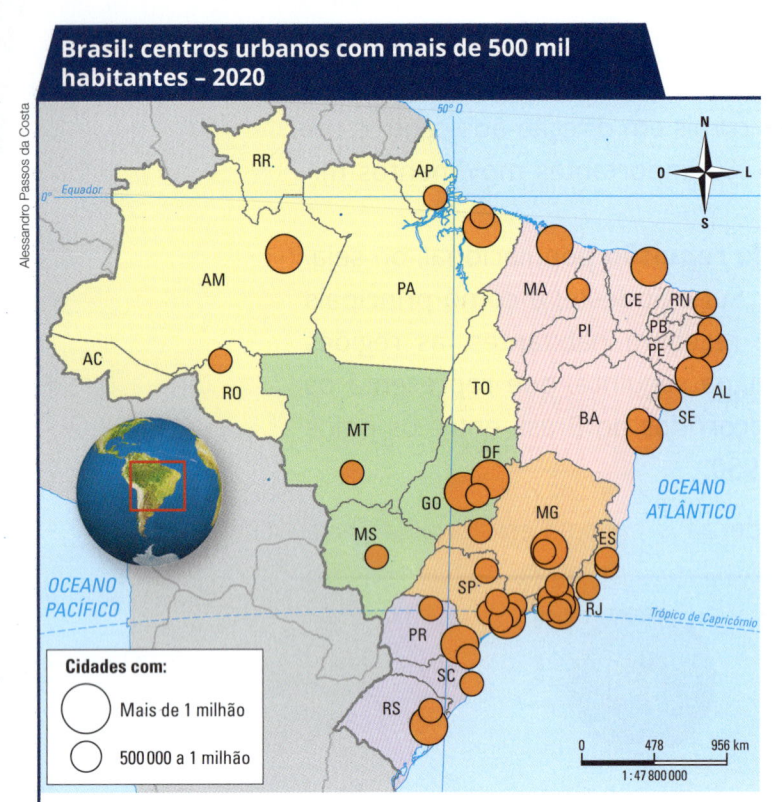

Cidades com:
- Mais de 1 milhão
- 500 000 a 1 milhão

Fonte: IBGE divulga estimativa da população dos municípios para 2020. *Agência de Notícias IBGE*, Rio de Janeiro, 27 ago. 2020. Disponível em: https://agenciadenoticias.ibge.gov.br/agencia-sala-de-imprensa/2013-agencia-de-noticias/releases/28668-ibge-divulga-estimativa-da-populacao-dos-municipios-para-2020. Acesso em: 20 jan. 2021.

Metrópoles e cidades de porte médio

A urbanização brasileira se caracterizou pelo crescimento exacerbado dos maiores centros urbanos, que atualmente correspondem às capitais estaduais e/ou aos centros industriais, comerciais e de serviços de maior expressão, como São Paulo, Rio de Janeiro, Belo Horizonte, Salvador, Recife e Porto Alegre. Como vimos, até o início da década de 1990 essas cidades receberam grandes levas de migrantes provenientes da zona rural, não somente de seus respectivos estados mas de outras regiões do país.

Houve também forte incremento populacional das **cidades de porte médio** (centros urbanos entre 100 mil e 500 mil habitantes), cujo número mais do que dobrou em todas as regiões do país.

Em razão do grande fluxo de migrantes e do rápido incremento populacional, as áreas urbanas das metrópoles e de muitas cidades de porte médio cresceram de forma desordenada. Em muitos casos, uniram-se às áreas de cidades próximas (em um processo chamado **conurbação**), criando grandes aglomerações urbanas.

FIQUE LIGADO!

Problemas urbanos das metrópoles brasileiras

O processo de urbanização brasileiro foi fortemente marcado pelo incremento populacional das **metrópoles**, cidades com mais de um milhão de habitantes caracterizadas por grande concentração de atividades comerciais, industriais e infraestrutura diversificada de serviços públicos e privados nas áreas de saúde, educação e lazer. Em muitos casos, esses centros urbanos têm se destacado regional e nacionalmente como sedes de grandes empresas estatais e privadas, de centros de pesquisa, ensino e cultura, além de poderes públicos.

O rápido crescimento, sobretudo em decorrência do grande fluxo de migrantes, provocou mudanças significativas nas paisagens das metrópoles brasileiras. A maioria delas cresceu sem estruturação espacial que garantisse qualidade de vida e cuidados com o meio ambiente.

O avanço da mancha urbana canalizou rios, ocupou fundo de vales, apropriou-se das encostas dos morros, o que aumentou os problemas relacionados à poluição das águas e à destruição de mananciais. Além disso, surgiram inúmeros problemas relacionados à falta de infraestrutura urbana, como transporte coletivo público, rede de coleta de esgoto, água encanada e energia elétrica.

Lixo e rio poluído por dejetos domésticos. Porto Alegre (RS), 2020.

Rede urbana brasileira

De acordo com o que estudamos, o vertiginoso processo de urbanização do Brasil originou, em poucas décadas, metrópoles, cidades médias e milhares de pequenas cidades. Todos esses centros urbanos espalhados pelo país passaram a ordenar os fluxos de pessoas, mercadorias, informações e capitais no interior do território brasileiro, configurando uma complexa rede geográfica de cidades que denominamos rede urbana.

Conforme estudos do IBGE, em 2020 havia no Brasil 190 cidades principais, que estruturam essa grande rede urbana. Juntas, elas reúnem quase 60% da população do país (cerca de 114 milhões de pessoas), ainda que representem apenas 3% dos municípios brasileiros.

Algumas características urbanas são consideradas para se estabelecer uma hierarquia entre as cidades: o nível de centralização de decisões políticas e empresariais, a diversificação das atividades econômicas e a área de influência nacional ou regional. Com base nessas características, veja a seguir como o IBGE estrutura atualmente a hierarquia da rede urbana brasileira.

Brasil: rede urbana – 2018

Hierarquia dos Centros Urbanos
- Grande Metrópole Nacional
- Metrópole Nacional
- Metrópole
- Capital Regional A
- Capital Regional B
- Capital Regional C
- Centro Sub-Regional A
- Centro Sub-Regional B
- Centro de Zona A
- Centro de Zona B

Grande metrópole nacional: representada pela cidade de São Paulo, que está no ápice da hierarquia e conecta a rede urbana do país à rede de metrópoles mundiais. Exerce forte influência econômica sobre todo o território nacional e concentra a maioria das sedes de grandes empresas nacionais e estrangeiras.

Metrópoles nacionais: Rio de Janeiro e Brasília. Essas cidades estão abaixo apenas da grande metrópole nacional. O Rio de Janeiro exerce forte influência econômica e cultural. Já Brasília exerce importante influência administrativa e de gestão pública nacional.

Metrópoles: encontram-se em um terceiro nível da hierarquia urbana nacional. São cidades cuja população varia de 1,6 a 5,1 milhões de habitantes; têm economia diversificada e abrigam a sede de importantes empresas e órgãos públicos. Sua influência, contudo, é menor que a das metrópoles nacionais.

Capitais regionais: cidades que abrigam entre 250 mil e 955 mil habitantes e exercem forte influência regional. Reúnem estrutura diversificada de comércio, serviços e indústrias.

Centros sub-regionais: centros urbanos que abrigam entre 71 mil e 195 mil habitantes e exercem forte influência sobre os municípios em seu entorno.

Centros de zona: são pequenas cidades, em geral, com 60 mil habitantes ou menos, com influência restrita à área imediata (essa categoria não está incluída neste mapa).

Fonte: IBGE. *Regiões de influência das cidades*: 2018. Rio de Janeiro: IBGE, 2020. Disponível em: https://biblioteca.ibge.gov.br/index.php/biblioteca-catalogo?view=detalhes&id=2101728. Acesso em: 30 dez. 2020.

ATIVIDADES

Reviso o capítulo

1. Quais foram os principais grupos humanos que, historicamente, compuseram a população brasileira?

2. Em relação aos povos africanos, responda:
   a) Em que condições vieram para nosso país?
   b) Eram todos de um mesmo local ou região da África? Explique.

3. Cite os grupos de imigrantes mais numerosos que aportaram no Brasil entre 1884 e 1933.

4. Elabore, no caderno, um esquema para explicar a diferença entre emigração/emigrante e imigração/imigrante.

5. Quais os principais grupos de imigrantes que têm se estabelecido atualmente no Brasil?

6. Com base no mapa e no texto da página 46, descreva a atual distribuição da população brasileira pelo território nacional.

7. Sobre os principais fluxos migratórios internos ocorridos no Brasil durante o século XX, responda:
   a) O que é êxodo rural? Por que esse tipo de migração ocorreu no Brasil? O que ocasionou?
   b) Quais foram os principais polos de repulsão e de atração populacional?

8. Diferencie metrópoles de cidades de porte médio.

9. Com base no conteúdo da página 51, classifique a sede do município onde você mora de acordo com a hierarquia da rede urbana brasileira. Em seguida, justifique sua resposta.

Realizo cálculos

10. Utilizando os dados do quadro abaixo, faça o que se pede.

NÚMERO DE HABITANTES E ÁREA DE LOCALIDADES BRASILEIRAS (2020)		
Município	População absoluta	Área do município em km²
Bagé (RS)	121 335 habitantes	4 090 km²
Águas de São Pedro (SP)	2 707 habitantes	4 km²
Lábrea (AM)	37 701 habitantes	68 263 km²

Fonte: IBGE CIDADES. Rio de Janeiro: IBGE, c2021. Disponível em: https://cidades.ibge.gov.br/. Acesso em: 20 jan. 2021.

a) Calcule a densidade demográfica das respectivas localidades.
b) Leia o texto a seguir e, com base no resultado de seus cálculos, identifique as localidades que podem ser classificadas em populosas, povoadas ou que se enquadram em ambas as categorias.

> Dizemos que determinada localidade (município, região, estado ou país) é **populosa**, quando apresenta uma elevada população absoluta (total de habitantes) em relação a outras localidades. Por outro lado, quando uma localidade possui uma elevada densidade demográfica, dizemos que ela é bastante **povoada**. Algumas localidades podem reunir ambas as características, ou seja, podem ser, ao mesmo tempo, populosas e bastante povoadas.

Organizo ideias

11. Em nossos estudos, é muito importante aprender a organizar os conhecimentos adquiridos. Com base nas informações dos textos das páginas 44 e 45, você organizará, em forma de diagrama, os fatores que têm levado os imigrantes estrangeiros a deixar seus países de origem (fatores de repulsão) e os fatores que os atraem ao Brasil (fatores de atração). Transcreva o modelo do diagrama no caderno e complete as lacunas com as informações solicitadas.

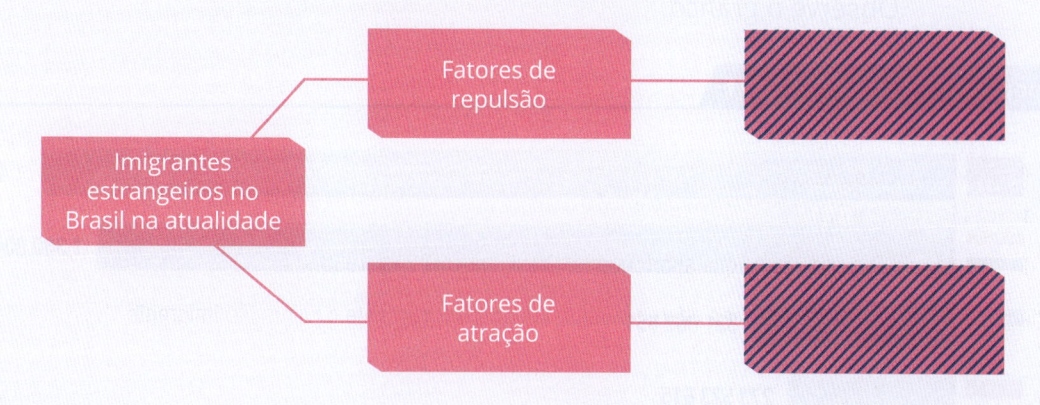

```
                          ┌─ Fatores de repulsão ─── [    ]
Imigrantes estrangeiros no Brasil na atualidade ─┤
                          └─ Fatores de atração ──── [    ]
```

Interpreto textos

12. Leia o relato seguinte, em forma de poema, escrito por um migrante brasileiro que deixou o campo para viver em um grande centro urbano.

Meu nome é Benedito.
Sou do interior.
Moro na capital.
No interior o trabalho era pouco,
As cercas eram muitas,
A seca era grande.
Às vezes, trabalhava na cana.
Às vezes, trabalhava de servente.
Às vezes, fazia bico brocando mato.

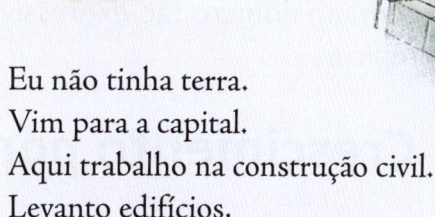

Eu não tinha terra.
Vim para a capital.
Aqui trabalho na construção civil.
Levanto edifícios,
Levanto casas,
Levanto pontes e cavo galerias.
A minha mão faz a cidade maior.
Sonho construir uma boa casa.
A casa da minha família. [...]

SEZYSTHA, Ariovaldo J.; PESSOA, Verônica. Migrantes da construção civil em João Pessoa. *Travessia*, São Paulo, ano XIV, n. 40, p. 38, maio/ago. 2001. Disponível em: www.missaonspaz.org/#!travessia/cfz9. Acesso em: 20 jan. 2021.

a) Em que trabalhava o autor do poema antes de migrar para a cidade? Na cidade, que tipo de emprego conseguiu?
b) De acordo com o que você estudou neste capítulo, quais seriam os prováveis motivos que levaram Benedito a deixar o campo?
c) Você acha que ainda hoje muitas pessoas continuam migrando do campo para as cidades? Converse com os colegas sobre isso.

CAPÍTULO 4
Crescimento e estrutura etária da população brasileira

Observe o gráfico.

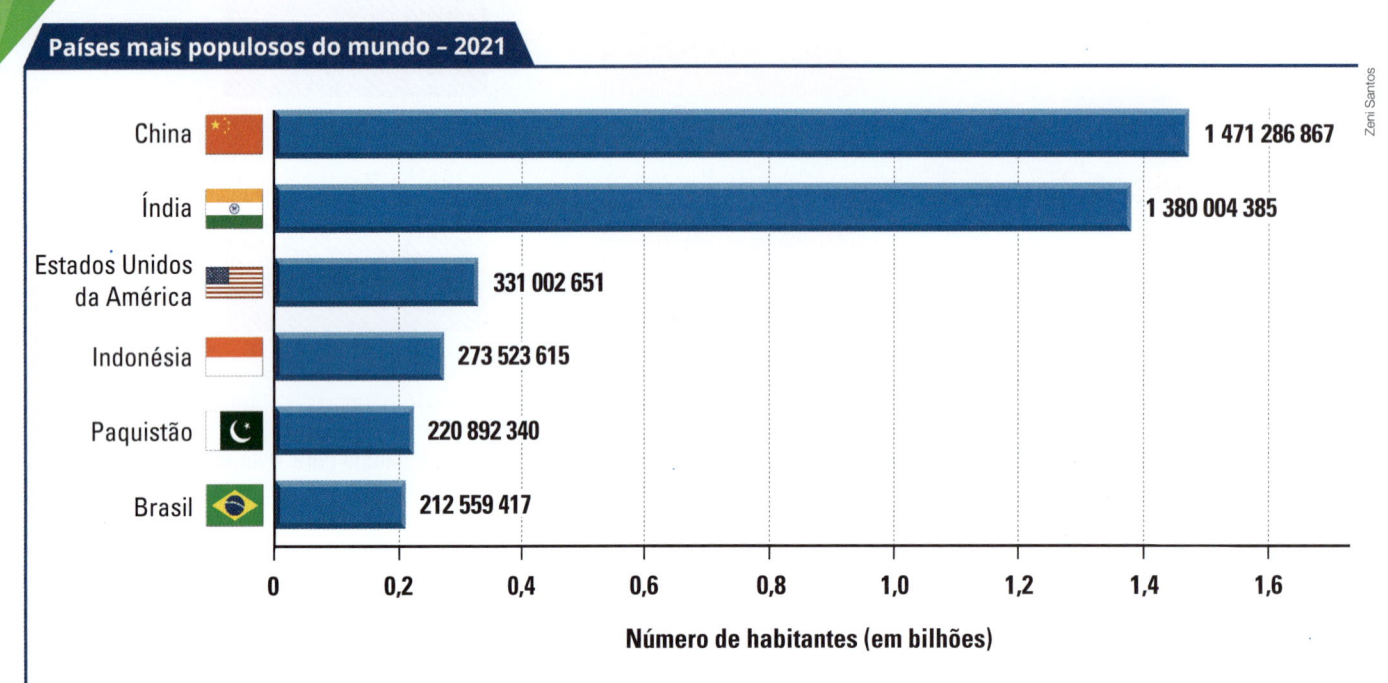

Países mais populosos do mundo – 2021

- China: 1 471 286 867
- Índia: 1 380 004 385
- Estados Unidos da América: 331 002 651
- Indonésia: 273 523 615
- Paquistão: 220 892 340
- Brasil: 212 559 417

Número de habitantes (em bilhões)

Fonte: FAOSTAT: annual population. *In*: FAO. Roma, c2021. Disponível em: http://www.fao.org/faostat/en/#data/OA. Acesso em: fev. 2021.

Os dados acima mostram que, em 2021, o Brasil se destacava no cenário demográfico mundial como a 6ª nação mais populosa do mundo, com aproximadamente 212 milhões de habitantes. Mas como chegamos a essa posição, com um número tão expressivo de pessoas? É o que você verá nos próximos tópicos.

Crescimento populacional brasileiro

Até o início do século XX, a população absoluta brasileira era relativamente pequena se comparada à boa parte dos países do mundo. Isso ocorria devido ao baixo índice de **crescimento natural** ou **vegetativo** dos habitantes. Esse índice é calculado ao subtrair o número de nascimentos (**taxa de natalidade**) do número de mortes (**taxa de mortalidade**) em cada grupo de cem ou mil habitantes.

Os índices de crescimento natural ou vegetativo apresentavam-se baixos: ao mesmo tempo que nasciam muitas crianças, ou seja, havia alta taxa de natalidade, as taxas de mortalidade também eram altas, morriam muitas pessoas em todas as faixas de idade (recém-nascidos, crianças, jovens, adultos e idosos).

Contudo, essa realidade começou a mudar a partir da década de 1920, como mostra o gráfico a seguir.

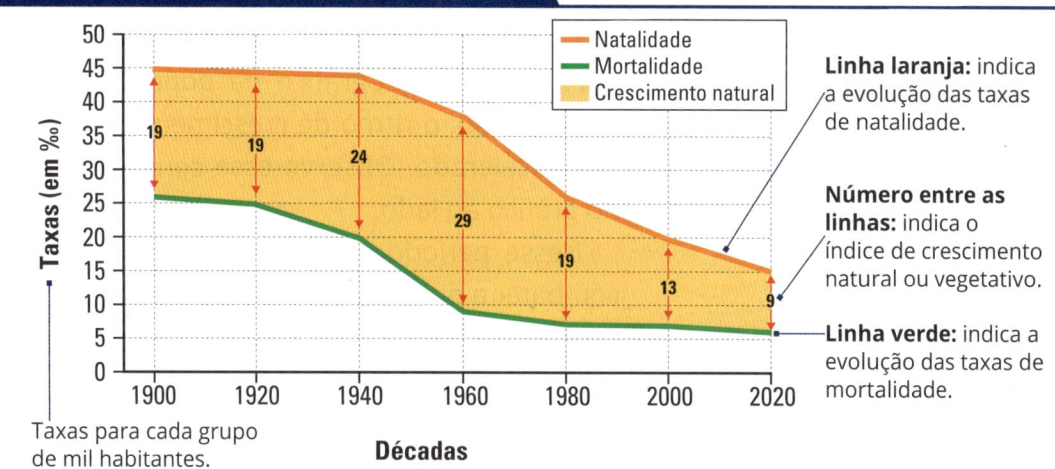

Brasil: crescimento natural da população

Legenda:
- Linha laranja (Natalidade): indica a evolução das taxas de natalidade.
- Linha verde (Mortalidade): indica a evolução das taxas de mortalidade.
- Área amarela (Crescimento natural)
- Número entre as linhas: indica o índice de crescimento natural ou vegetativo.

Valores entre as linhas: 19 (1900), 19 (1920), 24 (1940), 29 (1960), 19 (1980), 13 (2000), 9 (2020).

Taxas para cada grupo de mil habitantes.

Fontes: CARVALHO, Alceu V. W. de. *A população brasileira*: estudo e interpretação. Rio de Janeiro: IBGE, 1960; ANUÁRIO estatístico do Brasil 2014. *In*: IBGE. Rio de Janeiro, [201-]. Disponível em: http://biblioteca.ibge.gov.br/visualizacao/periodicos/20/aeb_2014.pdf. Acessos em: 18 jan. 2021.

?
1. Em que ano ocorreu o maior índice de crescimento natural? Desde então, esse índice aumentou ou diminuiu?
2. Qual foi o índice de crescimento natural em 2020?
3. Converse com os colegas e levantem hipóteses sobre os motivos desse ritmo de crescimento natural em nossa população.

Por que tínhamos altas taxas de mortalidade?

O gráfico anterior mostra que até a década de 1920 as altas taxas de natalidade (45 nascimentos para cada grupo de mil habitantes no período de um ano – 45‰) e de mortalidade (25 óbitos para cada grupo de mil habitantes no período de um ano – 25‰) registradas no Brasil mantiveram o índice de crescimento natural nacional relativamente constante e não muito elevado (19‰).

A alta mortalidade estava relacionada às precárias condições médico-sanitárias, tanto nas áreas rurais quanto nas áreas urbanas. Os remédios eram escassos e havia grande resistência da população em aderir às campanhas de vacinação. Além disso, os sistemas de água encanada e de esgoto das cidades serviam apenas a uma pequena parcela das residências. Dessa forma, era comum a disseminação de epidemias, como febre amarela, varíola, tuberculose e coqueluche.

Essa realidade somente começou a mudar com as ações de combate às doenças e melhorias nas condições sanitárias no campo e nas cidades. Nesse sentido, foram fundamentais as campanhas de vacinação comandadas pelo médico sanitarista Oswaldo Cruz (1872-1917), no início do século XX.

Lavadeiras, São Paulo, década de 1900.

Moradias da Favela Morro do Pinto, Rio de Janeiro (RJ), 1912.

Explosão demográfica brasileira

Brasil: evolução da população absoluta (em milhões)

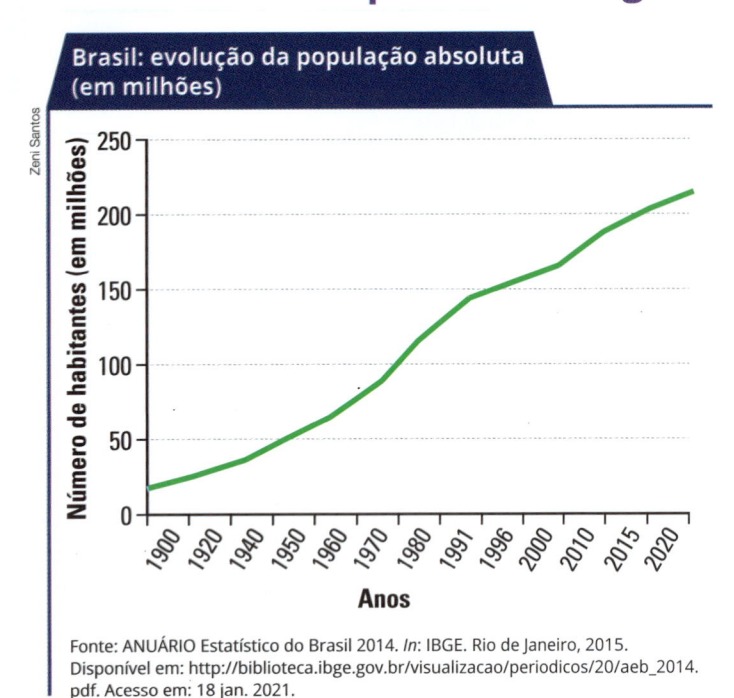

Fonte: ANUÁRIO Estatístico do Brasil 2014. In: IBGE. Rio de Janeiro, 2015. Disponível em: http://biblioteca.ibge.gov.br/visualizacao/periodicos/20/aeb_2014.pdf. Acesso em: 18 jan. 2021.

A partir das décadas de 1930 e 1940, o comportamento demográfico da população brasileira mudou: o ritmo de crescimento tornou-se mais acelerado. Observe esse comportamento no gráfico ao lado.

Nesse período, o governo federal passou a combater a disseminação de epidemias colocando em prática vários projetos na área da saúde, como ampliação da infraestrutura de saneamento urbano (água encanada, tratamento de esgoto, coleta de lixo etc.). Além disso, implantou melhorias nos serviços de assistência médica e hospitalar e de distribuição de medicamentos, que, gradativamente, foram estendidos para parcelas cada vez maiores da população.

Essas ações resultaram em drástica diminuição das taxas de mortalidade e, consequentemente, em aumento no índice de crescimento natural brasileiro, já que as taxas de natalidade ainda permaneciam em patamares altos (reveja o gráfico da página 55).

Dessa forma, iniciou-se um período de **explosão demográfica**, fenômeno caracterizado pelo crescimento vertiginoso da população absoluta, fazendo o Brasil despontar no cenário mundial como um país que se tornou populoso em curto intervalo de tempo. Como mostra o gráfico acima, entre 1950 e 1970, ou seja, em apenas duas décadas, a população brasileira foi acrescida em aproximadamente 50 milhões de pessoas.

Linha de produção em indústria de medicamentos. Década de 1950.

Obra de saneamento básico em São Paulo (SP), 1958.

Queda do ritmo de crescimento natural

O comportamento demográfico caracterizado por alto índice de crescimento natural perdurou no Brasil até a década de 1970, quando as taxas de natalidade começaram a declinar (reveja o gráfico da página 55).

Entre as principais causas da diminuição no número de nascimentos estão os processos de urbanização e de industrialização do país, sobretudo da região Sudeste, como estudaremos no Capítulo 10. As fábricas passaram a atrair a mão de obra feminina para o mercado de trabalho e a oferecer muitas vagas para mulheres, contratando-as por um salário médio menor que o pago aos homens.

A redução do tempo de convivência familiar em razão da permanência no trabalho, além dos altos custos com alimentação, saúde, lazer e educação nas áreas urbanas, levou as mulheres a optar por menos filhos. Colaboraram também para esse comportamento demográfico os programas de planejamento familiar desenvolvidos pelo governo federal por meio do Ministério da Saúde e a difusão de métodos contraceptivos, como preservativos e pílulas anticoncepcionais. Assim, o que se verifica nas últimas décadas é a queda gradual da taxa de natalidade.

Planejamento familiar: conjunto de ações que ajudam o casal a planejar quantos filhos deseja ter.

Método contraceptivo: procedimento para evitar gravidez indesejada, como pílulas anticoncepcionais e preservativos, entre outros.

Redução na taxa de fecundidade da mulher brasileira

A **taxa de fecundidade** compreende o número médio de filhos que as mulheres de um município, estado ou país podem ter durante a idade fértil, ou seja, ao longo de seu período reprodutivo que, em geral, é dos 15 aos 49 anos. Veja como essa taxa caiu entre 1960 e 2020.

Evolução da taxa de fecundidade no Brasil – 1960-2020

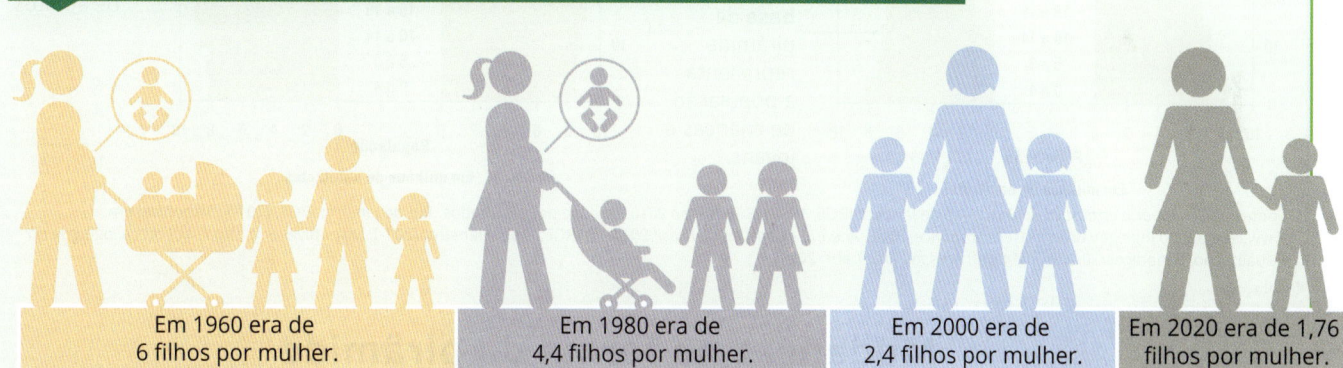

- Em 1960 era de 6 filhos por mulher.
- Em 1980 era de 4,4 filhos por mulher.
- Em 2000 era de 2,4 filhos por mulher.
- Em 2020 era de 1,76 filhos por mulher.

Fontes: IBGE. *Censo Demográfico 2000*: fecundidade e mortalidade infantil, resultados preliminares da amostra. Rio de Janeiro: IBGE, 2002; IBGE. Anuário estatístico do Brasil 2019. *In*: IBGE. Rio de Janeiro, [201-]. Disponível em: https://biblioteca.ibge.gov.br/visualizacao/periodicos/20/aeb_2019.pdf. Acesso em: 18 jan. 2021.

? É possível verificarmos a queda da taxa de fecundidade em nossa sociedade buscando informações de familiares ou pessoas conhecidas próximas. Siga os procedimentos.

1. Faça perguntas aos adultos de sua família sobre a quantidade de filhos que as gerações anteriores tiveram, por exemplo: o número de irmãos de seus pais ou das pessoas responsáveis por você. Verifique também o número de filhos que as bisavós tiveram.

2. Anote as respostas no caderno e traga-as para a sala de aula para comparar com as informações levantadas pelos colegas.

Estrutura da população por idade e sexo

O ritmo de crescimento demográfico brasileiro das últimas décadas influenciou diretamente na estrutura etária da população.

A **estrutura etária** refere-se à classificação dos habitantes de um município, estado ou país, de acordo com a faixa etária e o sexo. De forma geral, a população é analisada em três faixas etárias: crianças e jovens (de 0 a 19 anos), adultos (de 20 a 59 anos) e idosos (a partir dos 60 anos).

Essa análise é feita pela leitura da **pirâmide etária**, um gráfico de barras duplo que mostra a distribuição das faixas etárias divididas em dois grupos: um para a população masculina e outro para a população feminina.

Compare as pirâmides etárias brasileiras dos anos 1980 e 2020.

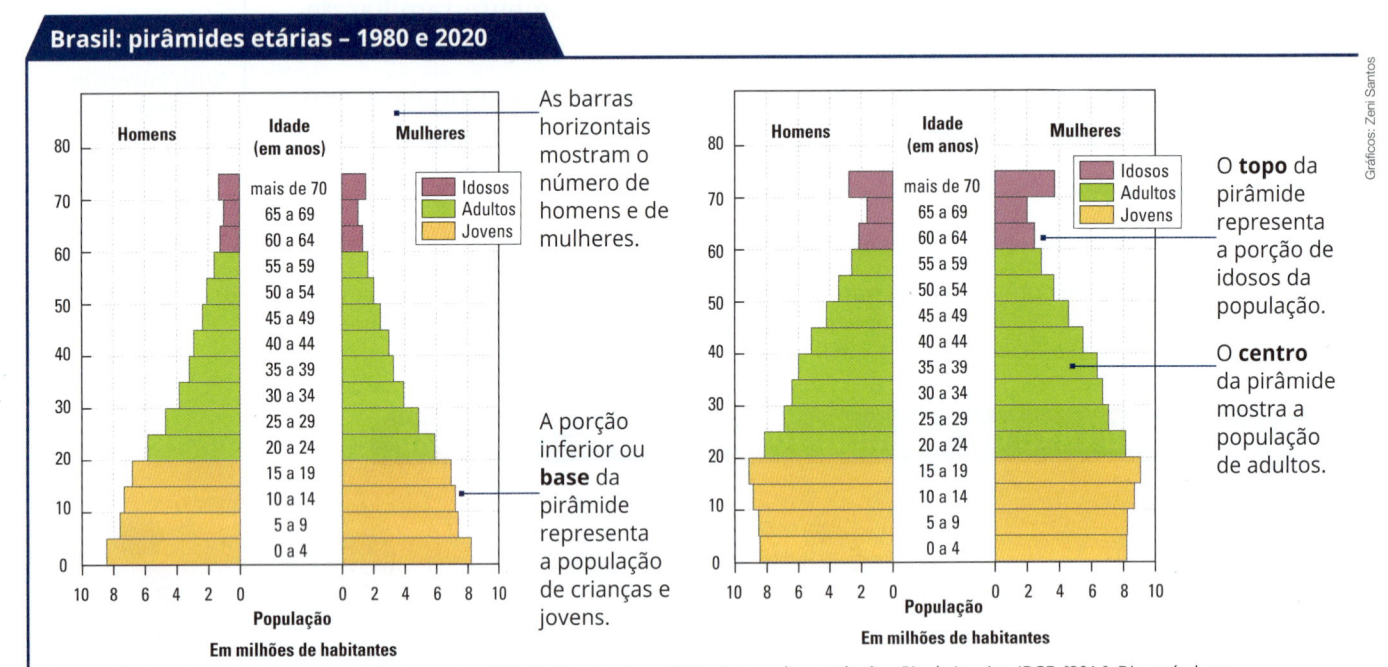

Brasil: pirâmides etárias – 1980 e 2020

As barras horizontais mostram o número de homens e de mulheres.

A porção inferior ou **base** da pirâmide representa a população de crianças e jovens.

O **topo** da pirâmide representa a porção de idosos da população.

O **centro** da pirâmide mostra a população de adultos.

Gráficos: Zeni Santos

Fontes: IBGE. *Anuário estatístico do Brasil*. Rio de Janeiro: IBGE, 1998; IBGE. *Censo 2010*: sinopse dos resultados. Rio de Janeiro: IBGE, [201-]. Disponível em: www.censo2010.ibge.gov.br/sinopse/webservice; IBGE. *Anuário estatístico do Brasil 2014. In*: IBGE. Rio de Janeiro, [201-]. Disponível em: http://biblioteca.ibge.gov.br/visualizacao/periodicos/20/aeb_2014.pdf. Acessos em: 7 abr. 2021.

? **1.** Analisando os dois gráficos, você deve ter percebido que a estrutura etária da população brasileira mudou bastante de 1980 para 2020, não é mesmo? Mas por que isso vem ocorrendo? Converse com os colegas sobre quais fatores podem ter influenciado essa transformação.

Mudanças na forma da pirâmide

De acordo com especialistas, o estreitamento da base da pirâmide etária brasileira de 2020 em relação a 1980, ou seja, a **diminuição na proporção de crianças e jovens**, está ligada às quedas nas taxas de fecundidade entre as mulheres brasileiras e, consequentemente, às taxas de natalidade do país.

Já o alargamento do centro do gráfico e de seu topo, ou seja, o **aumento da proporção de adultos e de idosos**, indica, principalmente, melhoria nas condições socioeconômicas de uma parcela da população, o que levou a um importante aumento na expectativa de vida dos brasileiros.

A **expectativa de vida** ou **esperança de vida ao nascer** refere-se ao número médio de anos que uma pessoa poderá viver, considerando as condições socioeconômicas mundiais como um todo, ou mesmo as do país. No caso do Brasil, podemos dizer que o aumento da expectativa de vida foi significativo nas últimas décadas. Para se ter ideia, na década de 1960, a expectativa de vida do brasileiro era de 52 anos, já em 2020 chegou a 76 anos.

FIQUE LIGADO!

O envelhecimento da população brasileira

Leia o texto a seguir com atenção.

Em 2030, o número de idosos no Brasil deve ultrapassar o número de crianças, aponta o Instituto Brasileiro de Geografia e Estatística (IBGE). Atualmente esse número representa 14,03% da população, o que equivale a 29,3 milhões de pessoas. A pirâmide etária brasileira vem sofrendo alterações ao longo dos anos e já estamos presenciando a inversão dessa pirâmide etária e a mudança no perfil demográfico de nosso País.

A pirâmide com uma base composta por crianças e adolescentes e um topo de idosos significava a predominância jovem. Nos dias atuais, vivemos uma fase de transição e modificação dessa realidade. Em 1980 éramos classificados como um país jovem e atualmente somos caracterizados como um país adulto em transição para nos tornarmos um país idoso até o ano de 2050.

Esse é um fenômeno mundial ocasionado pela queda nas taxas de natalidade e mortalidade. Mas o que isso significa? Que o número de nascimentos está reduzindo e a expectativa de vida aumentando em decorrência dos avanços tecnológicos na medicina.

Com os avanços na área da saúde e bem-estar, conseguimos entender cada vez mais como funciona o organismo humano e como prevenir, tratar, retardar e curar uma série de doenças e males em geral, o que antes não era possível. [...]

CAVEIÃO, Cristiano; PRESTES, Fabiana da Silva. Até 2050, Brasil deve se tornar um país idoso. *Diário do Comércio*, Belo Horizonte, 4 mar. 2020. Disponível em: https://diariodocomercio.com.br/exclusivo/ate-2050-brasil-deve-se-tornar-um-pais-idoso. Acesso em: 20 jan. 2021.

Idosos se exercitando. Pato Branco (PR), 2019.

ATIVIDADES

Reviso o capítulo

1. Qual é o órgão governamental responsável pelo Censo demográfico? Os censos são realizados, geralmente, a cada quantos anos?

2. Por que o crescimento natural ou vegetativo brasileiro era estável até 1920?

3. Que fatores desencadearam o período de aceleração do crescimento natural no Brasil? Como esse período ficou conhecido?

4. O que ocasionou a queda no crescimento natural brasileiro a partir da década de 1970?

5. Por que a população brasileira está envelhecendo? Como é possível verificar esse fenômeno na pirâmide etária do país?

6. Quem foi Oswaldo Cruz? E qual foi a importância de seu trabalho para o bem-estar da população brasileira?

7. Explique o que é:
   a) taxa de fecundidade;
   b) estrutura etária;
   c) expectativa de vida.

Analiso gráficos e promovo debates

8. Observe a pirâmide etária da população brasileira prevista para o ano de 2050.

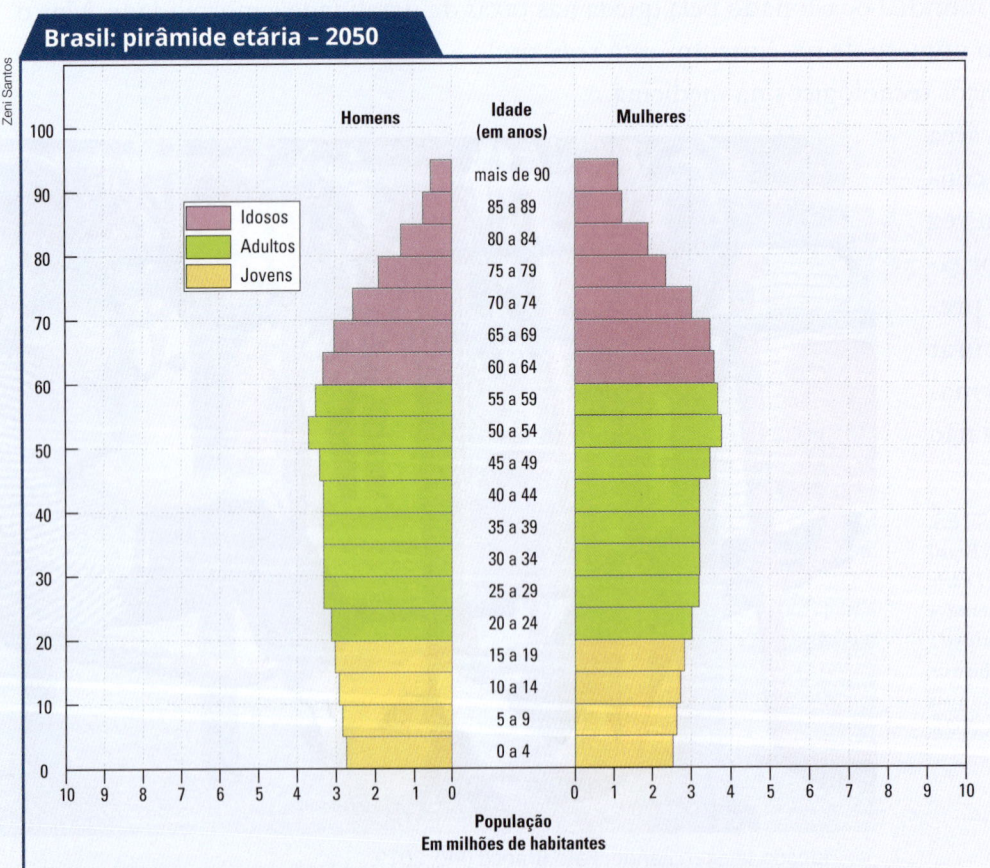

Brasil: pirâmide etária – 2050

Fonte: PROJEÇÃO da população do Brasil e das unidades da Federação (2010-2060). *In*: IBGE. Rio de Janeiro, [202-]. Disponível em: https://www.ibge.gov.br/apps/populacao/projecao/. Acesso em: 20 jan. 2021.

a) Compare essa pirâmide com as pirâmides apresentadas na página 58. Identifique as principais diferenças na estrutura etária e entre os sexos.

b) O que é possível verificar em relação à proporção de jovens no total da população brasileira em 2050? E no caso dos adultos?

c) Converse com os colegas a respeito da realidade da população idosa no lugar onde vocês vivem. Iniciem a discussão buscando responder às seguintes questões:
- Os idosos têm participado de forma ativa da vida da comunidade?
- Como os jovens têm se relacionado com os idosos onde vocês moram?
- Há idosos que ainda precisam trabalhar para sobreviver? Em que condições?

Interpreto símbolos e produzo textos

9. Durante o período da pandemia do novo coronavírus no Brasil, em 2020, o Conselho Indígena de Roraima preparou uma cartilha explicativa sobre como as pessoas deveriam se prevenir para não contrair o vírus. Observe a cartilha abaixo, produzida na língua do povo yekuana, que vive naquele estado brasileiro.

Fonte: CONSELHO INDÍGENA DE RORAIMA. [Roraima]: CIR, c2020. Disponível em: http://cir.org.br/site/. Acesso em: 20 jan. 2021.

a) Ainda que você não conheça a língua dos yekuanas, interprete as ilustrações e os símbolos da cartilha e identifique que orientação é dada em cada parte do texto.
b) Elabore no caderno uma pequena legenda explicativa para cada um dos símbolos e ilustrações.
c) Por fim, explique de que maneira a cartilha pode colaborar para que a pandemia não afete a saúde do povo yekuana.

AQUI TEM GEOGRAFIA

Assista

O Povo Brasileiro

Disponível em: https://canalcurta.tv.br/series/serie.aspx?serieId=336. Acesso em: 8 abr. 2021.

Documentário com 10 episódios de 30 minutos para ser assistido com o professor ou o responsável, onde são abordadas as matrizes étnico-culturais da população brasileira.

CAPÍTULO 5
Estrutura socioeconômica da população brasileira

Observe as imagens a seguir.

Colheita de cenoura. Brazlândia (DF), 2021.

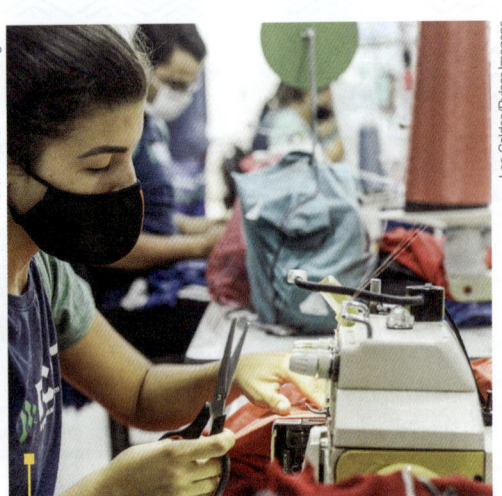

Indústria de vestuário. Bento Gonçalves (RS), 2019.

Banca de doces em feira livre na Praça Pedro II. Poços de Caldas (MG), 2020.

1. Em que tipo de atividade cada trabalhador acima exerce sua função?
2. Você sabe dizer em que setor da economia cada atividade se enquadra?
3. Por que o trabalho exercido pelas pessoas é importante para a sociedade? Converse com os colegas sobre isso.

Para conhecer mais amplamente a dinâmica demográfica de um país, é preciso responder às seguintes questões: De que maneira a população adulta está engajada no desenvolvimento das atividades econômicas? Por que o trabalho das pessoas é importante para a sociedade brasileira? Você sabia que é o trabalho dos cidadãos que movimenta a economia do país? Mas o que é economia? Esse será o foco dos estudos das próximas páginas.

Setores de atividades econômicas

Quando falamos em **economia**, nos referimos ao sistema produtivo de um país, ou seja, a tudo aquilo que é produzido e consumido internamente em seu território e ao que é comercializado com outros países, seja na forma de vendas (as **exportações**) ou na forma de compras (as **importações**).

Esse sistema engloba as diferentes **atividades econômicas**, como a agricultura, a pecuária, o extrativismo, a indústria, o comércio e a prestação de serviços. Qualquer forma de trabalho exercida por diferentes profissionais, em uma empresa ou em um órgão estatal, está ligada a alguma dessas atividades econômicas.

Principais setores da economia

Na economia de um país, as atividades são agrupadas em três setores diferentes. Observe o esquema a seguir.

Os três setores da economia

Setores da Economia

Setor primário
Reúne as atividades voltadas à produção de matérias-primas, como agricultura, pecuária e atividade extrativista (mineral, animal ou vegetal).

Setor secundário
Engloba as atividades de transformação das matérias-primas e de geração de energia, como usinas de eletricidade, indústria e construção civil.

Setor terciário
Abrange as atividades ligadas ao comércio de produtos primários ou industrializados e à prestação de serviços públicos ou privados.

ZOOM

Existe um setor quaternário da economia?

Para alguns especialistas, certas atividades econômicas se enquadram em um novo setor: o **quaternário**. Devido ao elevado nível tecnológico aplicado no desenvolvimento dessas atividades, esse setor também é chamado de **terciário superior**.

Nele se enquadram atividades que envolvem a pesquisa científica e o desenvolvimento de novas tecnologias, produtos ou serviços, por meio da aplicação das descobertas atuais. São exemplos as atividades ligadas à área de nanorrobótica, informática, telecomunicações, aeroespacial, produção de conteúdos digitais e de mídias sociais.

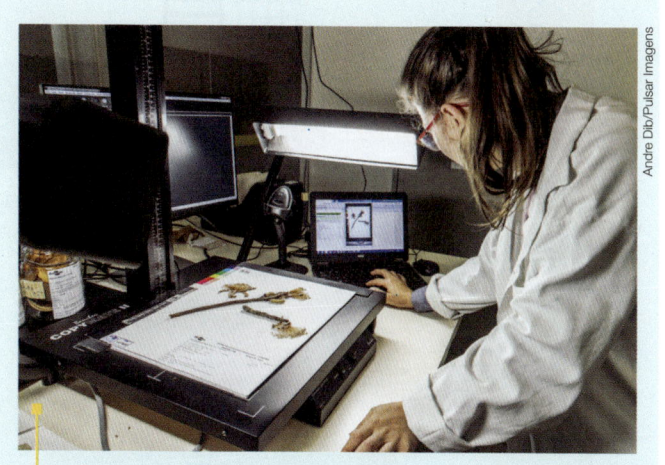

Laboratório de pesquisa em processo de digitalização das exsicatas, no Herbário da Embrapa. Brasília (DF), 2018.

FIQUE LIGADO!

Energia que move a economia brasileira

Depois de estudar os setores da economia de nosso país, você pode estar curioso para saber de onde vem a energia para movimentar todas essas atividades: as máquinas nas indústrias, os meios de transporte ou a iluminação de nossas casas e das vias públicas das cidades.

O infográfico a seguir busca responder a essa questão. Leia com atenção.

Caminhos da eletricidade

Geração Centralizada
eólica — biomassa — nuclear
hidrelétrica — solar — combustíveis fósseis

A maior parte da energia elétrica é produzida em grandes usinas. Há fontes renováveis e não renováveis, estas últimas responsáveis pela **maior parte das emissões de gases de efeito estufa**.

Transporte

A energia vinda das usinas longe dos centros consumidores percorre quilômetros de distância, por meio de linhas de transmissão e de distribuição. Quanto mais longo o caminho, mais energia se perde.

Consumo

Os centros consumidores são formados por indústrias, escritórios, prédios e residências que usam a energia elétrica do sistema nacional.

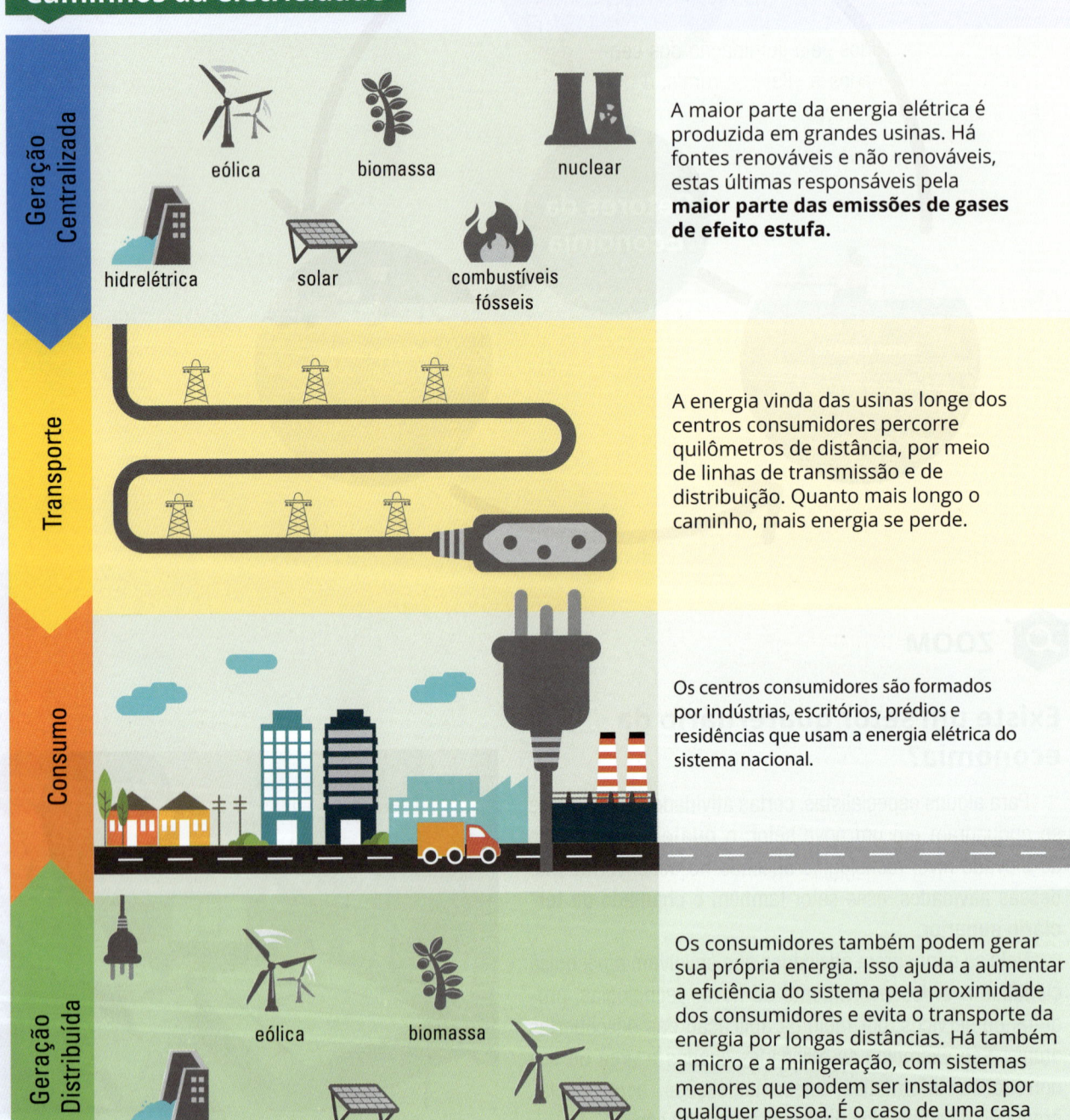

Geração Distribuída
eólica — biomassa
hidrelétrica — solar — híbridas

Os consumidores também podem gerar sua própria energia. Isso ajuda a aumentar a eficiência do sistema pela proximidade dos consumidores e evita o transporte da energia por longas distâncias. Há também a micro e a minigeração, com sistemas menores que podem ser instalados por qualquer pessoa. É o caso de uma casa que tem painel solar no telhado.

Fonte: CAMINHOS da eletricidade. *In*: SEEG. [Brasil], c2021. Disponível em: http://monitoreletrico.seeg.eco.br/pages/energy-path. Acesso em: 30 abr. 2021.

MUNDO DOS MAPAS

Imagens de satélite noturnas – Onde vivem os brasileiros?

Os satélites artificiais de monitoramento que estão em órbita da Terra, além de produzir imagens diurnas, registram também, diariamente, diversas imagens noturnas de nossa superfície. Uma parte delas mostra os focos de luz produzidos pela iluminação dos centros urbanos, dos povoados e vilarejos rurais, o que nos permite visualizar as áreas do planeta com maior e menor nível de povoamento. Observe a imagem de satélite noturna do território brasileiro.

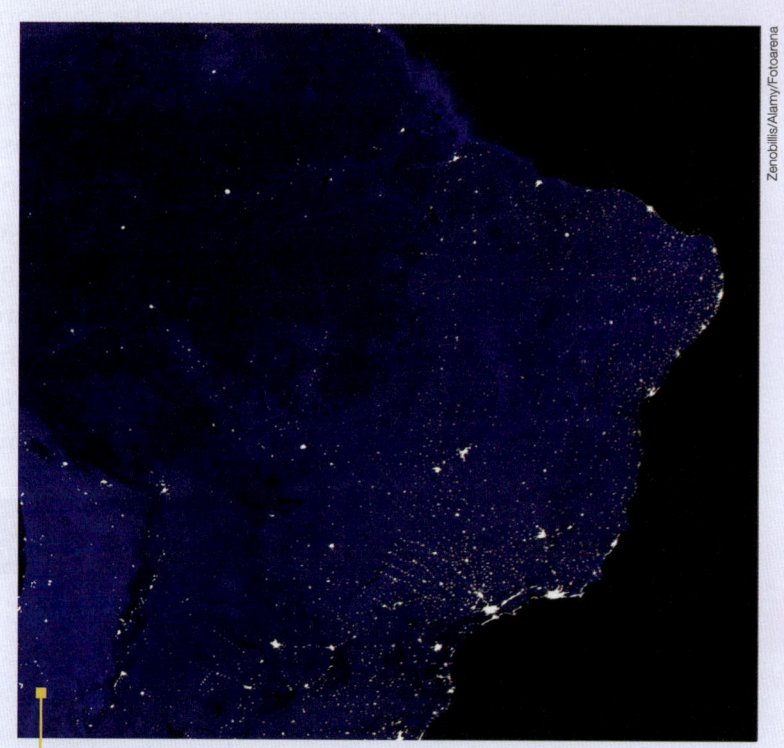

Focos de luz e energia elétricas no território brasileiro em período noturno. Imagem feita por satélite, 2012.

Agora compare a imagem acima com o mapa da distribuição da população brasileira. Note que, diferentemente do mapa da página 46, que representa a distribuição demográfica por meio de áreas coloridas, este mapa utiliza pontos que equivalem a um certo número de habitantes.

1. Há semelhanças na distribuição dos focos de luz da imagem de satélite e na distribuição dos pontos por grupos de habitantes do mapa ao lado?

2. A quanto equivale, em número de habitantes, cada ponto vermelho do mapa?

3. Compare as informações da imagem de satélite e do mapa ao lado com o mapa da rede urbana brasileira da página 51. O que é possível concluir?

Brasil: distribuição da população – 2017

• 10 000 habitantes

1 : 46 500 000

Fonte: IBGE. *Atlas geográfico escolar*. 8. ed. Rio de Janeiro: IBGE, 2018. p. 111.

O que é população economicamente ativa?

Quando consideramos a forma que a população de um município, estado ou país está engajada nas atividades econômicas, é possível classificá-la em dois grupos diferentes: a população economicamente ativa (PEA) e a população economicamente inativa (PEI).

A **PEA** é a parcela dos habitantes que exerce ou pode exercer uma atividade remunerada. Ela é composta de dois grupos: os habitantes que estão **ocupados** em alguma atividade remunerada (pessoas que têm emprego ou trabalho); e os habitantes que estão aptos ao trabalho, porém se encontram **desocupados** ou **desempregados** (pessoas que estão à procura de emprego).

Já a **PEI** corresponde aos habitantes que já não trabalham mais, como os aposentados, ou que dependem economicamente da PEA, **crianças, por exemplo**.

O gráfico a seguir mostra a distribuição da população ocupada da PEA brasileira nos setores de atividades econômicas.

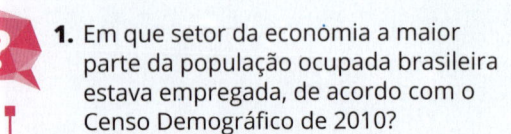

1. Em que setor da economia a maior parte da população ocupada brasileira estava empregada, de acordo com o Censo Demográfico de 2010?

2. Converse com os colegas e o professor sobre os prováveis motivos de a população ocupada estar distribuída dessa forma no Brasil.

Brasil: população ocupada por setores de atividades econômicas – 2010

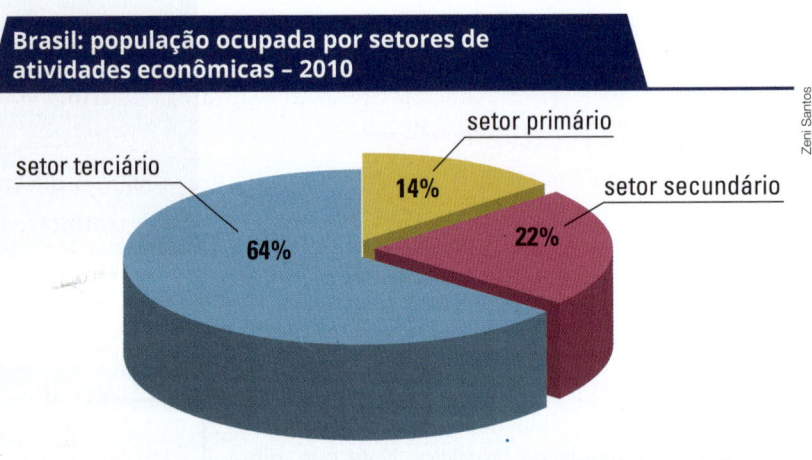

- setor terciário: 64%
- setor primário: 14%
- setor secundário: 22%

Fonte: ESTATÍSTICAS de gênero. *In*: IBGE. Rio de Janeiro, c2021. Disponível em: https://www.ibge.gov.br/apps/snig/v1/index.html?loc=431720,0&cat=-1,-2,114,128&ind=4741. Acesso em: 18 jan. 2020.

PEA e o setor terciário da economia

O processo de urbanização brasileiro, caracterizado pelo crescimento populacional nas metrópoles e nas cidades médias e pelo aumento do número de cidades, fez do setor terciário um dos principais segmentos da atividade econômica, responsável atualmente pela maior parte da geração de riquezas em nosso país.

O setor terciário absorveu uma porcentagem significativa da PEA dispensada dos setores primário e secundário devido à modernização dessas atividades econômicas. A expansão do terciário resulta também do aumento na demanda da população urbana por bens e serviços cada vez mais especializados.

Nas metrópoles e nas cidades de porte médio, o comércio e os serviços tornaram-se mais diversificados e sofisticados com a instalação de redes bancárias, estabelecimentos de ensino, empresas de telefonia, linhas de transporte, assistência médico-hospitalar, lazer etc., além de redes de distribuição de mercadorias, como hipermercados, lojas de departamentos e centros comerciais ou *shopping centers*.

Em 2020, havia aproximadamente 600 *shopping centers* no Brasil, que empregavam cerca de 1,2 milhão de trabalhadores. Na fotografia, vemos o interior de um *shopping* em Salvador (BA), dezembro de 2020.

FIQUE LIGADO!

A era do *e-commerce*

Você já deve ter se perguntado "O que é *e-commerce?*". *E-commerce* é a abreviação em inglês de comércio eletrônico, ou seja, toda transação comercial (compra e venda) feita através da internet com o auxílio de um equipamento eletrônico. Loja virtual, loja *on-line*, comércio eletrônico ou *e-commerce* nada mais é que um *site* onde permite vender pela internet produtos ou serviços.

O cliente acessa a loja por meio de um dispositivo eletrônico (computador, *notebook*, *smartphone*, *tablet*, entre outros), em qualquer lugar e a qualquer hora do dia, escolhe o produto, realiza o pagamento via cartão de crédito, boleto ou depósito bancário e recebe, em um prazo determinado, o produto em casa.

O *e-commerce* surgiu nos Estados Unidos em 1994, quando a [rede de restaurantes] Pizza Hut registrou seu primeiro pedido *on-line*. No Brasil, o *e-commerce* surgiu em 2000. [...]

Para ter sucesso, uma loja virtual precisa oferecer aos seus clientes as principais funcionalidades que garantam uma navegabilidade agradável, uma compra 100% segura e a garantia de que ele retorne à loja mais vezes. [...]

O QUE é *e-commerce?* Climba Commerce, Braço do Norte, c2009-2019. Disponível em: https://www.climba.com.br/blog/o-que-e-e-commerce-loja-virtual/. Acesso em: 16 jan. 2021.

Renda e desigualdades socioeconômicas no Brasil

Leia a manchete a seguir.

Mais de 37 milhões de lares do Brasil têm renda muito baixa, nota Ipea

BÔAS, Bruno Villas. Mais de 37 milhões de lares do Brasil têm renda muito baixa, nota Ipea [Instituto de Pesquisa Econômica Aplicada]. *Valor Econômico*, São Paulo, 20 mar. 2019. Disponível em: https://valor.globo.com/brasil/noticia/2019/03/20/mais-de-37-milhoes-de-lares-do-brasil-tem-renda-muito-baixa-nota-ipea.ghtml. Acesso em: 16 jan. 2021.

O Brasil é uma nação com profundas desigualdades sociais, realidade constatada tanto por pesquisadores e estudiosos quanto pela população em geral. As desigualdades estão estampadas nas ruas das cidades e nas paisagens do campo, e são anunciadas diariamente nos noticiários de TV e nas notícias divulgadas pela imprensa, como a que vimos acima.

Mazelas sociais como a pobreza, a fome, o desemprego e a violência persistem em território brasileiro. Mas por que isso ocorre?

O nível de **concentração de renda** no Brasil é um dos mais acentuados do mundo e é um dos traços mais marcantes da desigualdade social no país. Entre a população brasileira, os 10% mais ricos têm rendimento em média 20 vezes maior que o dos 40% mais pobres, segundo dados de 2019. Essa minoria abastada controla aproximadamente 42% de toda a riqueza econômica brasileira.

Somente em países mais pobres da África e da Ásia são verificadas concentrações de renda tão extremas. Assim, nota-se que no Brasil, enquanto uma parcela muito pequena da população tem rendimentos exorbitantes, a maioria das pessoas vive com pouco ou nenhum recurso.

A concentração de renda no país produz um "abismo" social entre ricos e pobres no que diz respeito ao acesso à alimentação, aos bens de consumo e aos serviços essenciais, como saúde, educação e moradia. Esse quadro de desigualdades sociais implica acentuada exclusão social, que se revela, por exemplo, no aumento da população sem moradia adequada nas cidades. Atualmente, cerca de três milhões de domicílios brasileiros se encontram em comunidades, boa parte delas localizadas em áreas de risco, sujeitas a desmoronamentos e/ou a alagamentos por enchentes. Aumentou também o número de desempregados e de analfabetos, o que indica maior número de pessoas privadas de direitos básicos.

Na fotografia, é possível observar o contraste entre os espaços ocupados pela população de baixa renda e os espaços ocupados pela de alta renda, no Morumbi, São Paulo (SP), 2019.

Movimentos emigratórios de brasileiros

Desde a década de 1980, milhares de brasileiros têm deixado o país para trabalhar no exterior em busca de novas oportunidades, devido ao aprofundamento das desigualdades sociais, ao aumento do desemprego e às crises econômicas pelas quais o Brasil tem passado.

Esses fatores levaram muitas pessoas a emigrar em direção aos países ricos do Hemisfério Norte, sobretudo para Estados Unidos, Japão, Canadá e vários países da União Europeia, como Portugal, Espanha e Inglaterra.

Além disso, grande quantidade de trabalhadores rurais tem buscado novas oportunidades de trabalho em países limítrofes do território nacional, como Uruguai, Venezuela e, sobretudo, Paraguai.

Calcula-se que, da década de 1990 até 2021, cerca de três milhões de brasileiros tenham deixado o país. Observe o planisfério e o quadro a seguir, que mostram as principais comunidades de brasileiros no mundo.

Os brasileiros que emigram buscam oportunidades de trabalho, de estudos e melhores condições de vida. Por outro lado, esses emigrantes enviam boa parte de seus ganhos para os familiares no Brasil, injetando bilhões de dólares na economia, todos os anos. Na fotografia, a fachada do Mercado Brasil Tropical na cidade do Porto, Portugal, 2021.

Brasileiros no exterior por regiões – 2015

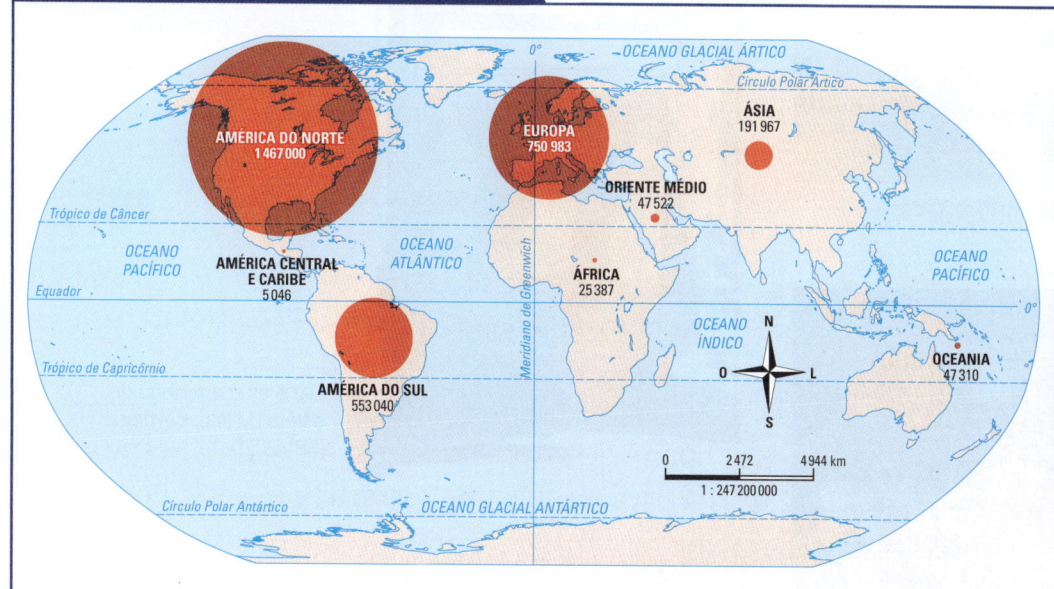

- AMÉRICA DO NORTE: 1 467 000
- EUROPA: 750 983
- ÁSIA: 191 967
- ORIENTE MÉDIO: 47 522
- AMÉRICA CENTRAL E CARIBE: 5 046
- ÁFRICA: 25 387
- OCEANIA: 47 310
- AMÉRICA DO SUL: 553 040

Escala 1 : 247 200 000

10 PAÍSES COM MAIS BRASILEIROS NO MUNDO

1.	Estados Unidos	1 410 000
2.	Paraguai	332 042
3.	Japão	170 229
4.	Reino Unido	120 000
5.	Portugal	116 271
6.	Espanha	86 691
7.	Alemanha	85 272
8.	Suíça	81 000
9.	Itália	72 000
10.	França	70 000

Fonte: BRASIL. Ministério das Relações Exteriores. *Estimativas populacionais das comunidades brasileiras no mundo – 2015*. Brasília, DF: Itamaraty, 2015. Disponível em: http://www.brasileirosnomundo.itamaraty.gov.br/a-comunidade/estimativas-populacionais-das-comunidades/Estimativas%20RCN%202015%20-%20Atualizado.pdf. Acesso em: 16 jan. 2021.

ATIVIDADES

Reviso o capítulo

1. O que é economia?

2. Quais são os três setores da economia? Cite exemplos de atividades econômicas que se desenvolvem em cada um deles.

3. Existe um setor quaternário da economia? Explique.

4. Em relação à produção de energia elétrica no Brasil, responda:
    a) Quais são os tipos de usinas produtoras?
    b) Como a energia é transportada e distribuída para os centros consumidores?
    c) Quais são os tipos de centros consumidores?
    d) Os centros consumidores também podem produzir energia elétrica? De que forma?

5. Defina:
    a) PEA;
    b) PEI.

6. Você ou alguém de sua família já comprou em *e-commerce*? Em que setor da economia se enquadra essa atividade? Por quê?

7. Por que podemos afirmar que o Brasil é um país com profundas desigualdades sociais?

8. O que tem levado brasileiros a emigrar para o exterior? Para onde a maioria dos emigrantes tem se direcionado?

Analiso imagens

9. Observe cada fotografia com atenção e, em seguida, faça o que se pede.

A Criança e idosa lendo um livro juntos.

B Desempregados enfrentam fila em busca de uma oportunidade de trabalho. São Paulo (SP), 2019.

C Garis em caminhão de coleta de lixo. Bertioga (SP), 2020.

No caderno, relacione as fotos que ilustram melhor cada um dos seguintes conceitos:
- PEA ocupada;
- PEA desocupada;
- PEI.

Crie uma legenda para cada imagem explicando os motivos de a foto ilustrar o conceito que você atribuiu a ela.

Interpreto gráficos

10. Leia com atenção os dados do gráfico a seguir.

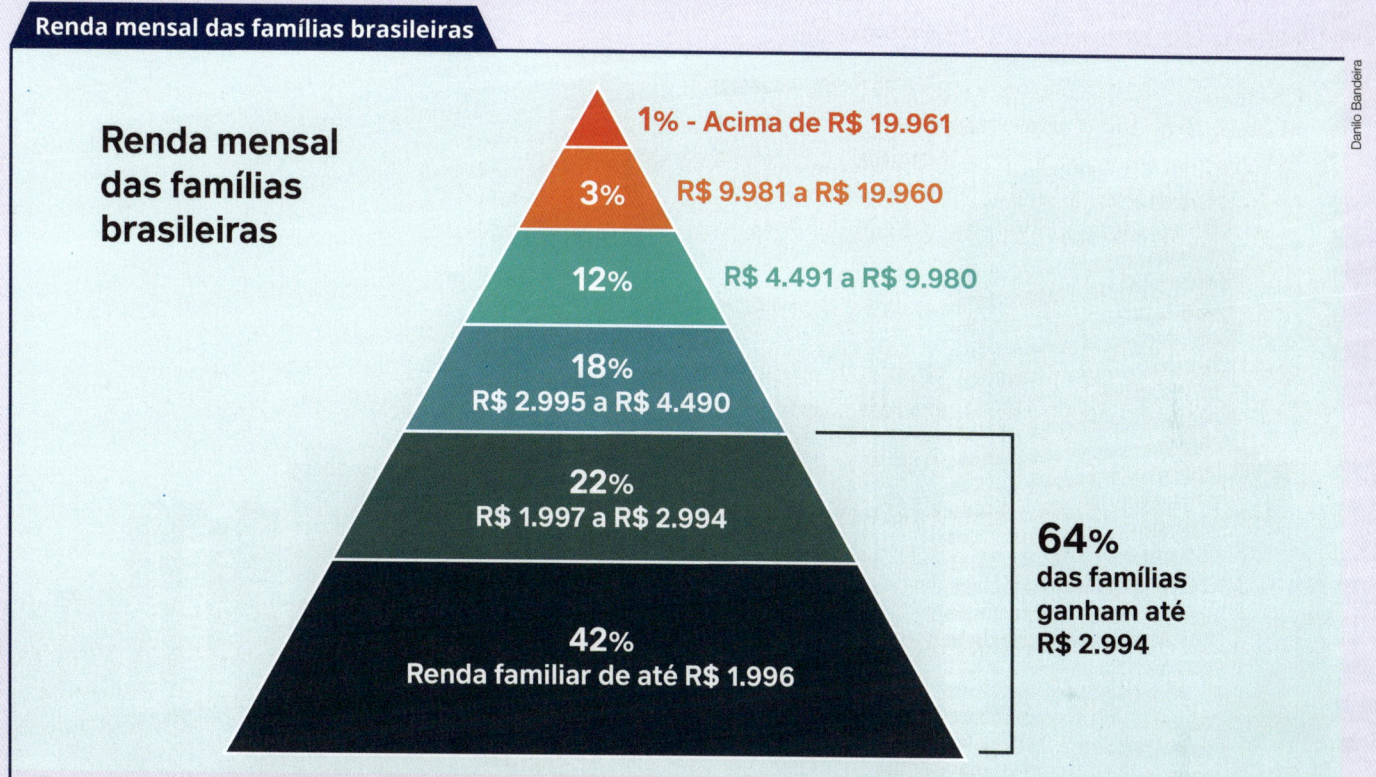

Renda mensal das famílias brasileiras

- 1% - Acima de R$ 19.961
- 3% - R$ 9.981 a R$ 19.960
- 12% - R$ 4.491 a R$ 9.980
- 18% - R$ 2.995 a R$ 4.490
- 22% - R$ 1.997 a R$ 2.994
- 42% - Renda familiar de até R$ 1.996

64% das famílias ganham até R$ 2.994

Fonte: CANZIAN, Fernando. Você acha que ganha pouco? Olhe para baixo. *Folha de S.Paulo*, São Paulo, 7 fev. 2019. Disponível em: https://www1.folha.uol.com.br/colunas/fernandocanzian/2019/02/voce-acha-que-ganha-pouco-olhe-para-baixo.shtml. Acesso em: 16 jan. 2021.

a) Quantas vezes mais o 1% das famílias com maior renda ganha em relação aos 42% das famílias com menor renda?

b) Explique, com base nos dados apresentados e no que você estudou neste capítulo, de que maneira o gráfico ilustra a desigualdade socioeconômica que existe no Brasil.

Produzo pesquisas

11. Leia o texto a seguir.

No Brasil, a maior parte da energia produzida provém de usinas hidrelétricas. Para suprir a demanda por eletricidade, encontra-se em fase de conclusão, no interior da Floresta Amazônica, uma das maiores obras já erguidas no país: a usina hidrelétrica de Belo Monte, que será a terceira maior do mundo em geração de energia.

a) Pesquise na internet informações sobre a construção de Belo Monte e de outras três grandes hidrelétricas em funcionamento no Brasil. Procure as seguintes informações sobre elas:
- onde estão localizadas;
- a capacidade de geração de energia elétrica de cada uma;
- para quais regiões do país é direcionada sua produção de energia;
- quais foram os principais impactos causados ao meio ambiente durante o período de construção e ainda hoje para a manutenção dessas usinas.

b) Produza um relatório com as informações que coletou e apresente à turma.

UNIDADE 3
REGIÃO NORDESTE

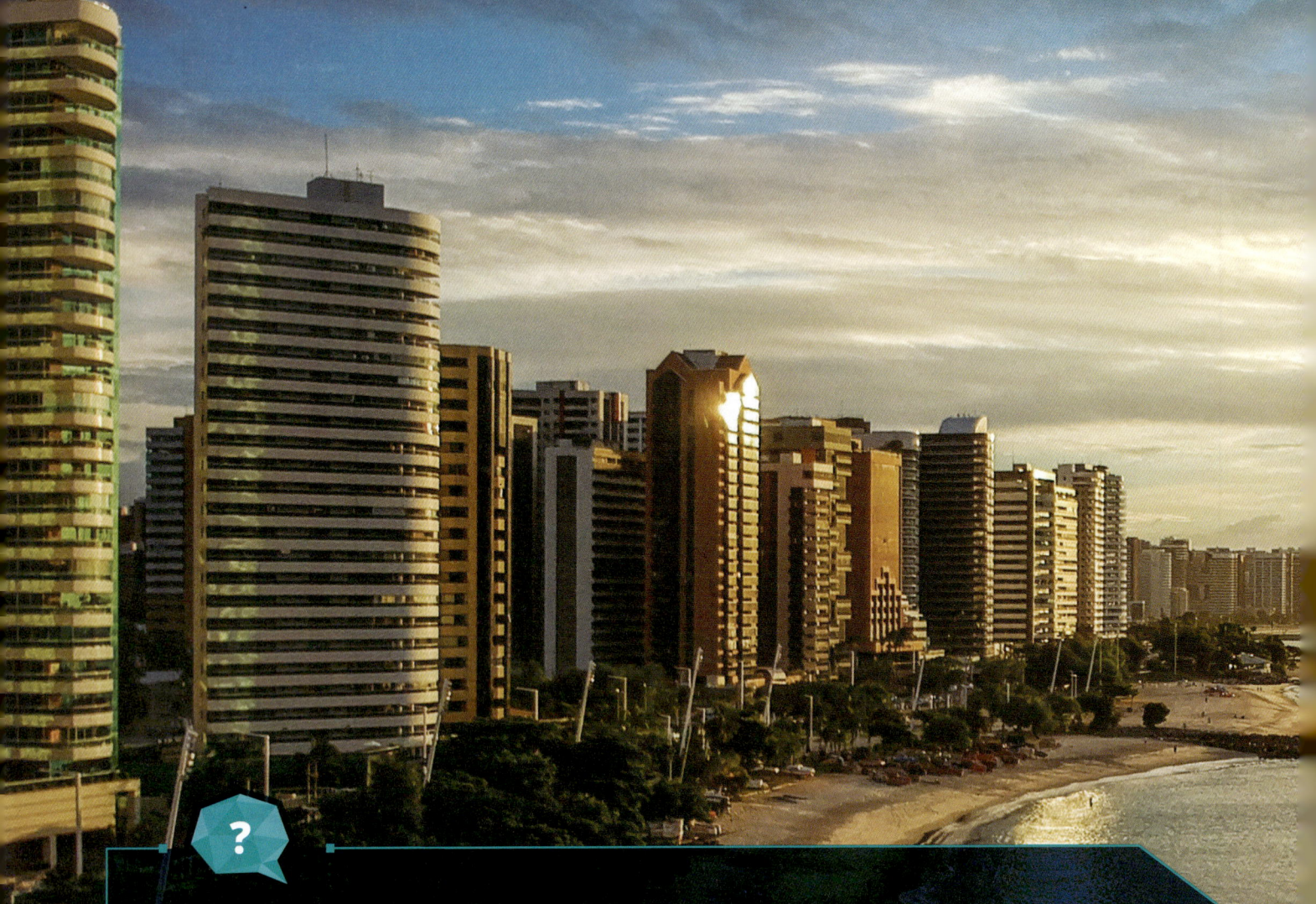

O povoamento efetivo do território brasileiro teve início no Nordeste, no século XVI. A ocupação dessa região ocorreu do litoral para o interior, e é na porção costeira que se situa a maioria das capitais nordestinas, como a cidade de Fortaleza, representada na imagem. As praias do litoral nordestino, como a de Mucuripe, mostrada na abertura desta unidade, são famosas por sua beleza no mundo inteiro.

1. Você conhece outras características naturais da região Nordeste? Quais?
2. Qual é a importância histórica e econômica da Região Nordeste para o Brasil?
3. Boa parte da população nordestina sofre com graves problemas de ordem socioeconômica e ambiental. Você sabe que problemas são esses? Converse com os colegas e o professor sobre isso.

Nesta unidade você vai aprender:
- as principais características ambientais da Região Nordeste;
- as sub-regiões nordestinas;
- o fenômeno das secas;
- os movimentos emigratórios a partir do Nordeste;
- os principais aspectos socioeconômicos das sub-regiões nordestinas;
- o Índice de Desenvolvimento Humano Municipal (IDHM);
- as desigualdades socioeconômicas no Nordeste;
- os principais fatores de crescimento econômico nordestino.

Pôr do sol na orla de Fortaleza (CE), 2018.

CAPÍTULO 6

Território nordestino e sub-região do Sertão

Leia o texto a seguir com atenção.

Exaltação ao Nordeste

Eita, Nordeste da peste,
Mesmo com toda seca
Abandono e solidão,
Talvez pouca gente perceba
Que teu mapa aproximado
Tem forma de coração.
E se dizem que temos pobreza
E atribuem à natureza,
Contra isso, eu digo não.
Na verdade temos fartura
Do petróleo ao algodão.
Isso prova que temos riqueza
Embaixo e em cima do chão. [...]

MOURA, Luiz Gonzaga de. Exaltação ao Nordeste. In: SILVA, Enock Douglas Roberto da; TAMANINI, Paulo Augusto. Imagens ressecadas: a representação iconográfica do Nordeste nos livros didáticos de história. São Paulo: Pimenta Cultural, 2020. Disponível em: https://books.google.com.br/books/about/Imagens_ressecadas_a_representa%C3%A7%C3%A3o_ico.html?id=0NMBEAAAQBAJ&redir_esc=y. Acesso em: 12 fev. 2021.

No poema acima são mencionadas algumas características geográficas da Região Nordeste. Você conhecia algumas delas? Neste e no próximo capítulo vamos nos aprofundar nos estudos dessa importante região brasileira. Entenderemos o porquê de suas diferentes paisagens, das características relacionadas à distribuição da sua população e conheceremos, em detalhes, os principais aspectos das sub-regiões, a começar pelo Sertão. Então, vamos lá!

Região Nordeste: político

Fonte: IBGE. Atlas geográfico escolar. 8. ed. Rio de Janeiro: IBGE, 2018. p. 90.

Por dentro da Região Nordeste

A Região Nordeste do Brasil abriga aproximadamente 58 milhões de habitantes, distribuídos em nove estados: Alagoas, Bahia, Ceará, Maranhão, Paraíba, Pernambuco, Piauí, Rio Grande do Norte e Sergipe. Juntas, essas unidades da federação ocupam uma área de aproximadamente 1,5 milhão de km², o que gera uma densidade demográfica média relativamente alta, em comparação com a média de outras regiões brasileiras: 39 habitantes por km². Confira esses e outros dados a respeito de cada estado no mapa ao lado.

Diversidade territorial nordestina

A Região Nordeste apresenta um mosaico de paisagens diferenciadas que se destacam pelos contrastes de regiões de clima chuvoso e com densa vegetação de florestas até regiões de clima seco e com a presença de savanas-estépicas; de grandes metrópoles, com densidades demográficas acima dos 200 habitantes por km² até áreas rurais e reservas naturais com menos de 1 habitante por km².

Nas próximas páginas, vamos entender as causas dessa diversidade de paisagens e dos contrastes geográficos existentes no território nordestino.

Diversidade natural

Em relação aos aspectos naturais, os contrastes observados no Nordeste referem-se, sobretudo, às características dos tipos de clima e de vegetação da região.

Na Região Nordeste predominam quase todos os tipos climáticos brasileiros, à exceção do clima subtropical. O clima tropical úmido é encontrado na faixa litorânea oriental; o semiárido e o tropical típico na zona interiorana central; e o equatorial na porção ocidental do estado do Maranhão.

Essa diversidade climática é acompanhada por uma variedade de formas de vegetação, a qual apresenta áreas dominadas por florestas tropicais (Amazônia e Mata Atlântica), pela Caatinga, pelo Cerrado e por uma formação de transição denominada Mata dos Cocais. Observe os mapas a seguir.

Fonte: IBGE. *Atlas geográfico escolar*. 8. ed. Rio de Janeiro: IBGE, 2018. p. 96.

Fonte: GIRARDI, Gisele; ROSA, Jussara V. *Atlas geográfico do estudante*. São Paulo: FTD, 2016. p. 64.

1. Qual tipo de formação vegetal predomina nas áreas de clima semiárido?

2. A Mata dos Cocais se desenvolve nas áreas em que prevalecem quais tipos climáticos?

3. Com os colegas, relacione a extensão geográfica das diferentes formações vegetais aos tipos de clima do Nordeste.

Região Nordeste: densidade demográfica – 2010

Fonte: IBGE. *Atlas geográfico escolar*. 8. ed. Rio de Janeiro: IBGE, 2018. p. 112.

População e sub-regiões do Nordeste

No que se refere ao aspecto humano, há na Região Nordeste um forte contraste em relação à distribuição populacional. Ela é caracterizada pela concentração de habitantes em algumas áreas extremamente urbanizadas do litoral, sobretudo no entorno das capitais, enquanto áreas do interior, como as sub-regiões do Meio-Norte e do Sertão, encontram-se pouco povoadas. Observe o mapa ao lado.

Com base nesses contrastes populacionais e também na diversidade dos aspectos ambientais, o Nordeste pode ser dividido em quatro sub-regiões distintas: a Zona da Mata, o Agreste, o Meio-Norte e o Sertão. Observe o mapa a seguir e leia os textos que seguem.

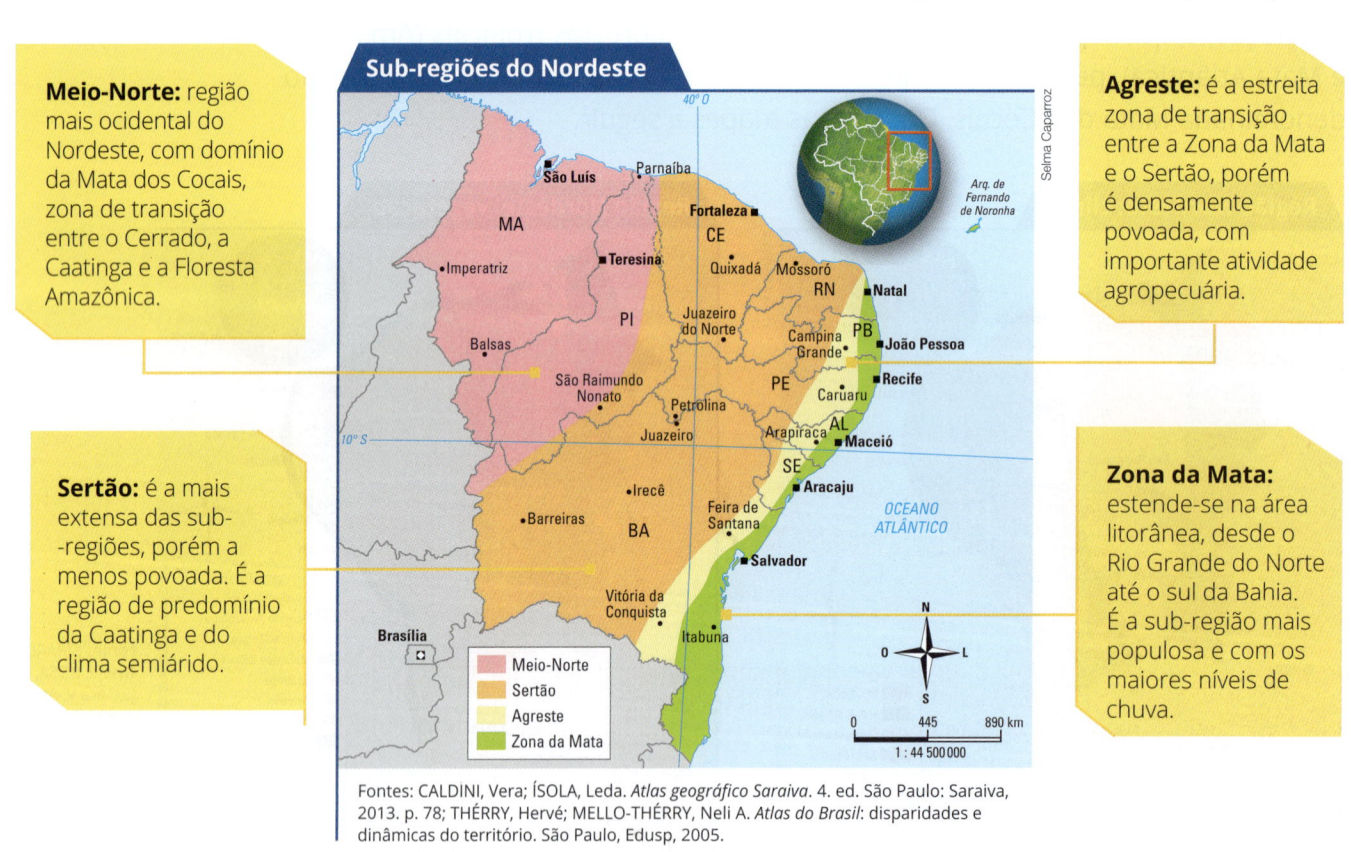

Sub-regiões do Nordeste

Meio-Norte: região mais ocidental do Nordeste, com domínio da Mata dos Cocais, zona de transição entre o Cerrado, a Caatinga e a Floresta Amazônica.

Sertão: é a mais extensa das sub-regiões, porém a menos povoada. É a região de predomínio da Caatinga e do clima semiárido.

Agreste: é a estreita zona de transição entre a Zona da Mata e o Sertão, porém é densamente povoada, com importante atividade agropecuária.

Zona da Mata: estende-se na área litorânea, desde o Rio Grande do Norte até o sul da Bahia. É a sub-região mais populosa e com os maiores níveis de chuva.

Fontes: CALDINI, Vera; ÍSOLA, Leda. *Atlas geográfico Saraiva*. 4. ed. São Paulo: Saraiva, 2013. p. 78; THÉRRY, Hervé; MELLO-THÉRRY, Neli A. *Atlas do Brasil*: disparidades e dinâmicas do território. São Paulo, Edusp, 2005.

A seguir, vamos conhecer as principais características da sub-região do Sertão e, consequentemente, tentar compreender melhor os contrastes internos do Nordeste. O estudo específico das demais sub-regiões será desenvolvido no próximo capítulo.

Sertão nordestino

O Sertão é a mais extensa das sub-regiões nordestinas, compreendendo aproximadamente 60% do território. Essa imensa área é dominada pelos relevos de planaltos e de depressões, entremeados por serras e chapadas, com altitudes médias de cerca de 500 metros.

Nessa sub-região predomina o clima semiárido, que se caracteriza por temperaturas elevadas (entre 24 °C e 28 °C) e duas estações bem definidas durante o ano: uma seca e outra chuvosa. As chuvas concentram-se em três ou quatro meses, com uma pluviosidade média de 750 mm anuais. Porém, em algumas áreas sertanejas, pode chover menos de 500 mm ao ano. Essa característica climática influencia diretamente na disponibilidade de recursos hídricos na sub-região, com a existência de alguns rios permanentes e muitos outros temporários, ou seja, cursos de água que secam parcial ou totalmente durante as estiagens.

Em interação com essas características climáticas e hídricas, desenvolve-se no Sertão o bioma da Caatinga. Nesse ambiente, há o predomínio de uma vegetação formada por arbustos lenhosos de porte variado e plantas espinhosas, a exemplo dos cactos, como o mandacaru e o xique-xique. As fotografias a seguir mostram paisagens da Caatinga em dois momentos durante o ano: na estação chuvosa e na estação seca.

A palavra **caatinga** tem origem na língua indígena tupi e significa "mato branco". Os povos nativos assim se referiam a esse tipo de vegetação devido ao aspecto seco e pálido que arbustos e plantas mantêm na época das estiagens no Sertão (**A**). Contudo, a chegada da estação chuvosa rapidamente transforma a paisagem da Caatinga, fazendo brotar folhas e frutos, o que proporciona um aspecto esverdeado para toda a vegetação (**B**). Fotografia **A**: Açude em propriedade rural seco devido à longa estiagem. Penaforte (CE), 2016. Fotografia **B**: Açude em propriedade rural parcialmente cheio devido à chuva depois de sete anos de estiagem. Penaforte (CE), 2018.

CONEXÕES COM LÍNGUA PORTUGUESA

A xilogravura, o cordel e a paisagem sertaneja

A **xilogravura** é uma antiga técnica artesanal de reprodução de imagens e textos em que o artesão utiliza uma peça entalhada em madeira como matriz. O entalhe é feito à mão com um **formão** ou outro instrumento cortante. A matriz entalhada recebe a tinta, com a qual é impresso, em várias cópias, o texto ou a imagem no papel.

Desde o século XIX, a xilogravura tem sido utilizada no interior do Nordeste para a reprodução de poemas, contos populares e imagens que ilustram esse tipo de texto, o chamado **cordel**. Tanto nas xilogravuras quanto na literatura de cordel, os artistas nordestinos retratam, entre outras coisas, o dia a dia da população sertaneja, as festividades, as lendas e as paisagens dessa sub-região. Em 2018, a literatura de cordel em xilogravura foi reconhecida como Patrimônio Cultural Imaterial Brasileiro pelo Instituto do Patrimônio Histórico e Artístico Nacional (Iphan).

Veja como o Sertão é retratado na visão de um xilogravurista e de um cordelista, por meio dos exemplos a seguir.

Formão: instrumento de uso manual, com ponta afiada, utilizado para entalhar ou esculpir madeira.

Meu sertão

Meu sertão quando tá seco
É triste de fazer dó
Seca água nos açudes
A pastagem vira pó
Morre o gado no curral
E o galo no quintal
Não canta, pois ficou só […]
Mas o nordestino é forte
Não se cansa de esperar
Mas um dia a sorte muda
É preciso confiar
Olha pro céu novamente
Sonha ver alegremente
A chuva logo chegar […]

GONDIM, Paulo. Meu sertão. *Recanto das letras*, [s. l.], 2012. Disponível em: https://www.recantodasletras.com.br/cordel/4026589. Acesso em: 10 mar. 2021.

Ilustração em estilo cordel retratando o ambiente natural do Nordeste.

1. Você conhece as xilogravuras ou a literatura de cordel? Já ouviu falar dessas obras?
2. O que mais chamou sua atenção em relação à linguagem utilizada pelo poeta?
3. Busque mais informações sobre xilogravuras e literatura de cordel. Conheça outros artistas que fazem esses trabalhos. Troque ideias com os colegas para realizar a pesquisa.

Fenômeno das secas

Existem ocasiões em que o período de estiagem, ou seja, sem chuvas, prolonga-se por mais de um ano, dando origem ao chamado **fenômeno das secas**. Essa ocorrência natural está presente na vida das populações do interior da Região Nordeste há séculos.

Os primeiros registros de estiagens extremas datam do século XVI. Com intervalos irregulares, longos períodos sem chuvas (de até três anos contínuos) atingem, sobretudo, a sub-região do Sertão. Essa situação decorre das mudanças sazonais na circulação geral dos ventos atmosféricos, por conta, principalmente, da atuação do fenômeno chamado **El Niño**. Veja como isso ocorre por meio dos esquemas a seguir.

El Niño e secas no Sertão

O El Niño é o fenômeno de aquecimento anormal das águas do Oceano Pacífico, na costa da América do Sul. Em uma situação normal, ou seja, em anos sem El Niño, a circulação dos ventos atmosféricos ocorre como mostra o **Esquema 1**.

Já em anos de El Niño, há uma mudança nos padrões de circulação dos ventos na região que estamos analisando, ocorrendo o que é mostrado pelo **Esquema 2**.

Esquema 1 – Circulação de ventos no Pacífico – Situação normal

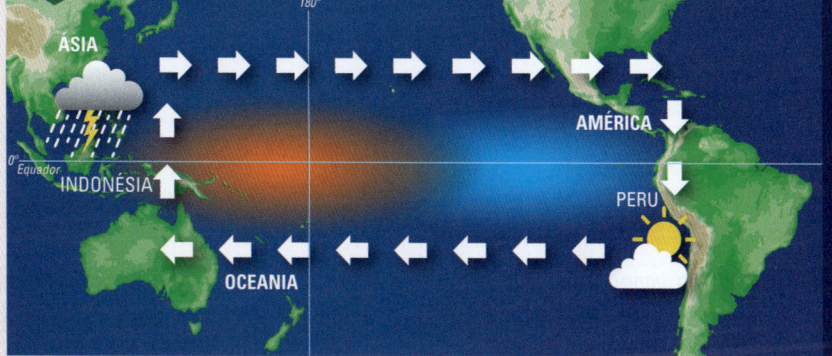

1. O ar quente se eleva na região da Indonésia.
2. O ar ascendente (de baixo para cima) favorece a formação de nuvens e de chuva.
3. O fluxo de ar desce sobre o Peru.
4. O ar subsidente (de cima para baixo) inibe a formação de nuvens nessa área.

Fonte: PEGORIM, Josélia. Como o El Niño agrava a seca no Nordeste? *Climatempo*, São Paulo, 27 nov. 2015. Disponível em: https://www.climatempo.com.br/noticia/2015/11/06/como-o-el-nino-agrava-a-seca-no-nordeste-9975. Acesso em: 8 jan. 2021.

Esquema 2 – Circulação de ventos no Pacífico – Em anos de El Niño

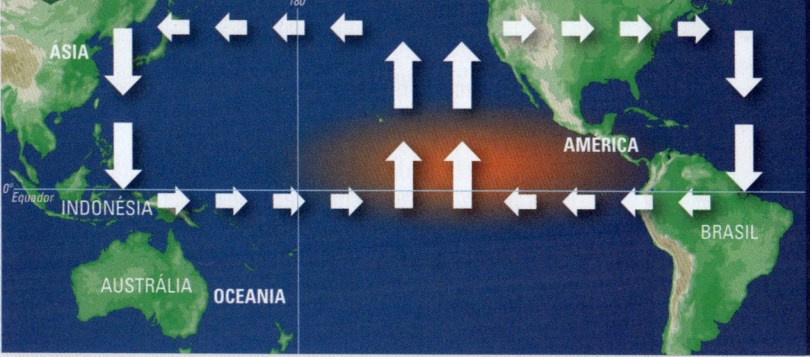

1. Oceano Pacífico, próximo à Linha do Equador, com água mais quente que o normal (El Niño).
2. Parte do fluxo de ar se move para o leste.
3. O fluxo de ar desce sobre o Nordeste do Brasil impedindo a chegada de ventos úmidos do Oceano Atlântico e da Amazônia, provocando os períodos de seca.

Fonte: PEGORIM, Josélia. Como o El Niño agrava a seca no Nordeste? *Climatempo*, São Paulo, 27 nov. 2015. Disponível em: https://www.climatempo.com.br/noticia/2015/11/06/como-o-el-nino-agrava-a-seca-no-nordeste-9975. Acesso em: 8 jan. 2021.

Secas, perda da terra e migrações

Durante o século XX, o Sertão foi a sub-região de origem de intensos fluxos migratórios. Além das fortes secas ocorridas, foram causas das migrações o processo de perda da terra por milhares de camponeses e o empobrecimento da população. Tais fatores foram determinantes no desencadeamento de grandes ondas emigratórias, que acabaram se destacando historicamente na dinâmica populacional brasileira, como visto no Capítulo 4.

Muitos brasileiros saíram do Nordeste, sobretudo entre as décadas de 1940 e 1980, em busca de melhores oportunidades de trabalho e melhores condições de vida em outras regiões do Brasil, principalmente a Amazônia, a Região Sudeste (São Paulo e Rio de Janeiro) e o Distrito Federal, por ocasião da construção de Brasília.

Os candangos, nome dado aos trabalhadores que construíram Brasília, tinham, em grande parte, origem em localidades do Sertão nordestino. Fotografia de 1959.

MÃOS À OBRA

As secas e sua representação artística

Sensibilizado com o drama vivido pela população do Sertão, sub-região do Nordeste onde nasceu, o artista plástico Eduardo Lima tem como um dos principais temas de suas pinturas a seca, que, de tempos em tempos, assola a vida dos moradores. Atualmente, tem seu trabalho exposto em galerias em várias cidades brasileiras e também no exterior.

Veja a tela intitulada Fotografia da família Silva, pintada por ele em 2008.

1. Observe atentamente a imagem da tela de Eduardo Lima e descreva os elementos que a compõem.

2. Em sua opinião, que sentimentos a expressão dos personagens transmite?

3. Pesquise obras de outros artistas plásticos brasileiros que expressem o drama enfrentado pelos nordestinos em decorrência do fenômeno das secas. Com base no que você pesquisou, redija um texto sobre essas obras, relatando o que mais lhe chamou a atenção.

Eduardo Lima, *Fotografia da família Silva*, 2008. Óleo sobre tela, 80 cm × 100 cm.

Economia sertaneja

A economia do Sertão nordestino baseia-se na agropecuária, atividade que sofre diretamente com os impactos das condições climáticas, sobretudo na época das estiagens.

A pecuária bovina é a principal atividade econômica do Sertão. Em geral, essa atividade é praticada na forma extensiva, em grandes latifúndios, mas também em pequenas propriedades, nas quais o rebanho é pouco numeroso. Além da bovinocultura, destaca-se a criação de caprinos, que são mais resistentes ao clima semiárido. Em todo o Nordeste, os caprinos somam cerca de oito milhões de cabeças, constituindo o maior rebanho do país.

Rebanho de caprinos em Canudos (BA), 2019.

Em todo o Sertão, desenvolve-se a agricultura de subsistência, praticada, basicamente, em pequenas propriedades rurais por meio da utilização de técnicas tradicionais e de mão de obra familiar. Algumas áreas, como as encostas das serras e os vales fluviais, apresentam maior umidade, sendo, portanto, mais favoráveis à prática agrícola. Nessas áreas, também conhecidas como **brejos**, destacam-se lavouras como as de milho, feijão, arroz e mandioca. Entre as lavouras comerciais, encontram-se as culturas do algodão arbóreo, destinado principalmente às indústrias, e da soja irrigada (no oeste da Bahia), cuja produção atende, sobretudo, ao mercado externo, como veremos no próximo capítulo.

Plantação de algodão. Correntina (BA), 2019.

FIQUE LIGADO!

A questão da água e a transposição do Rio São Francisco

A baixa pluviosidade e a ocorrência de estiagens no Sertão comprometem o desenvolvimento das atividades agropecuárias, prejudicando principalmente os pequenos proprietários, que constituem a maioria dos produtores rurais.

Com poucos recursos para investir em suas propriedades, os agricultores geralmente cultivam apenas lavouras de subsistência (feijão, mandioca, milho e alguns legumes), além de desenvolverem uma pequena criação de gado bovino e caprino, na forma extensiva. Em geral, essas atividades proporcionam renda muito baixa, insuficiente para suprir as necessidades básicas das famílias camponesas, que, em grande parte, vivem em condições precárias.

No Brasil, há tecnologia suficiente para explorar recursos hídricos na forma de sistemas de irrigação (para lavouras e pastagens), bem como para implantar redes de abastecimento de água potável para a população. Esse é o caso, por exemplo, do Projeto de transposição das águas do Rio São Francisco.

A construção pelo governo federal de um sistema de transposição de águas no Sertão do Nordeste visa viabilizar o desenvolvimento socioeconômico dessa sub-região, captando 1% da água que o Rio São Francisco lança no mar para abastecer açudes estratégicos nos estados de Pernambuco, Paraíba, Ceará e Rio Grande do Norte. Por meio desses açudes e de uma rede de adutoras, a água deverá abastecer propriedades rurais e pequenas, médias e grandes cidades desses estados, atendendo um total de aproximadamente 12 milhões de habitantes. O mapa e o esquema a seguir mostram como funciona esse megaprojeto de engenharia.

> **Adutora**: canal ou tubulação de grande capacidade de volume, que serve para transportar água de um lugar a outro.

O Rio São Francisco é o mais extenso rio perene da Região Nordeste e o que apresenta maior volume de água. A obra de transposição é composta de dois pontos de captação nesse curso de água, de onde partem os dois eixos ou canais de transporte: o eixo norte e o eixo leste. Por meio de estações de bombeamento, aquedutos e degraus será feito o abastecimento da população. Observe o mapa ao lado e o esquema a seguir.

Sistema de irrigação em lavoura localizada no município de Paramirim (BA), 2019.

Transposição do rio São Francisco

PORTAL HidroWeb. *In*: AGÊNCIA NACIONAL DE ÁGUAS. Brasília, DF, 2005. Disponível em: http://www.snirh.gov.br/hidroweb/apresentacao. Acesso em: 19 abr. 2021.

Túnel
No caminho percorrido pelos canais há serras e morros. A melhor maneira de transpor essas formações é abrir túneis para a passagem das águas.

Galeria
Passagens subterrâneas para os canais de transporte de água.

Açude

Estação de bombeamento

Aqueduto
canal suspenso usado para conduzir água de um local para outro.

Degrau
Como nas escadas, os degraus servem para passar de um nível para outro. No Projeto de Integração, os degraus são sempre do local mais alto para o mais baixo.

Fontes: FOOD AND AGRICULTURE [...]. [Roma]: ONU, c2021. Disponível em: http://www.fao.org/home/en/; United Nations. *World Population Prospects, 2015*. *In*: DESA. [*S. l.*]: UN, [201-?]. Disponível em: http://esa.un.org/. Acesso em: 26 mar. 2021.

MUNDO DOS MAPAS

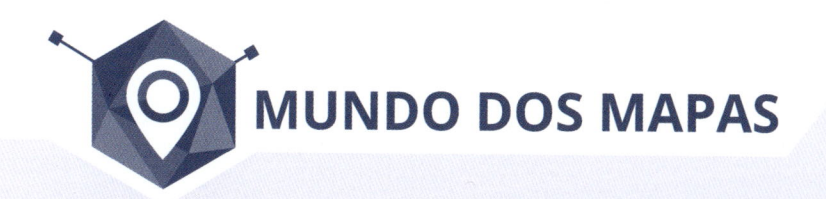

Pontos de vista da paisagem e produção de mapas e croquis

Já estudamos que um mapa é a representação de uma paisagem sob um ponto de vista muito particular: o vertical. Também vimos que, atualmente, várias são as tecnologias utilizadas para obter imagens da paisagem terrestre, como as imagens de satélites artificiais, de aviões e de *drones*.

As imagens a seguir foram obtidas com equipamentos diferentes: a imagem **A** foi obtida por um *drone*; já a imagem **B** foi gerada pelo satélite de monitoramento. Ambas mostram uma mesma localidade do município de Petrolina, no interior de Pernambuco, em plena sub-região do Sertão. Entretanto, há uma clara distinção entre uma área com plantação abastecida por equipamentos de irrigação e outra onde predomina a vegetação de caatinga. Observe:

Imagem A – Ponto de vista oblíquo

Fruticultura irrigada com águas do Rio São Francisco. Ilha do Massangano, Petrolina (PE), 2018.

Imagem B – Ponto de vista vertical

Imagem de satélite da Ilha do Massangano. Petrolina (PE), 2021.

1. Agora, responda às questões a seguir.
   a) Qual das imagens possibilita uma visão mais abrangente e mostra a totalidade dos elementos da paisagem agrícola?
   b) Qual delas possibilita identificar, claramente, a distinção entre uma área com plantação cultivada por equipamentos de irrigação e uma onde se observa a vegetação de caatinga?
   c) De acordo com o que foi estudado no volume do 6º ano, qual imagem é mais apropriada para a produção de um croqui da paisagem? E qual delas é mais adequada para a produção de um mapa? Relembre esse assunto trocando ideias com os colegas.

ATIVIDADES

Reviso o capítulo

1. Quantos são os estados que compõem a Região Nordeste? Nomeie cada um deles.

2. Quais são os critérios utilizados para a divisão do espaço geográfico nordestino em quatro sub-regiões? Qual é o nome de cada uma delas?

3. Compare as informações dos mapas das páginas 75 e 76 e responda às questões a seguir.
    a) Qual é a sub-região com as densidades demográficas mais baixas do Nordeste?
    b) E qual sub-região tem as maiores densidades?
    c) Quais são os tipos de vegetação predominantes em cada uma das sub-regiões?

4. Liste as principais características do clima e da vegetação no bioma da Caatinga.

5. Cite os motivos das grandes ondas emigratórias do Sertão do Nordeste para outras regiões do país durante o século XX.

6. Sobre a economia do Sertão, responda às questões a seguir.
    a) Quais são as principais atividades econômicas desenvolvidas?
    b) De que maneira o clima predominante nessa sub-região afeta as atividades agropecuárias? Explique.

AQUI TEM GEOGRAFIA

Leia:

O beabá do Sertão na voz de Gonzagão,
de Arlene Holanda e Arievaldo Viana (Armazém da Cultura).

Por meio da linguagem de cordel, o livro convida o leitor a um passeio pela paisagem e pelos costumes do Sertão, retratados nas canções de Luiz Gonzaga.

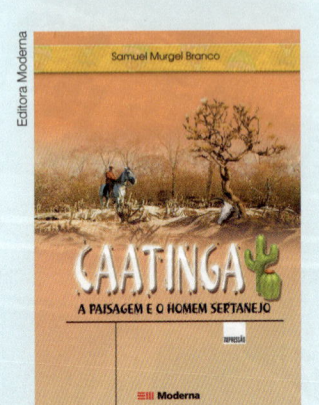

Caatinga: a paisagem e o homem sertanejo,
de Samuel Murgel Branco (Moderna).

Nessa obra o autor mostra como os habitantes do semiárido nordestino se adaptam às hostilidades do ambiente da caatinga.

Interpreto textos

7. Leia a seguir trechos de um poema do cordelista maranhense Assis Coimbra.

Tudo se torna um tomento
Se não chove no sertão,
Secam açudes, riachos
Fazendo rachar o chão.
A lavoura não floresce,
E o nordestino padece,
Por falta de água e pão.
[...]
Parece que é mesmo intriga
Da chuva com meu sertão,
Chove no sul e sudeste
Aqui só ronca o trovão.
A chuva sai pro oeste,
Não caindo no nordeste
Nem água de cerração.

COIMBRA, Assis. Tempo de seca no Sertão. *Narradores de cordel*, [s. l.], 20 abr. 2011. Disponível em: http://narradoresdecordel.blogspot.com.br/2011/04/tudo-se-torna-um-tomento-se-nao-chove.html. Acesso em: 17 fev. 2021.

Com base em seus conhecimentos e nos trechos do poema de cordel apresentado acima, faça o que se pede a seguir.
  a) Quais são os transtornos causados pela falta de chuva no Sertão?
  b) Quais são as principais causas do fenômeno das secas no Nordeste?
  c) Explique o significado destes versos: "Chove no sul e sudeste / Aqui só ronca o trovão. / A chuva sai pro oeste, / Não caindo no nordeste / Nem água de cerração".
  d) Cite algumas ações tomadas pelos governos estadual e federal para diminuir os efeitos do clima semiárido e do fenômeno das secas na vida da população sertaneja.

8. Junto com outros colegas, façam uma pesquisa a respeito de como era a paisagem da sub-região do Sertão há cerca de 20 mil anos, quando o clima se apresentava mais úmido do que na atualidade. Para isso, consultem o *site* da Fundação Museu do Homem Americano, onde encontrarão informações a respeito dos sítios arqueológicos e das pinturas rupestres existentes no Parque Nacional da Pedra Furada, no Piauí. Disponível em: http://fumdham.org.br/fumdham/. Acesso em: 12 abr. 2021.

CAPÍTULO 7

Nordeste: sub-regiões e desenvolvimento econômico

No capítulo anterior, conhecemos as principais características naturais e populacionais do Nordeste e nos detivemos no estudo da mais extensa de suas sub-regiões: o Sertão. A seguir, vamos analisar as principais características ambientais e socioeconômicas das demais sub-regiões nordestinas: a Zona da Mata, o Agreste e o Meio-Norte. Este será o ponto de partida para compreendermos que, embora seja uma região com graves problemas sociais, nos últimos anos o Nordeste tem apresentado uma forte tendência de crescimento econômico e de melhoria da qualidade de vida da população.

Zona da Mata e Agreste

A sub-região da Zona da Mata ocupa a parte leste do Nordeste, área dominada pelo clima tropical úmido (quente e chuvoso). A pluviosidade é elevada (1 800 mm a 2 000 mm anuais), com temperaturas médias anuais altas, variando entre 24 °C e 26 °C.

Esse ambiente quente e úmido favoreceu o desenvolvimento da floresta tropical, também denominada Mata Atlântica, vegetação exuberante e com grande diversidade de espécies de fauna e flora. Originalmente, a floresta ocupava grande parte dessa sub-região, que, por isso, passou a ser chamada de **Zona da Mata**.

Contudo, desde a ocupação pelos europeus, há mais de cinco séculos, extensas áreas de florestas foram derrubadas, dando lugar a plantações, sobretudo de cana-de-açúcar e cacau, e a dezenas de cidades. Além disso, atualmente as queimadas e os desmatamentos ilegais contribuem para a devastação do que restou dessa floresta.

Parque Nacional e Histórico do Monte Pascoal

No litoral sul da Bahia, no município de Porto Seguro, localiza-se o Parque Nacional e Histórico do Monte Pascoal. Além de abrigar terras indígenas e ser importante área de preservação de Mata Atlântica, o parque tem relevância histórica: segundo registros do escrivão da esquadra de Pedro Álvares Cabral, esse trecho da Zona da Mata, com o Monte Pascoal ao fundo, foi o primeiro a ser avistado pelos navegantes portugueses em abril de 1500.

Fonte: PORTO Seguro Clima (Brasil). *In*: CLIMATE-DATA.ORG. [*S. l.*], [20--?]. Disponível em: https://pt.climate-data.org/america-do-sul/brasil/bahia/porto-seguro-6090/. Acesso em: 29 dez. 2020.

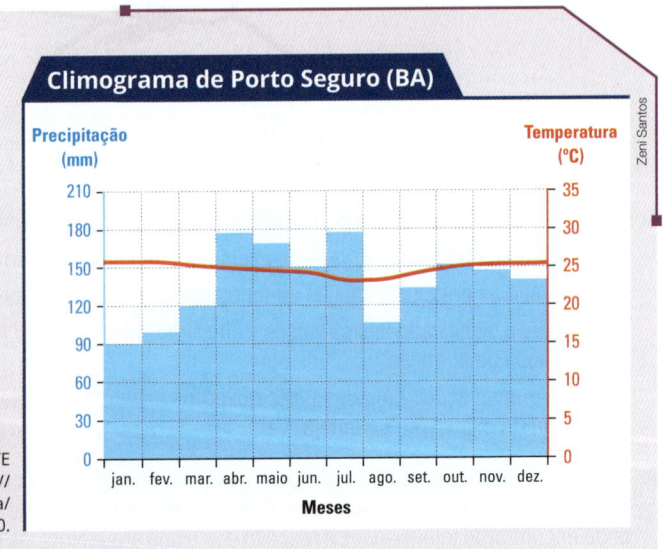

Climograma de Porto Seguro (BA)

Zeni Santos

Monte Pascoal no Parque Nacional e Histórico do Monte Pascoal. Itamaraju (BA), 2019.

Partindo do litoral em direção ao interior da Região Nordeste, o clima vai se tornando mais seco. Essa mudança climática dá origem a uma faixa de transição denominada **Agreste**, sub-região que se estende entre a Zona da Mata e o Sertão. Dessa forma, o Agreste apresenta características naturais tanto da Zona da Mata como do Sertão, pois em seus trechos mais úmidos desenvolve-se a Floresta Tropical, enquanto nas áreas mais secas predomina a Caatinga, vegetação típica sertaneja.

Planalto da Borborema e o clima semiárido

Entre as principais particularidades da sub-região do Agreste, temos o Planalto da Borborema. Essa forma de relevo estende-se por cerca de 400 km, entre Rio Grande do Norte e Alagoas, passando por Pernambuco e Paraíba. Com uma altitude média de 500 metros, na Borborema há serras que podem ultrapassar os mil metros, servindo como barreiras aos ventos úmidos vindos do Oceano Atlântico. Em anos de El Niño, esse fato pode tornar o fenômeno das secas ainda mais intenso no Sertão nordestino. No Planalto da Borborema também se localizam importantes centros urbanos do Agreste, como Campina Grande (PB), Caruaru (PE) e Arapiraca (AL).

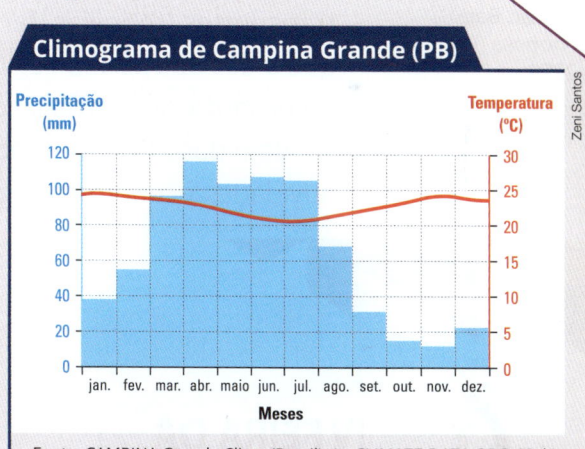

Climograma de Campina Grande (PB)

Fonte: CAMPINA Grande Clima (Brasil). *In*: CLIMATE-DATA.ORG. [*S. l.*], [20--?]. Disponível em: https://pt.climate-data.org/america-do-sul/brasil/paraiba/campina-grande-4449/#climate-graph. Acesso em: 24 fev. 2021.

Morro do Cruzeiro. Serra de São Bento (RN), 2018.

Zona da Mata e Agreste: aspectos econômicos

Atualmente, a Zona da Mata é a sub-região economicamente mais importante do Nordeste. Nela, concentram-se diferentes segmentos da atividade fabril, como indústrias têxteis e alimentícias, agroindústrias (sobretudo usinas de açúcar e álcool), indústrias extrativas minerais, petroquímicas e, mais recentemente, automobilísticas.

As indústrias extrativas são responsáveis pela exploração de cobre, chumbo, tungstênio e cloreto de sódio (sal de cozinha). Também ocorre a extração de petróleo, recurso energético fóssil cuja exploração favoreceu a instalação de grandes indústrias petroquímicas, principalmente na área do **Recôncavo Baiano**, próxima a Salvador, no estado da Bahia.

A existência de um grande mercado consumidor, formado pela população dos principais centros urbanos do Nordeste, contribui de maneira significativa para o desenvolvimento industrial dessa área.

Usina produtora de álcool e açúcar. Baía Formosa (RN), 2019.

Outro fator que favorece a atividade industrial na Zona da Mata é sua rede de transportes (rodovias, ferrovias, portos e aeroportos), mais bem estruturada do que a das outras sub-regiões, o que facilita o deslocamento de matérias-primas e de produtos industrializados para as demais áreas do país e o exterior.

Além das atividades industriais, na Zona da Mata desenvolvem-se importantes atividades econômicas ligadas ao meio rural, predominando os latifúndios monocultores de cana-de-açúcar, fumo e cacau, que atendem ao consumo industrial e ao comércio exterior. Outras culturas importantes são as de frutas tropicais, como manga, mamão, coco-da-baía e caju.

Grande parte dos gêneros alimentícios básicos que abastecem os grandes centros urbanos da Zona da Mata vem do Agreste. Nessa sub-região, destacam-se pequenas e médias propriedades rurais policultoras, que produzem principalmente mandioca, feijão, milho e hortaliças, além de criarem gado para o fornecimento de leite e derivados.

Cartaz de feira agropecuária realizada em São Bento do Una (PE), 2019.

O desenvolvimento das atividades agropecuárias no Agreste contribuiu para o crescimento de cidades como Campina Grande (PB), Caruaru e Garanhuns (PE), Arapiraca (AL) e Feira de Santana (BA), que se tornaram polos de comercialização e de distribuição de produtos agrícolas. Atualmente, essas cidades também são importantes centros regionais de comércio e de prestação de serviços.

Meio-Norte

A sub-região do Meio-Norte corresponde a uma área de transição entre o clima semiárido do Sertão e o clima equatorial da Floresta Amazônica, abrangendo o estado do Maranhão e parte do Piauí.

A Mata dos Cocais

Partindo do Sertão em direção ao oeste, o clima vai se tornando cada vez mais úmido devido à aproximação com a Amazônia. Assim, a Caatinga cede lugar, gradativamente, a outros tipos de vegetação: primeiro ao Cerrado, depois à Mata dos Cocais – uma vegetação de transição que recobre extensa área do Meio-Norte – e, por fim, à Floresta Amazônica, na porção oeste do Maranhão.

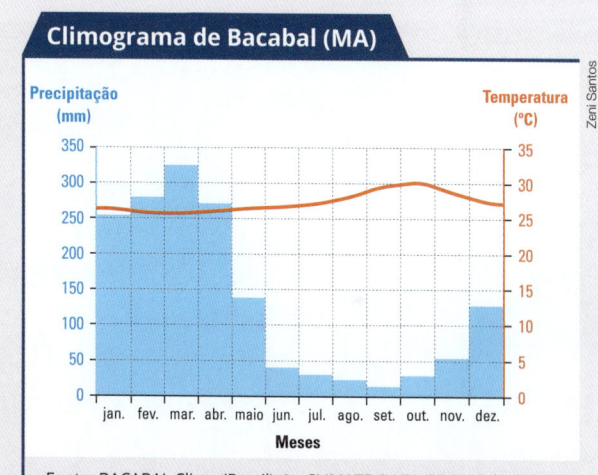

Climograma de Bacabal (MA)

Fonte: BACABAL Clima (Brasil). In: CLIMATE-DATA.ORG. [S. l.], [20--?]. Disponível em: https://pt.climate-data.org/america-do-sul/brasil/maranhao/bacabal-31928/#climate-graph. Acesso em: 24 fev. 2021.

Mata dos Cocais. Barreirinhas (MA), 2016.

? Analise as imagens e os climogramas dos boxes das páginas 86 e 87. Depois, compare as informações com as do boxe acima e responda às questões a seguir.
1. Em qual sub-região há uma quantidade de chuvas mais bem distribuída durante o ano?
2. Em cada sub-região, em qual época do ano ocorrem os meses mais secos? E quais são os meses mais chuvosos?
3. Quais características das formações vegetais mais lhe chamaram a atenção? Destaque algumas delas.

Economia do Meio-Norte

As atividades econômicas predominantes no Meio-Norte são ligadas ao campo. A atividade extrativa vegetal é praticada em grande parte dessa região, sobretudo na Mata dos Cocais, onde são exploradas duas espécies de palmeiras: o **babaçu** e a **carnaúba**. Com base em técnicas de exploração tradicionais, essa coleta constitui a principal fonte de renda para muitos trabalhadores (leia a seção **Zoom** a seguir). Na região da Mata dos Cocais, também é comum a criação extensiva de gado bovino.

Nas margens dos principais rios do Meio-Norte, onde os solos são mais úmidos, desenvolvem-se grandes plantações de arroz de várzea, no Piauí e no Maranhão, sendo este último estado um dos maiores produtores do país. Nas áreas mais secas, são cultivadas lavouras de mandioca, milho e algodão.

Plantação de arroz em várzea em Ribeiro Gonçalves (PI), 2017.

Além dessas lavouras, há cerca de três décadas a cultura de soja vem sendo praticada em diversos municípios localizados no Meio-Norte, sobretudo nas áreas de Cerrado, como no sul do Maranhão e em parte do Piauí e no sertão baiano. Essa região foi recentemente denominada pela sigla **Matopiba**, como veremos mais adiante.

A criação do Complexo Portuário e Industrial de São Luís, no Maranhão, que congrega os portos do Itaqui e da Madeira, também tem colaborado para impulsionar o crescimento dessa sub-região nordestina. Esses portos são fundamentais para as exportações agrícolas e o embarque de minério de ferro, cobre e manganês extraídos da Serra dos Carajás, no Pará.

Complexo portuário do Porto Marítimo do Itaqui. São Luís (MA), 2019.

🔍 ZOOM

As mulheres quebradeiras de coco

Do babaçu, nada se perde. Da palha, cestos. Das folhas, o teto das casas. Da casca, carvão. Do caule, adubo. Das amêndoas, óleo, sabão e leite de coco. Do mesocarpo, uma farinha altamente nutritiva. "A gente diz que a palmeira é nossa mãe", resume Francisca Nascimento, coordenadora-geral do Movimento Interestadual das Quebradeiras de Coco Babaçu. O tempo que o cacho com os cocos leva para cair é de exatos 9 meses. E é quando caem que entram em ação as quebradeiras de coco babaçu, grupo de cerca de 300 mil mulheres espalhadas em comunidades camponesas do Maranhão, Piauí, Tocantins e Pará, em uma área de convergência entre o Cerrado, a Caatinga e a Floresta Amazônica, especialmente rica em babaçuais. Há gerações, essa tem sido a rotina dessas trabalhadoras: passar o dia coletando os cocos e quebrando-os ao meio para extrair, sobretudo, suas amêndoas, da qual se produz um dos óleos mais versáteis da natureza.

BARTABURU, Xavier. Quebradeiras de coco babaçu. *Repórter Brasil*, [s. l.], 27 jan. 2018. Disponível em: https://reporterbrasil.org.br/comunidadestradicionais/quebradeiras-de-coco-babacu/. Acesso em: 29 dez. 2020.

Quebradeiras de coco babaçu. Viana (MA), 2019.

Desigualdades sociais e crescimento econômico nordestino

Leia os títulos das reportagens a seguir.

Crescimento econômico acima da média no Nordeste vira alvo de investidores

CRESCIMENTO econômico acima da média no Nordeste vira alvo de investidores. *Terra*, [s. l.], 16 jan. 2016. Disponível em: https://bit.ly/3d8hGX4. Acesso em: 12 abr. 2021.

Nordeste deve crescer mais que o PIB brasileiro em 2020

FALCÃO, Marina. Nordeste deve crescer mais que o PIB brasileiro em 2020. *Valor Econômico*, São Paulo, 3 mar. 2020. Disponível em: https://glo.bo/3d9SbEE. Acesso em: 12 abr. 2021.

Ainda que o Nordeste apresente alguns dos índices de qualidade de vida mais baixos do país, sobretudo nas áreas rurais, verifica-se nos últimos anos um ritmo de crescimento da economia mais intenso nessa região do que nas demais, como apontam as notícias acima.

Isso tem se refletido na melhoria de alguns indicadores socioeconômicos importantes, como o **Índice de Desenvolvimento Humano Municipal (IDHM)**. O IDHM é um indicador que avalia com maior fidelidade as condições em que vivem os habitantes de um município. Para se calcular o IDHM são utilizados os seguintes índices em relação à população do município:

- a **expectativa de vida**, ou seja, o número de anos que os habitantes poderão viver, levando-se em consideração as taxas de mortalidade locais;
- o **nível de escolaridade**, que se refere ao número médio de anos de estudo da população adulta;
- a **renda média dos trabalhadores**, que possibilita determinado nível de consumo de bens e serviços.

Como se mede a escala do IDHM?

No cálculo do IDHM, os resultados variam em uma escala que vai de 0 a 1. Quanto mais próximo de zero é o IDHM de um município, piores são as condições socioeconômicas de sua população. Por outro lado, quanto mais próximo de 1, melhores são as condições e, consequentemente, melhor será a qualidade de vida da população.

O Programa das Nações Unidas para o Desenvolvimento Humano (Pnud) considera as seguintes faixas intermediárias desse indicador:

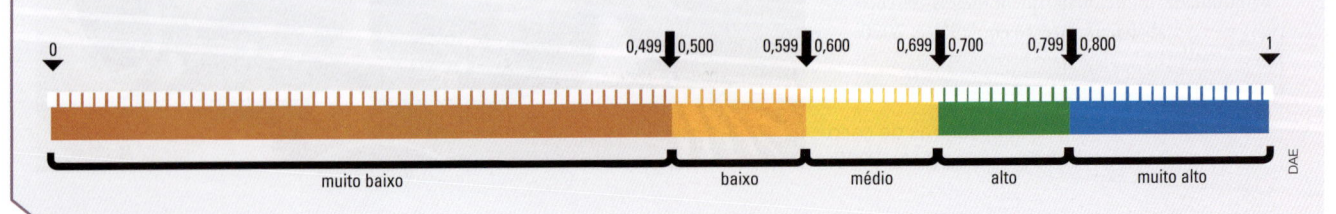

0 — 0,499 | 0,500 — 0,599 | 0,600 — 0,699 | 0,700 — 0,799 | 0,800 — 1

muito baixo | baixo | médio | alto | muito alto

Observe nos mapas a seguir como foi a evolução do IDHM dos municípios da Região Nordeste nas últimas décadas.

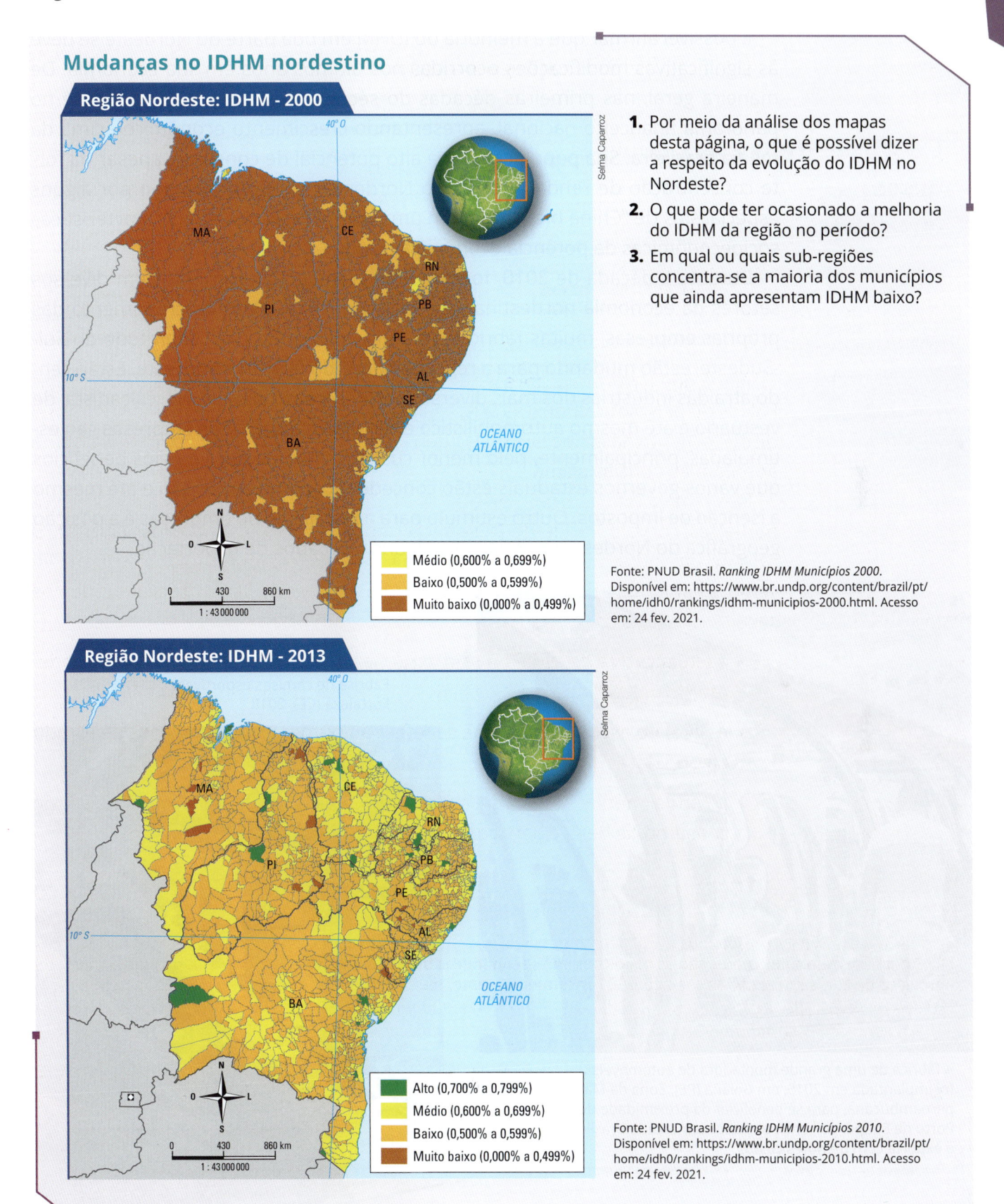

Mudanças no IDHM nordestino

Região Nordeste: IDHM - 2000

Legenda:
- Médio (0,600% a 0,699%)
- Baixo (0,500% a 0,599%)
- Muito baixo (0,000% a 0,499%)

Escala 1 : 43 000 000

Fonte: PNUD Brasil. *Ranking IDHM Municípios 2000*. Disponível em: https://www.br.undp.org/content/brazil/pt/home/idh0/rankings/idhm-municipios-2000.html. Acesso em: 24 fev. 2021.

Região Nordeste: IDHM - 2013

Legenda:
- Alto (0,700% a 0,799%)
- Médio (0,600% a 0,699%)
- Baixo (0,500% a 0,599%)
- Muito baixo (0,000% a 0,499%)

Escala 1 : 43 000 000

Fonte: PNUD Brasil. *Ranking IDHM Municípios 2010*. Disponível em: https://www.br.undp.org/content/brazil/pt/home/idh0/rankings/idhm-municipios-2010.html. Acesso em: 24 fev. 2021.

1. Por meio da análise dos mapas desta página, o que é possível dizer a respeito da evolução do IDHM no Nordeste?
2. O que pode ter ocasionado a melhoria do IDHM da região no período?
3. Em qual ou quais sub-regiões concentra-se a maioria dos municípios que ainda apresentam IDHM baixo?

Frentes do crescimento nordestino: indústria e geração de energia

É possível afirmar que a melhoria do IDHM em boa parte do Nordeste se deve às significativas modificações ocorridas nos últimos anos em sua economia. De maneira geral, nas primeiras décadas do século XXI, a região destacava-se no panorama financeiro nacional, apresentando crescimento econômico acima da média brasileira. Sua população tinha alto potencial de consumo, apesar da forte concentração de renda. Por isso, o Nordeste tem sido chamado por alguns especialistas de "China brasileira", em uma comparação às atuais características socioeconômicas da potência econômica asiática.

Durante a década de 2010, foram feitos grandes investimentos em diversos setores da economia nordestina. No setor industrial, além do crescimento das próprias empresas, muitas fábricas de outras partes do país, sobretudo do Sul-Sudeste, estão mudando para a região ou abrindo filiais no Nordeste. Estão sendo atraídas indústrias dos mais diversos setores, como alimentício, calçadista, de vestuário e até mesmo automobilístico e de informática. Essas empresas são estimuladas, principalmente, pelo menor custo da mão de obra e pelos benefícios que vários governos estaduais estão concedendo, como a redução e até mesmo a isenção de impostos. Outro estímulo para a instalação de empresas é a posição geográfica do Nordeste em relação a alguns mercados de exportação.

A fábrica de uma grande montadora de automóveis foi implantada em 2015, em Goiana (PE), Zona da Mata pernambucana, para se beneficiar da proximidade do Porto de Suape, por onde abastece o mercado brasileiro e exporta com menores custos.

Fábrica de camisas esportivas. Fortaleza (CE), 2018.

FIQUE LIGADO!

Crescimento movido pelo vento

Usinas eólicas recebem aval da Aneel para entrar em operação nos estados da Bahia, Ceará e Piauí, firmando o Nordeste líder em energia renovável

MARINHO, Flavia. *Click Petróleo e Gás*, [s. l.], 12 abr. 2021. Disponível em: https://clickpetroleoegas.com.br/usinas-eolicas-no-nordeste-ganham-aval-da-aneel-e-entram-em-operacao-nos-estados-da-bahia-ceara-e-piaui/. Acesso em: 27 abr. 2021.

Boa parte dos incentivos proporcionados pelo governo federal para auxiliar na alavancagem da economia nordestina é feita pela **Superintendência do Desenvolvimento do Nordeste (Sudene)**. Esse órgão governamental tem criado e implantado vários projetos para a introdução de indústrias, a construção de infraestrutura viária (estradas, portos e aeroportos) e a concessão de incentivos financeiros, como a isenção de impostos para empresas que pretendam investir na produção industrial e na agropecuária nordestinas.

Além disso, nos últimos anos, a Sudene, em parceria com a Agência Nacional de Energia Elétrica (Aneel), tem incentivado o aumento da geração de energia elétrica limpa nos estados do Nordeste, por meio, sobretudo, da instalação de usinas eólicas. Atualmente, a maior parte da eletricidade consumida nessa região provém dos chamados aerogeradores movidos pelos ventos. Observe o esquema a seguir.

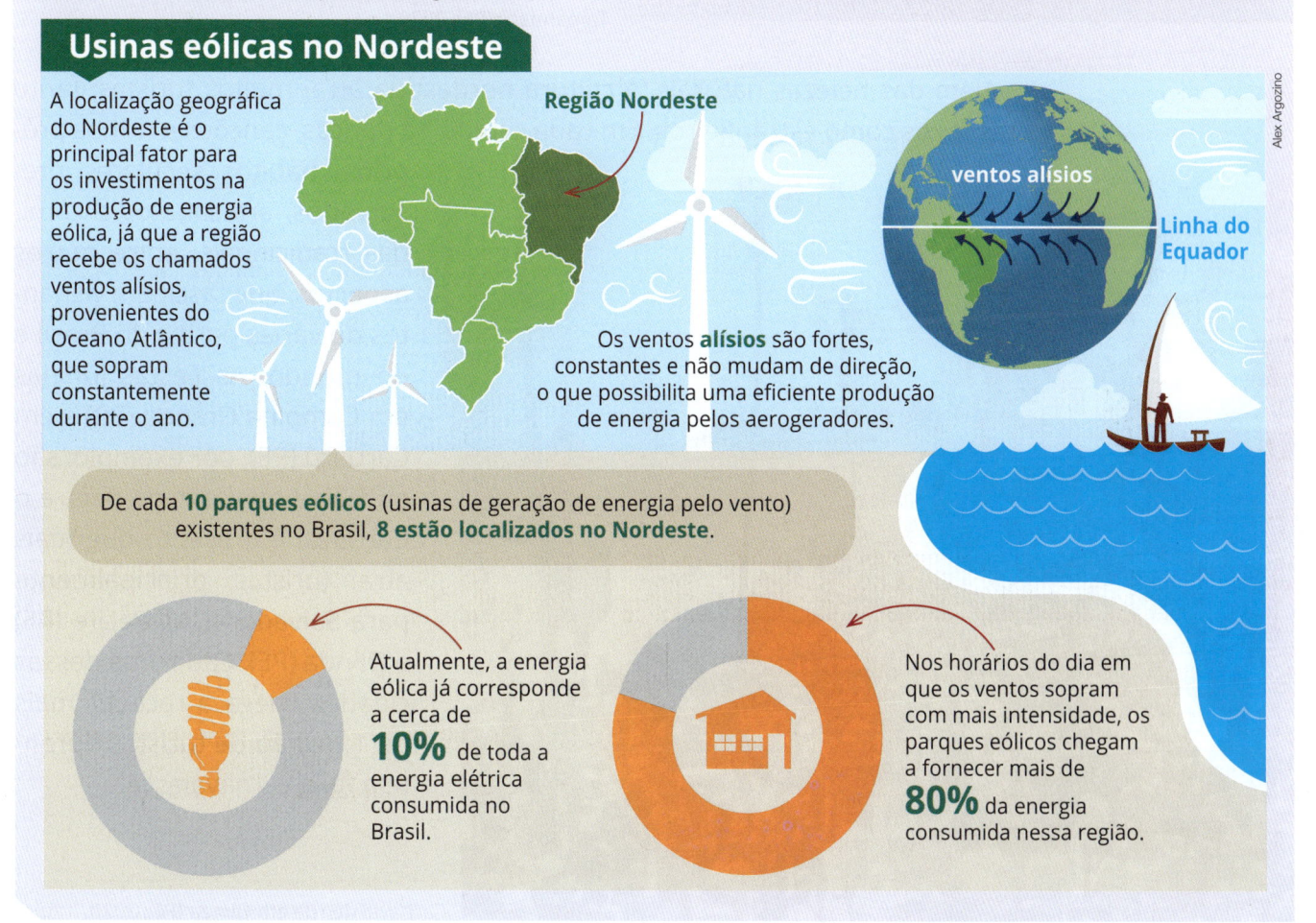

Usinas eólicas no Nordeste

A localização geográfica do Nordeste é o principal fator para os investimentos na produção de energia eólica, já que a região recebe os chamados ventos alísios, provenientes do Oceano Atlântico, que sopram constantemente durante o ano.

Região Nordeste

ventos alísios

Linha do Equador

Os ventos **alísios** são fortes, constantes e não mudam de direção, o que possibilita uma eficiente produção de energia pelos aerogeradores.

De cada **10 parques eólicos** (usinas de geração de energia pelo vento) existentes no Brasil, **8 estão localizados no Nordeste**.

Atualmente, a energia eólica já corresponde a cerca de **10%** de toda a energia elétrica consumida no Brasil.

Nos horários do dia em que os ventos sopram com mais intensidade, os parques eólicos chegam a fornecer mais de **80%** da energia consumida nessa região.

Potencial turístico do Nordeste

Outro setor que demonstra grande potencial de desenvolvimento na região é o turismo, que cresceu consideravelmente nos últimos anos e apresenta perspectivas promissoras para a economia nordestina.

A grande quantidade de cidades litorâneas com belas praias e o investimento da maioria dos estados na construção de complexos hoteleiros, parques aquáticos e polos de ecoturismo contribuem de maneira decisiva para o desenvolvimento do setor. Esse crescimento, entretanto, favorece também a especulação imobiliária, que, em muitos casos, ameaça a preservação de importantes ecossistemas da região.

Devido às belas paisagens, os *resorts* se instalam preferencialmente próximo às praias, ambientes extremamente vulneráveis a impactos ambientais. Na fotografia, *resort* em Tamandaré (PE), 2020.

Além das belezas naturais, a cultura nordestina atrai muitos turistas, tanto brasileiros como estrangeiros. Em cada estado há danças, canções e ritmos próprios, hábitos seculares preservados, artesanatos e comidas tradicionais, entre outros aspectos, que fascinam visitantes de várias partes do Brasil e do mundo. As Festas Juninas em Campina Grande (PB) e em Caruaru (PE), por exemplo, são as mais populares do país, e o Carnaval é o evento que mais atrai turistas, principalmente para Salvador (BA), Recife (PE) e Olinda (PE). Cada uma dessas cidades chega a receber mais de 1 milhão de turistas durante a folia carnavalesca.

Carnaval de rua em Olinda (PE), 2020.

Matopiba: nova fronteira agrícola

No espaço rural nordestino, merece destaque o crescimento agrícola ocorrido em áreas do Sertão. A introdução de projetos de irrigação viabilizou o avanço de uma moderna agricultura fruticultora para exportação, proporcionando a obtenção de elevados índices de produtividade. Atualmente, estão sendo colhidas grandes safras, sobretudo de cebola, tomate, frutas tropicais (maracujá, manga, melão) e uva.

Além disso, na última década, extensas áreas, como o oeste da Bahia e o sul do Maranhão e do Piauí, juntamente com o norte do Tocantins, estão sendo ocupadas por plantações de soja, algodão e milho, mediante a correção dos solos do Cerrado. É a região agrícola chamada pelo Ministério da Agricultura de **Matopiba**, sigla que utiliza as sílabas iniciais de cada um dos estados onde está localizada.

ZOOM

Números do Matopiba

Essa região, que se configura como uma das últimas fronteiras agrícolas do mundo, é constituída por:

- 337 municípios dos quatro estados;
- 5,9 milhões de habitantes;
- 73 milhões de hectares ao todo;
- 13 milhões de hectares somente no oeste baiano.

Além disso, a previsão da safra de 2024 é de 24 milhões de toneladas.

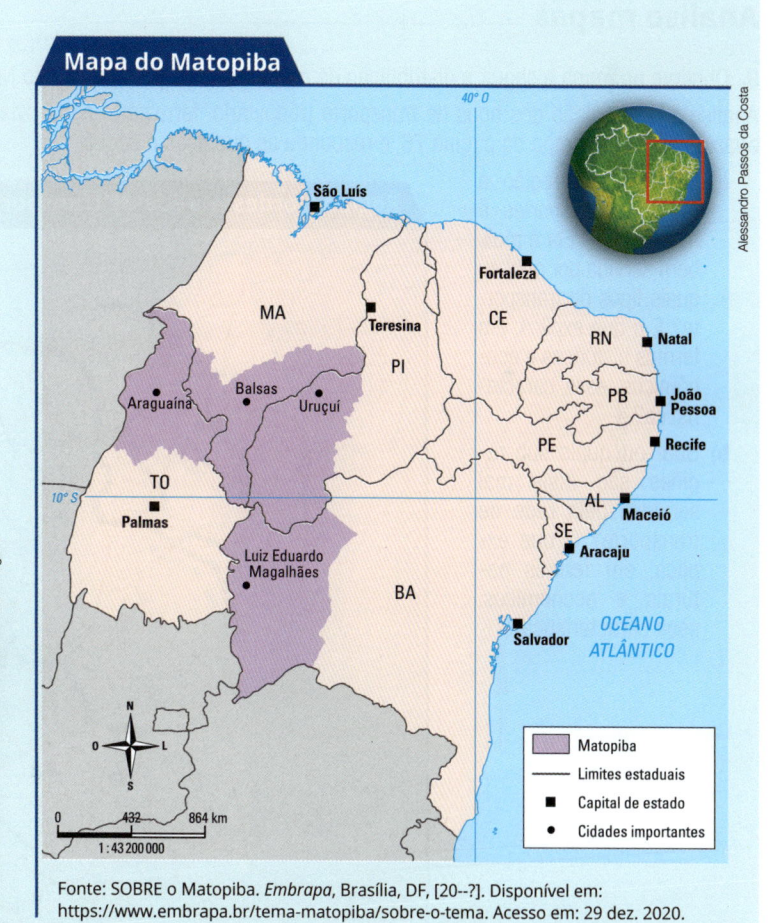

Mapa do Matopiba

Fonte: SOBRE o Matopiba. *Embrapa*, Brasília, DF, [20--?]. Disponível em: https://www.embrapa.br/tema-matopiba/sobre-o-tema. Acesso em: 29 dez. 2020.

Plantações circulares devido à técnica de irrigação chamada pivôs centrais. Parque Nacional Grande Sertão Veredas. Jaborandi (BA), 2020.

ATIVIDADES

Reviso o capítulo

1. Por que a Zona da Mata é considerada a sub-região economicamente mais importante do Nordeste?

2. Cite três cidades consideradas polos comerciais e de serviços no Agreste.

3. Qual é a importância da Mata de Cocais para comunidades tradicionais, como no caso das mulheres quebradeiras de coco?

4. Como se comportou o IDHM da Região Nordeste nas últimas décadas? Por que isso tem ocorrido?

5. Qual é a atual importância da produção de energia eólica para a Região Nordeste e para o Brasil?

6. Por que a Região Nordeste é chamada por economistas de "China brasileira"?

7. A que se refere a sigla Matopiba? Cite suas principais características.

8. Enumere os principais fatores que têm estimulado o crescimento econômico do Nordeste.

Analiso mapas

9. Observe no mapa a seguir a distribuição da rede de transportes na Região Nordeste.

Analise a distribuição dos tipos de transporte (rodoviário, ferroviário e hidroviário) por sub-regiões, comparando as informações do mapa abaixo com as do mapa da página 76, e responda às questões a seguir.

a) Em qual sub-região a rede de transportes é mais densa? Ela é mais bem servida por qual ou quais tipos de transporte? E o que explica, em termos históricos e econômicos, essa característica?

b) Qual ou quais sub-regiões são mais mal servidas pela rede de transporte? O que explica, em termos naturais e econômicos, essa característica?

Região Nordeste: rede de transportes

Fonte: IBGE. *Atlas geográfico escolar*. 8. ed. Rio de Janeiro: IBGE, 2018. p. 141.

Organizo informações

10. Monte um quadro como o do modelo abaixo no caderno e preencha os espaços com as informações necessárias extraídas desta unidade, conforme o exemplo.

ITENS / SUB-REGIÕES	ZONA DA MATA	AGRESTE	MEIO-NORTE	SERTÃO
Principais características naturais		Região de transição. Presença de áreas de Mata Atlântica e de Caatinga. Presença do Planalto da Borborema.		
Atividades econômicas de destaque				

Elaboro pesquisas

11. Leia o texto e observe a imagem a seguir.

De quem é o maior São João do Brasil?

No Nordeste, o mês de junho é o mais esperado do ano, devido às festividades que acontecem, sobretudo, no dia de São João. Muitos nordestinos que residem em outros estados e regiões do Brasil voltam para sua cidade natal exclusivamente para passar essa época do ano com amigos e familiares. Duas cidades do Agreste – Campina Grande (PB) e Caruaru (PE) – disputam o título de maior e melhor São João do país.

Faça uma pesquisa a respeito dessa tradição religiosa e cultural abordando as questões a seguir.

a) Por que a comemoração das Festas Juninas e, em especial, a de São João, é tão importante para a população das regiões Norte e Nordeste do Brasil?

b) Qual festa de São João pode ser considerada a maior do Brasil: a de Caruaru (PE) ou a de Campina Grande (PB)? Para responder, pesquise informações como número de visitantes, duração ou número de dias, atrações, tamanho da área destinada para o evento etc.

c) Qual é o potencial turístico dessas festas quanto a movimentar a economia da sub-região onde ocorrem?

Traga as informações para a sala de aula e, com os colegas, organize, sob a orientação do professor, uma roda de conversa para expor os resultados da pesquisa feita pela turma.

Mara D. Toledo. *Capelinha de melão*, 2012. Óleo sobre tela, 40 cm × 50 cm.

UNIDADE 4

REGIÃO NORTE

Diferentemente das demais regiões brasileiras, o transporte no Norte é basicamente hidroviário. Os rios, ribeirões e igarapés são as principais vias de comunicação dessa região, por onde circulam pessoas e cargas, ligando lugares distantes em meio ao imenso bioma amazônico.

1. Qual é a importância dos cursos de água e da floresta existentes na Região Norte para o Brasil e o mundo?
2. Quais são os principais problemas socioeconômicos enfrentados pela população nessa região brasileira?
3. Como a natureza dessa região está sendo tratada pela sociedade? Converse com os colegas e o professor sobre esses e outros aspectos que você e os colegas conheçam da Região Norte do país.

Nesta unidade você vai aprender:
- o que é a Região Norte e o que é a Amazônia;
- os principais aspectos naturais do bioma amazônico;
- a importância da biodiversidade da Amazônia;
- o processo de ocupação e povoamento da Região Norte;
- as atividades econômicas e a organização do espaço na Região Norte;
- os principais impactos socioambientais na natureza e conhecer os povos da Amazônia.

Cametá (PA), 2018.

CAPÍTULO 8

Amazônia: um bioma complexo

Leia o título das reportagens a seguir.

Sem a Floresta Amazônica, agronegócio e geração de energia entram em colapso no Brasil

HANBURY, Shanna. Sem a Floresta Amazônica, agronegócio e geração de energia entram em colapso no Brasil. *EcoDebate*, Rio de Janeiro, 26 abr. 2020. Disponível em: https://www.ecodebate.com.br/2020/04/29/sem-a-floresta-amazonica-agronegocio-e-geracao-de-energia-entram-em-colapso-no-brasil/. Acesso em: 10 dez. 2020.

Instituto de Pesquisa Ambiental da Amazônia alerta para risco maior de queimadas em 2020

GRILLI, Mariana. Instituto de Pesquisa Ambiental da Amazônia alerta para risco maior de queimadas em 2020. *Globo rural*, Rio de Janeiro, 30 abr. 2020. Disponível em: https://revistagloborural.globo.com/Noticias/Sustentabilidade/noticia/2020/04/instituto-de-pesquisa-ambiental-da-amazonia-alerta-para-risco-maior-de-queimadas-em-2020.html. Acesso em: 10 dez. 2020.

Brasileiros identificam 13 regiões distintas da flora amazônica

BRASILEIROS identificam 13 regiões distintas da flora amazônica. *Galileu*, São Paulo, 14 maio 2020. Disponível em: https://revistagalileu.globo.com/Ciencia/Meio-Ambiente/noticia/2020/05/brasileiros-identificam-13-regioes-distintas-da-flora-amazonica.html. Acesso em: 10 dez. 2020.

As reportagens acima tratam de assuntos que indicam algumas preocupações atuais da sociedade em relação à proteção do bioma amazônico. Boa parte da extensão desse importante bioma terrestre encontra-se na Região Norte do Brasil.

A **Amazônia**, como também pode ser chamado o bioma amazônico, compreende a floresta equatorial amazônica e áreas menores de campos e cerrados, formações vegetais que extrapolam os limites dos sete estados da Região Norte, compondo a chamada **Amazônia Legal**, que se estende também pelo Maranhão e pelo Mato Grosso.

Ao todo, o bioma amazônico ocupa aproximadamente 7,5 milhões de km², estendendo-se também por parte do território de oito países vizinhos ou próximos ao Brasil. É a área da chamada **Amazônia Internacional**, onde cerca de 4,5 milhões de km² estão em território brasileiro. Observe o mapa a seguir.

Amazônia Legal e Internacional

Fonte: RAISG Mapa Online. Dados 2020. *In*: INSTITUTO SOCIOAMBIENTAL. [S. l.], [2021]. Disponível em: https://www3.socioambiental.org/geo/RAISGMapaOnline/. Acesso em: 19 abr. 2021.

?
1. Qual é a posição geográfica da Amazônia na América do Sul?
2. Identifique os nove estados brasileiros e os oito territórios sul-americanos, além do Brasil, pelos quais se estende o bioma amazônico.

Neste capítulo, vamos estudar as principais características do bioma amazônico, entendendo, sobretudo, como os elementos da natureza se inter-relacionam e criam diferentes tipos de paisagens, proporcionando as condições necessárias para a existência de uma grande biodiversidade nessa região do Brasil.

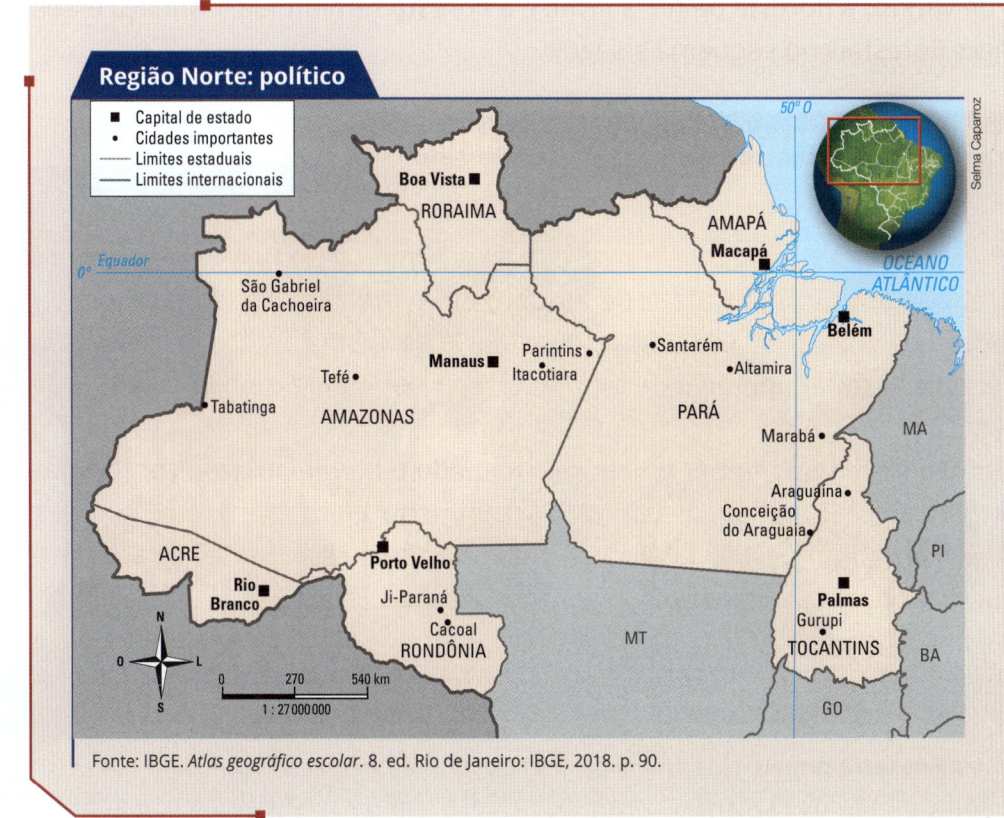

Região Norte: político

Fonte: IBGE. *Atlas geográfico escolar*. 8. ed. Rio de Janeiro: IBGE, 2018. p. 90.

Por dentro da Região Norte

A Região Norte do país compreende sete Unidades da Federação: Amapá, Roraima, Acre, Rondônia, Tocantins, Amazonas e Pará. Juntos, esses estados totalizam uma área de aproximadamente 3,9 milhões de km², o que torna o Norte a mais extensa das grandes regiões brasileiras. Nesse espaço geográfico, vivem cerca de 16 milhões de habitantes. É a mais baixa densidade demográfica do Brasil: em torno de 4 habitantes por km². Confira a localização dos estados da região.

Conjuntos florestais da Amazônia

Observe a imagem a seguir.

Fotografia aérea da Floresta Amazônica, em Manaus (AM), 2020.

Muitas vezes, quando falamos na Amazônia, logo vem à mente a imagem de uma imensa floresta verde, com extensão a "perder de vista". De fato, a Floresta Amazônica é a principal formação vegetal do bioma amazônico. Sua vegetação é composta de grandes árvores, cujas copas proporcionam certo aspecto homogêneo à paisagem da região, como bem mostra a fotografia acima.

Entretanto, é importante entender que esse bioma tem características de relevo, solos, cursos de água, clima e de espécies de fauna e flora que dão origem a quatro tipos principais de conjuntos florestais diferentes: as matas de igapó, as matas de várzea, a floresta de terra firme e a floresta semiúmida. Conheça esses conjuntos florestais no esquema a seguir.

Conjuntos florestais do bioma amazônico

Floresta semiúmida: vegetação de transição entre a floresta de terra firme e as áreas de campos e cerrados. Suas árvores são mais baixas que as de terra firme, com até 15 metros de altura, cujas folhas caem no período das secas.

Floresta de terra firme: ocupa a maior parte do bioma amazônico, desenvolvendo-se nas terras mais elevadas, que não são atingidas pelas cheias e vazantes dos rios da região. É onde crescem as árvores mais altas da Amazônia, cujas copas podem atingir até 60 metros de altura.

CONEXÕES COM CIÊNCIAS

Os níveis da floresta

Uma característica muito importante das áreas florestais da Amazônia é a diferenciação da vegetação no que se refere à altura das árvores e demais plantas. Isso ocorre devido à competição entre as espécies na busca da luz solar. Dessa forma, identificam-se três níveis diferentes no interior dessas formações vegetais: o dossel, o sub-bosque e o nível inferior. Diferentes espécies de plantas e animais vivem quase que exclusivamente em cada um desses níveis florestais. Veja os exemplos no esquema ilustrativo abaixo.

Níveis da floresta

Dossel: porção mais alta da floresta, composta de copas das maiores árvores. Nas florestas de terras firmes, o dossel é tão fechado que limita a entrada de luz solar no interior da floresta.

Sub-bosque: porção das copas das árvores de altura média da floresta. Nível em que se desenvolvem vários tipos de plantas aéreas, como orquídeas, cipós e bromélias.

Nível inferior: porção da floresta em que se encontram os arbustos mais baixos e as plantas rasteiras.

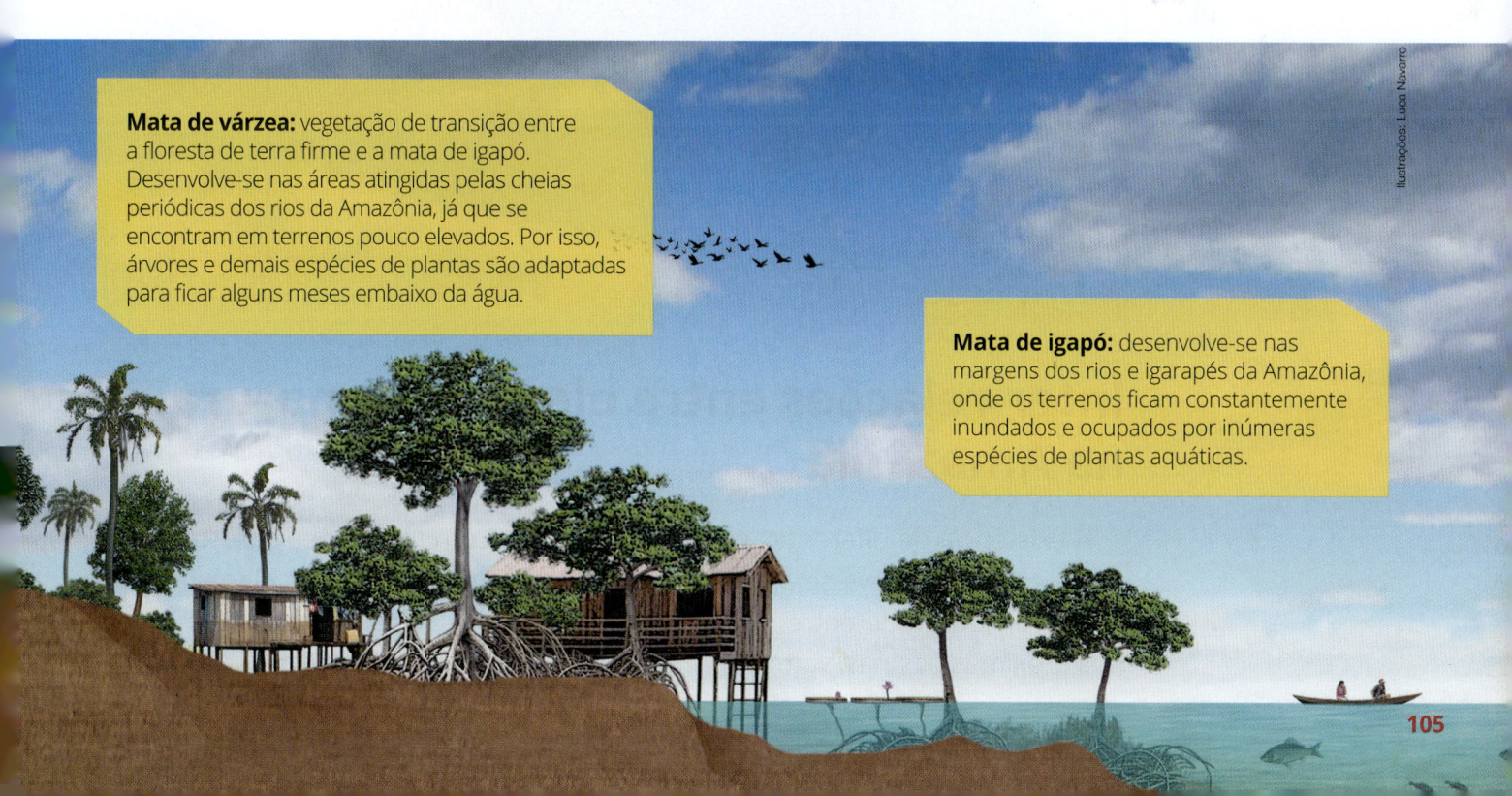

Mata de várzea: vegetação de transição entre a floresta de terra firme e a mata de igapó. Desenvolve-se nas áreas atingidas pelas cheias periódicas dos rios da Amazônia, já que se encontram em terrenos pouco elevados. Por isso, árvores e demais espécies de plantas são adaptadas para ficar alguns meses embaixo da água.

Mata de igapó: desenvolve-se nas margens dos rios e igarapés da Amazônia, onde os terrenos ficam constantemente inundados e ocupados por inúmeras espécies de plantas aquáticas.

Campos e cerrados amazônicos

Além das áreas florestais, há dois tipos de formações vegetais que se destacam na área de domínio do bioma amazônico: os campos e os cerrados.

Os **campos amazônicos**, também chamados de **campinaramas**, ocorrem sobretudo no norte do Amazonas e no sul de Roraima. Em geral, são formações abertas, compostas de gramíneas, palmeiras e pequenos arbustos. Observe a fotografia ao lado.

Os **cerrados** se desenvolvem no sul do Pará, em Roraima, e, sobretudo, no Tocantins, expandindo-se também para o centro do Mato Grosso. Além de gramíneas, nos cerrados há muitos arbustos de médio porte distribuídos de forma esparsa pela paisagem. Conheça a distribuição das principais formações vegetais da Amazônia no mapa abaixo.

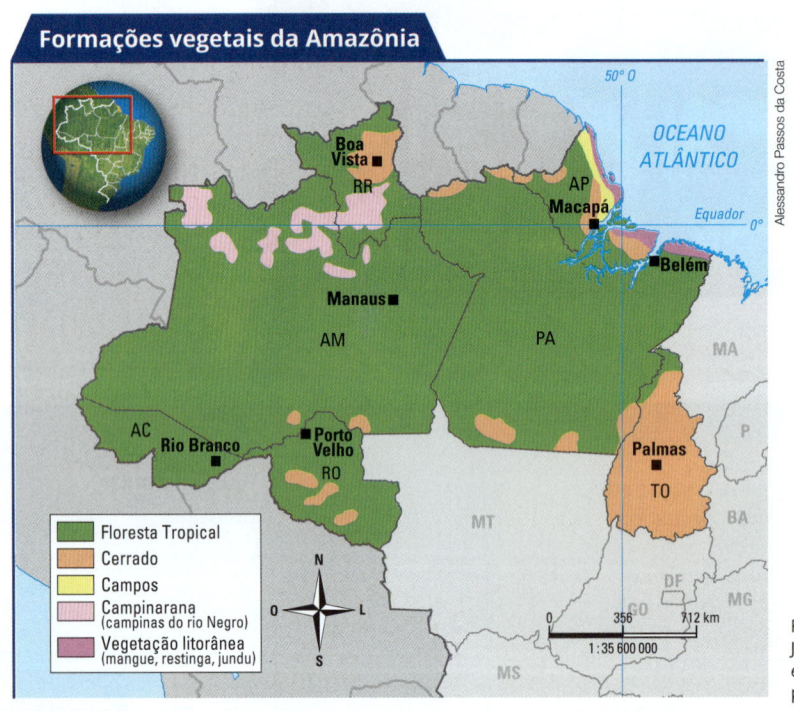

Na fotografia, nota-se o predomínio da vegetação rasteira, típica dos campos. Terra Indígena Raposa Serra do Sol, Uiramutã (RR), 2017.

Formações vegetais da Amazônia

Fonte: GIRARDI, Gisele. ROSA, Jussara V. *Atlas geográfico do estudante*. São Paulo: FTD, 2016. p. 64.

Inter-relações entre elementos naturais na Amazônia

A existência de diferentes paisagens naturais, com formações florestais, cerrados e campos, deve-se a uma complexa inter-relação entre os elementos da natureza, sobretudo entre clima, relevo, hidrografia, solos, fauna e flora locais. Nas próximas páginas, vamos verificar como isso ocorre na região amazônica.

Inter-relações de clima, vegetação e hidrografia

Vimos nos estudos sobre as características climáticas do Brasil, no Capítulo 2, que o tipo de clima predominante na Região Norte é o equatorial. Contudo, para entender melhor as dinâmicas naturais da Amazônia brasileira, é necessário detalhar os aspectos dos climas que atuam nessa região. Analise com atenção o mapa abaixo, bem como as informações dos climogramas que o seguem.

Tipos de clima da Amazônia

Quente (média > 18 °C em todos os meses do ano)
- Superúmido sem seca/subseca ⎫ Equatorial
- Úmido com 1 a 3 meses secos ⎭
- Semiúmido com 4 a 5 meses secos – Tropical típico

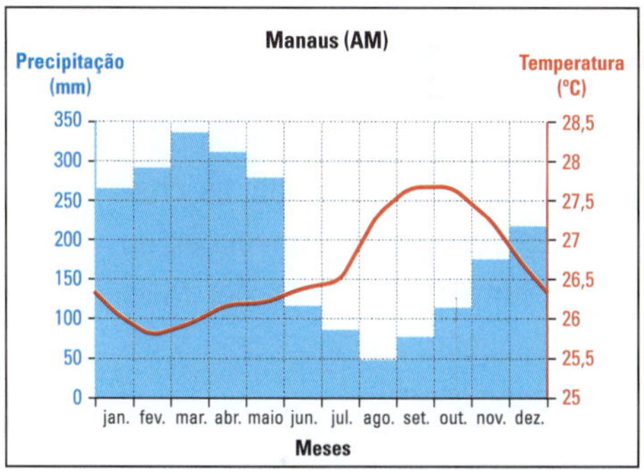

Fonte: IBGE. *Atlas geográfico escolar*. 8. ed. Rio de Janeiro: IBGE, 2018. p. 96.

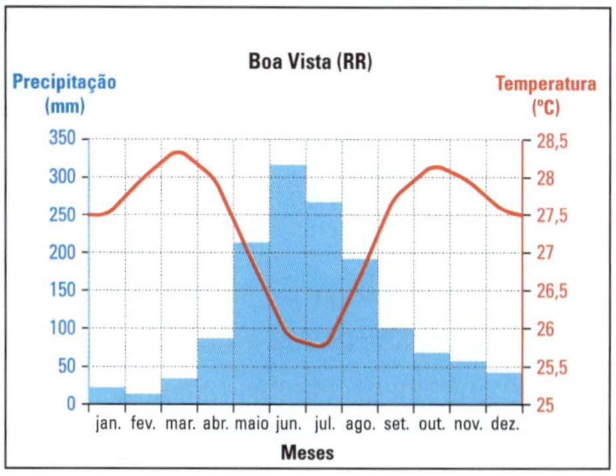

Fonte dos climogramas: BRASIL. Instituto Nacional de Meteorologia. Brasília, DF: INMET, [201-?]. Disponível em: https://portal.inmet.gov.br/. Acesso em: 23 fev. 2021.

Por meio da análise do mapa e dos climogramas ao lado, é possível perceber que, de maneira geral, predominam na Amazônia os climas quentes, ou seja, com altas temperaturas médias (em torno de 25 °C), e bastante chuvosos, variando entre 1 500 mm e 3 300 mm anuais de pluviosidade.

Há, contudo, algumas diferenças entre esses tipos climáticos que devem ser consideradas: na porção oeste ou ocidental da região, por exemplo, existe uma distribuição mais regular de chuvas entre os meses; já em sua porção central e oriental, há uma estação mais seca e outra mais chuvosa durante o ano.

Deve-se destacar também que existe uma diferença nos períodos do ano em que ocorrem as estações seca e chuvosa entre a porção norte e sul da Amazônia. Verifique que a estação chuvosa em Boa Vista (RR), localizada na porção norte, ocorre entre abril e setembro, e a seca, de outubro a março; em Porto Velho (RO), por sua vez, a chuvosa vai de outubro a março, e a seca, de abril a setembro. Portanto, é a alternância entre estações secas e chuvosas que influencia diretamente as épocas de cheias e de vazantes dos rios da região.

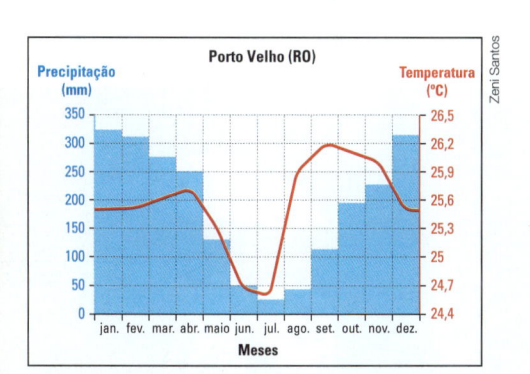

Ainda que se observem diferenças climáticas na Amazônia, um aspecto importante é que a abundância de chuvas e as altas temperaturas em toda a região criam condições favoráveis para o desenvolvimento de formações vegetais exuberantes, com inúmeras espécies vegetais, assim como uma gigantesca diversidade de espécies animais.

FIQUE LIGADO!

As "chuvas de hora certa" e os "rios voadores" da Amazônia

Mesmo que existam estações mais secas e outras mais chuvosas durante o ano é fato que quase todos os dias chove na Amazônia. E qual é a origem de tanta umidade na forma de vapor e nuvens?

A vasta massa de vegetação presente nesse bioma – composta de gramíneas, plantas rasteiras e aéreas, arbustos, até árvores de grande porte – é responsável por aproximadamente 50% da umidade atmosférica da Amazônia. É essa umidade que dá origem às fortes chuvas diárias que ocorrem em boa parte da região: as chamadas **chuvas de convecção** ou de "**hora certa**". Veja, por meio do esquema ao lado, como o fenômeno ocorre.

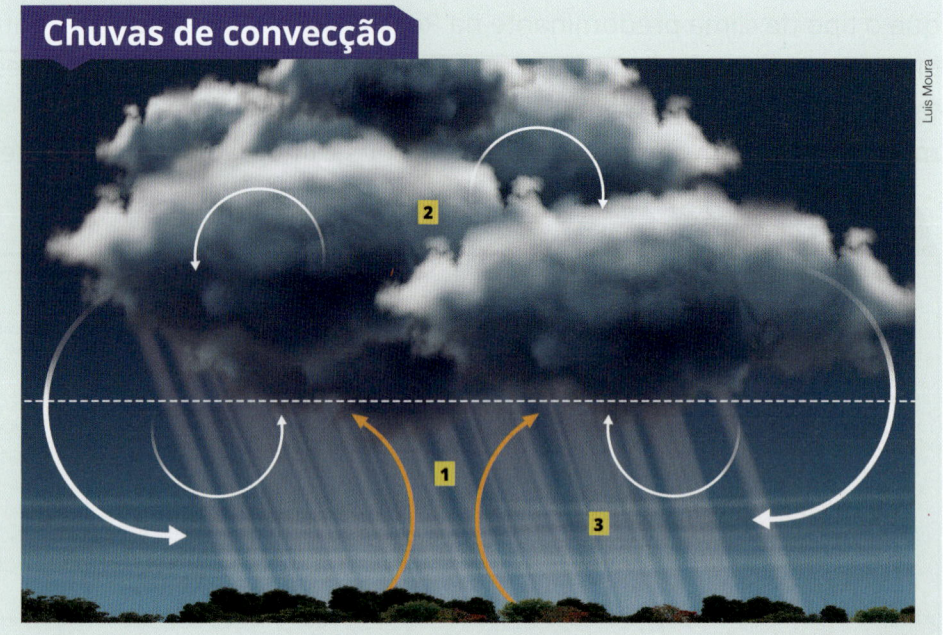

Chuvas de convecção

Fonte: MENDONÇA, Francisco de Assis; DANNI-OLIVEIRA, Inês Moresco. *Climatologia*: noções básicas e climas do Brasil. São Paulo: Oficina de Textos, 2007. p. 72.

1 No final da manhã, as temperaturas na região amazônica já estão bem elevadas. A partir desse horário, intensificam-se os fenômenos da evaporação das águas dos rios e lagos e da **evapotranspiração** das plantas, ou seja, as formações vegetais começam a transpirar a água que absorveram dos solos, principalmente por suas folhas.

2 A umidade fornecida para o ar atmosférico pelas plantas e cursos de água fica em suspensão e ganha altitude, formando imensas nuvens, chamadas **cúmulos-nimbos**.

3 Ao entardecer, as temperaturas diminuem, provocando a condensação do vapor de água das nuvens. Essa umidade cai, ou seja, precipita-se em forma de fortes chuvas, voltando novamente a alimentar o bioma amazônico.

A imensa umidade liberada pelo bioma amazônico também colabora para que ocorra outro importante fenômeno atmosférico: a formação dos "**rios voadores**". Essa expressão é uma maneira poética que os meteorologistas encontraram para se referir à grande quantidade de umidade que se forma sobre a Amazônia. Essa massa de ar úmida é impulsionada pelos ventos vindos do Oceano Atlântico e, além de provocar chuvas na região, ela é levada até outras regiões do Brasil, como o Centro-Oeste, o Sudeste e, até mesmo, a Região Sul.

Em várias cidades da Amazônia, as pessoas costumam marcar os compromissos para antes ou depois da "chuva de hora certa". Em geral, o fenômeno ocorre entre as 15h e 16h e, dependendo da intensidade, pode causar transtornos no trânsito, sobretudo nos grandes centros urbanos. Na fotografia, a cidade de Belém (PA), 2021.

Inter-relações dos solos, rios e vegetação

Além do clima, há aspectos dos solos e da hidrografia da Amazônia que também influenciam as características da floresta. De acordo com estudos realizados por especialistas, cerca de 90% dos solos da região amazônica são predominantemente arenosos e pobres em nutrientes. No entanto, sobre esse solo existe uma camada de matéria orgânica, composta de fezes de animais, folhas, frutos, galhos e troncos em decomposição, entre outros. É dessa camada rica em húmus, denominada **serrapilheira** (ou serapilheira), que praticamente todas as plantas da Floresta Amazônica extraem os nutrientes necessários para sua sobrevivência.

De maneira geral, os solos mais férteis da Amazônia encontram-se nas matas de igapó e de várzea. Essas áreas recebem, sobretudo na época das cheias, uma grande quantidade de sedimentos e de matéria orgânica trazida pelos cursos de água e que se deposita sobre os solos. Assim, rios e igarapés têm um papel fundamental na manutenção da vida no bioma amazônico.

As águas dos rios alcançam largas faixas de terras nas matas de igapó, já que na Bacia Amazônica predomina o relevo relativamente plano. Com mais de sete mil cursos de água principais, a bacia hidrográfica amazônica é a maior do mundo. No leito de seus rios e outros corpos de água corre cerca de 20% de toda a água doce superficial existente na Terra. No centro da bacia, está o Amazonas, o maior rio em extensão e em volume de água do planeta, com aproximadamente sete mil quilômetros de extensão.

Na maior parte da bacia hidrográfica amazônica, em razão do relevo predominantemente plano, os rios são caudalosos e repletos de meandros. Esses cursos de água são as principais vias de comunicação e, consequentemente, o transporte hidroviário é o principal meio de deslocamento da população e de mercadorias na região.

> **Húmus** ou **humo**: é a matéria orgânica depositada sobre o solo, composta de restos de plantas e animais em decomposição e excretados pelas minhocas.

Serrapilheira na Floresta Amazônica brasileira. Reserva de Desenvolvimento Sustentável Mamirauá, Tefé (AM), 2017.

Barco hospital no Rio Mamoré, Guajará-Mirim (RO), 2020.

MUNDO DOS MAPAS

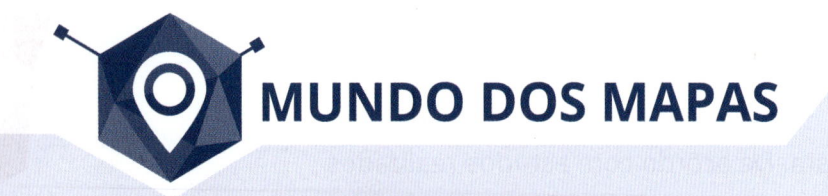

Representações do relevo da Região Norte

Como vimos, a rede hidrográfica amazônica é a mais extensa do mundo, composta de dezenas de milhares de cursos de água. De maneira geral, os rios principais nascem a oeste, na Cordilheira dos Andes; ao norte, nos planaltos norte-amazônicos; e ao sul, nos planaltos sul-amazônicos e central do Brasil. Ao analisar essa característica físico-natural especificamente na Região Norte do país, verifica-se que os rios fluem sobre áreas de planaltos, depressões e planícies, como é possível observar no mapa a seguir.

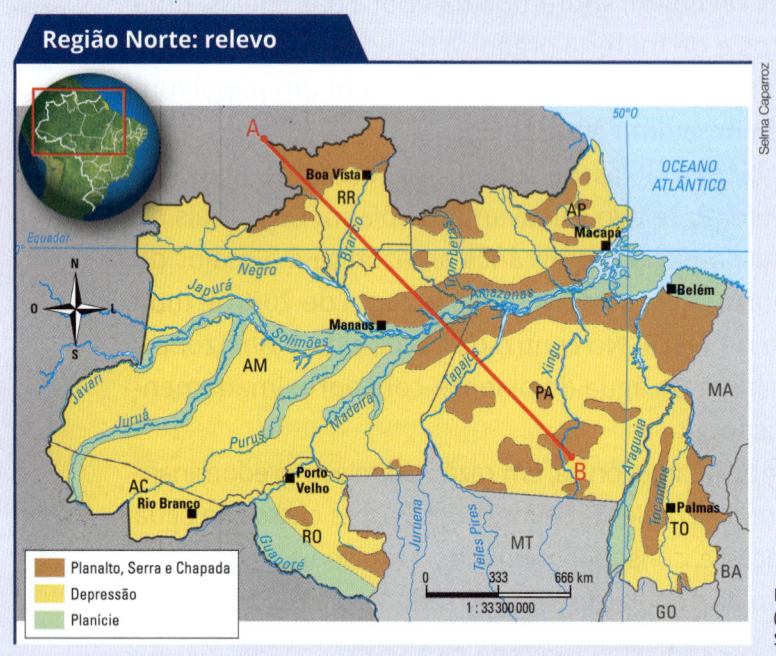

Região Norte: relevo

Legenda:
- Planalto, Serra e Chapada
- Depressão
- Planície

1 : 33 300 000

Fonte: ROSS, Jurandyr L. Sanches (org.). *Geografia do Brasil*. 5. ed. São Paulo: Edusp, 2011. p. 53.

Note o traçado da reta A-B no mapa acima, no sentido sudeste-noroeste aproximadamente. Por meio dele, é possível criar um perfil da Região Norte do Brasil que permite visualizar melhor uma das formas de relevo dessa parte do território brasileiro. Veja.

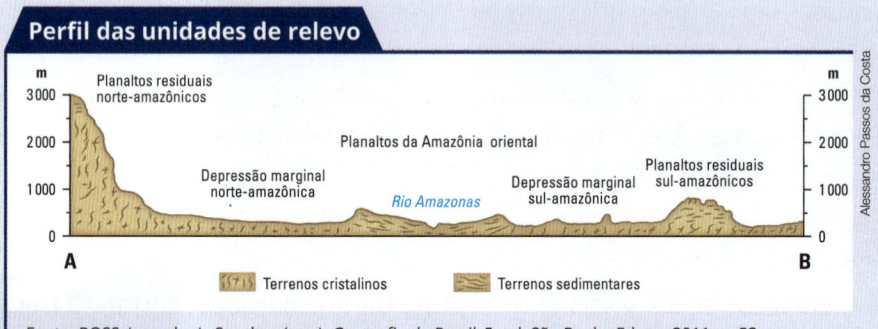

Perfil das unidades de relevo

A — Planaltos residuais norte-amazônicos — Depressão marginal norte-amazônica — Planaltos da Amazônia oriental — Rio Amazonas — Depressão marginal sul-amazônica — Planaltos residuais sul-amazônicos — B

Terrenos cristalinos — Terrenos sedimentares

Fonte: ROSS, Jurandyr L. Sanches (org.). *Geografia do Brasil*. 5. ed. São Paulo: Edusp, 2011. p. 53.

1. Relacione a forma do relevo e o nome do acidente geográfico em que:
   a) se inicia o perfil, no ponto A do segmento de reta;
   b) termina o perfil, no ponto B do segmento de reta.

2. Por quais estados da Região Norte a reta foi traçada?

3. O segmento de reta cruza o Rio Amazonas? Sobre qual forma de relevo ele corre nessa parte da reta?

4. Agora, analisando o mapa do relevo e da hidrografia, responda: Que forma de relevo predomina entre os estados da Região Norte?

Biodiversidade da Amazônia

Besouro Hércules.

Tracajá.

Ariranha, também conhecida como lontra gigante.

Onça-parda, também conhecida como Suçuarana.

Tangará.

Perereca-macaco.

Além da inter-relação dos elementos físico-naturais, como nos exemplos estudados nas páginas anteriores, outra particularidade que se destaca no bioma amazônico, sobretudo na Região Norte do Brasil, é sua grande biodiversidade.

Aqui se entende por **biodiversidade** ou **diversidade biológica** a variedade de espécies da fauna, flora e microrganismos e suas respectivas funções em um ecossistema. Até o momento, os especialistas conhecem cerca de 150 mil espécies de seres vivos na Amazônia. Contudo, acredita-se que esse número não representa nem a metade das espécies existentes, havendo muitas outras ainda desconhecidas e não catalogadas pela ciência.

Entre os seres vivos conhecidos, há aproximadamente 40 mil espécies de vegetais, 1 300 de aves, 1 400 de peixes e 300 de mamíferos, sem contar as dezenas de milhares de espécies de insetos e microrganismos. Calcula-se que 80% desses seres vivos sejam **endêmicos**, ou seja, vivem exclusivamente nesse bioma e em nenhuma outra parte do planeta.

Muitos cientistas têm alertado para o fato de que podemos acabar não conhecendo toda a riqueza do bioma amazônico em virtude do intenso processo de ocupação e de destruição desse ambiente, observado sobretudo nas últimas décadas. É esse processo que estudaremos de maneira mais detalhada no próximo capítulo.

ATIVIDADES

Reviso o capítulo

1. Diferencie: Região Norte, Amazônia e Floresta Amazônica.

2. Que estados compõem a Região Norte do Brasil? Qual é o mais extenso deles?

3. Pode-se afirmar que a Floresta Amazônica é uma formação vegetal homogênea? Explique.

4. Além das formações florestais, que outros tipos de vegetação compõem o bioma amazônico?

5. Explique o que são:
   a) chuvas de hora certa;
   b) rios voadores.

6. Por que existem épocas de cheias e de vazantes nos rios da Amazônia?

7. Qual é a importância da serrapilheira para a manutenção da Floresta Amazônica?

8. Cite as principais formas de relevo da Região Norte do Brasil.

9. Alguns cientistas afirmam que, na Amazônia, existe uma "megabiodiversidade". Como você explicaria essa afirmação?

Analiso imagens

10. A imagem a seguir é um esquema ilustrativo de parte da Floresta Amazônica. Com base nos conceitos que aprendeu neste capítulo, identifique cada elemento enumerado na ilustração e escreva, no caderno, uma pequena explicação sobre ele.

Fonte: MAPA suplemento: Amazônia, vigorosa e frágil. *National Geographic Portugal*, Lisboa, c2021. Disponível em: https://nationalgeographic.sapo.pt/natureza/grandes-reportagens/562-amazonia-mapa-lado-b. Acesso em: 17 fev. 2021.

Interpreto textos e promovo debates e campanhas

11. Leia o texto a seguir.

Xerimbabo

Xerimbabo – palavra engraçada, não é? Pois é assim que os índios chamam os animais de estimação: xerimbabo. Pode ser um papagaio, um cachorro, um sagui etc.

Toda criança gosta de ter o seu xerimbabo. Um gato ou um cachorro faz companhia nas brincadeiras e fica um amigo fiel do dono. [...]

Já criar passarinho na gaiola é diferente. Pegar um passarinho no mato e prender numa gaiola é uma malvadeza muito grande, é até um crime. A polícia persegue os pegadores de passarinho.

Os únicos passarinhos que podem ser criados em gaiolas são os canários-belgas e os periquitos australianos. Estes, de tanto viverem em cativeiro, não podem mais cuidar da vida por conta própria, não sabem procurar comida, nem mesmo sabem fazer o ninho.

Mas pegar uma graúna, um bicudo ou qualquer outro passarinho e trancafiar numa gaiola é a mesma coisa que pegar uma pessoa inocente e trancar na cadeia.

Outras pessoas gostam de criar macaquinhos, papagaios, tucanos, tem gente até que cria cobra. Os índios podem fazer isso, porque também vivem no mato e não prendem o xerimbabo. Só acostumam o bichinho a andar na companhia deles.

Mas quem vive na cidade não deve criar bicho do mato. É muito incômodo para a família conviver com um animal silvestre. E, pior de tudo, é uma crueldade enorme com o pobre bicho.

Pode haver coisa mais triste do que um macaquinho de corrente na cintura, preso numa casa de cidade? Dá vontade até de chorar, só de olhar para ele.

QUEIRÓS, Raquel de. *Xerimbabo*. Rio de Janeiro: José Olympio, 2010. p. 5-7.

a) O que significa xerimbabo?
b) Você tem um xerimbabo? E seus colegas de turma?
c) Qual é a opinião da autora sobre pessoas que vivem na cidade e possuem animais silvestres de estimação? E você e os colegas, concordam com ela?
d) Por que ela diz que os indígenas podem ter xerimbabos do mato?
e) Leia com os colegas o texto abaixo e faça o que se pede.

> Todos os anos as autoridades policiais brasileiras apreendem milhares de animais silvestres, que são retirados ilegalmente de nossos biomas, sobretudo da Amazônia. Contudo, outra parte significativa acaba sendo contrabandeada e enviada principalmente para a Europa e os Estados Unidos. Esses animais (como aves, cobras, macacos e peixes ornamentais) são, na maioria das vezes, transformados em bichos de estimação ou vão fazer parte de coleções particulares. Muitos deles não sobrevivem à longa viagem, já que são transportados de forma inadequada, sem receber os cuidados necessários.

Reflita sobre essas informações e troque ideias com os colegas. Coletivamente ou em pequenos grupos, criem uma campanha nas redes sociais denunciando esse grave problema ambiental brasileiro. Busquem também conscientizar as pessoas sobre a importância de não terem animais silvestres como bichos de estimação, já que isso estimula o comércio ilegal em nosso país.

CAPÍTULO 9

Região Norte: última fronteira econômica

Leia o texto, o *slogan* e a imagem do cartaz ao lado com atenção.

Até os anos 1950, a circulação de pessoas e de mercadorias na Região Norte era feita, integralmente, por meio de sua ampla rede hidrográfica. Com a instalação do governo militar no Brasil (1964-1985), foi colocado em prática um plano de incorporação efetiva que pretendia transformar a Amazônia em uma região economicamente produtiva integrada ao restante do país. Para tanto, foi estabelecido o chamado **Plano de Integração Nacional (PIN)**, que visava, entre outros pontos:

1. Converse com os colegas e o professor a respeito da mensagem transmitida pelo texto presente nesta publicidade.

2. Com a ajuda do professor, identifique os nomes de empresas, órgãos do governo e de uma rodovia e anote-os no caderno.

Cartaz incentivando a ocupação e exploração da Amazônia.

- à construção de rodovias que interligassem o Norte às demais regiões, principalmente ao Sul e ao Sudeste;
- à implantação de projetos de colonização agrícola, com a distribuição ou a venda a baixo custo de pequenas, médias e grandes propriedades rurais;
- à criação de polos de desenvolvimento industrial e de extração mineral em meio à floresta.

Para executar o PIN, o governo federal criou a **Superintendência para o Desenvolvimento da Amazônia (Sudam)**. Esse órgão governamental foi responsável por viabilizar a implantação dos projetos de colonização e exploração agropecuária e mineral e dos polos de desenvolvimento da Amazônia, como a **Zona Franca de Manaus**, local para onde a instalação de empresas nacionais e estrangeiras era estimulada devido à isenção de impostos, na periferia da capital amazonense, em plena Floresta Amazônica.

Além disso, linhas de crédito foram aprovadas pelo governo por meio do **Banco da Amazônia**, com baixas taxas de juros, para financiar obras públicas e o estabelecimento de empresas na Região Norte.

Norte: integração pelas rodovias

A construção de rodovias foi uma das primeiras ações do governo federal, que buscava integrar o Norte às demais regiões brasileiras. Entre as décadas de 1960 e 1980, foram construídas as rodovias Cuiabá-Porto Velho e Cuiabá-Santarém e reestruturada a Belém-Brasília (iniciada nos anos 1950), exemplos dos chamados eixos de integração no sentido sul-norte.

O governo também projetou vias de penetração no sentido leste-oeste, como as rodovias Transamazônica e Perimetral Norte, que percorreriam, respectivamente, as margens direita e esquerda do Rio Amazonas. Contudo, destas últimas, somente a Transamazônica foi parcialmente concluída, ligando o Maranhão ao estado do Amazonas.

Analise as informações do mapa e da fotografia que seguem.

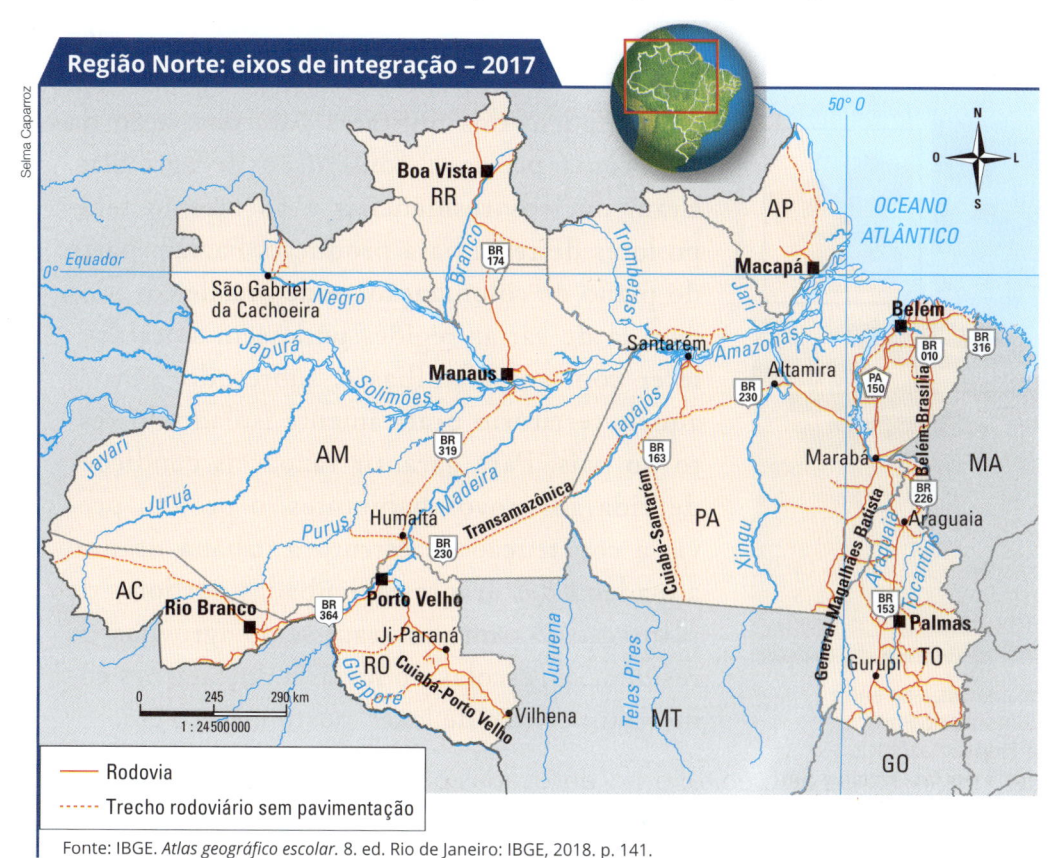

Construção da rodovia Marechal Rondon no trecho que liga Cuiabá (MT) a Porto Velho (RO), 1978.

1. Localize no mapa as rodovias mencionadas no texto do boxe e identifique quais regiões e estados brasileiros ligam cada uma delas à Região Norte.

2. Localize no mapa, de maneira aproximada, a rodovia mostrada na fotografia.

Fonte: IBGE. *Atlas geográfico escolar*. 8. ed. Rio de Janeiro: IBGE, 2018. p. 141.

Avanço das atividades florestais e agropecuárias

> **Assentar:** no sentido do texto desta página, refere-se a acomodar os agricultores em propriedades rurais.

A fim de promover o desenvolvimento das atividades florestais e agropecuárias na região amazônica, além da Sudam, o governo federal criou o **Instituto Nacional de Colonização e Reforma Agrária (Incra)** para estabelecer as diferentes modalidades de ocupação. A maioria delas iniciou-se na década de 1970, sendo implantadas próximas aos grandes eixos rodoviários, que rasgavam a floresta. As três principais modalidades de ocupação são:

- **agrovilas**, núcleos urbano-rurais criados para assentar famílias de migrantes, sobretudo nordestinos, nos estados do Amazonas, Pará e Rondônia. Cada família recebia uma casa e uma pequena área de terra onde plantava produtos de subsistência (milho, mandioca, feijão etc.);

- **propriedades médias rurais**, áreas de terras vendidas para empresas de colonização que visavam, prioritariamente, atrair migrantes sulistas, como paulistas, paranaenses, gaúchos e catarinenses. As principais áreas de implantação se localizavam nos estados de Rondônia, Tocantins e no norte de Mato Grosso;

- **grandes propriedades empresariais**, imensas extensões de terras públicas vendidas a baixíssimos preços para empresas nacionais e estrangeiras, que buscavam desenvolver atividades ligadas principalmente à extração de madeira nativa e de reflorestamento e à pecuária extensiva.

FIQUE LIGADO!

Agrovilas: um projeto que não prosperou

O município de Medicilândia localiza-se entre as cidades de Altamira e Itaituba, no Pará, no quilômetro 90 da Rodovia Transamazônica. Na imagem, produção de café em lote familiar em agrovila neste município, na década de 1970.

O modelo dos militares para ocupação da Amazônia previa a construção de agrovilas. Eram núcleos residenciais e ao mesmo tempo lotes de terra para produção. Faziam parte do plano de colonização, onde brasileiros idos para lá de várias regiões pudessem se estabelecer com suas famílias e, sobretudo, povoar aquele território praticamente isolado do resto do país. Para garantir razoáveis condições de vida aos novos habitantes, o projeto previa a construção de estrutura urbana usando a madeira das árvores derrubadas nos lotes de plantação. Assim, dotaram-se as agrovilas de residências, escolas, rodoviária, instalações comerciais, centro de lazer, posto médico etc.

Órgãos do governo, entre eles o Incra e o Banco do Brasil, se encarregavam da administração e do financiamento de plantações. O plano não colheu os resultados esperados. Alguns colonos ficaram por lá. A maioria, porém, não se adaptou às condições de vida na selva e deixou a região. Em homenagem ao presidente Garrastazu Médici, que governou de 1969 a 1974, a primeira agrovila ganhou o nome Medicilândia [ver fotografia da página anterior].

BRITO, Orlando. A primeira agrovila. *In*: BRITO, Orlando. *Orlando Brito*: com a palavra, a fotografia. [Brasília, DF], 26 ago. 2013. Disponível em: http://orlandobrito.com.br/wordpress/?p=256. Acesso em: 18 fev. 2021.

ZOOM

Rodovias, colonização agrícola e desmatamento em Rondônia

O avanço das atividades madeireiras e, em seguida, das agrícolas e pastoris provocou forte impacto ambiental no bioma amazônico, sobretudo nos estados da Região Norte. No estado de Rondônia, por exemplo, a implantação dos projetos de colonização ao longo da rodovia BR-364 (Cuiabá-Porto Velho) acarretou, a partir da década de 1980, a eliminação parcial e muitas vezes total da floresta. Esse processo se mostrou extremamente danoso aos ecossistemas locais. Observe, por meio das imagens de satélite a seguir, o processo de desmatamento em Rondônia, entre 1986 e 2001.

Em 1986, a imagem mostra o início do processo de ocupação da região norte de Rondônia, a partir do município de Ariquemes (parte superior direita da imagem).

Em 1992, a imagem revela o avanço do desmatamento na área, a partir da BR-421.

Na imagem de 2001, observa-se tanto o vasto desmatamento da área como também o avanço das queimadas (parte superior direita).

Implantação das atividades mineradoras e industriais

Na década de 1970, foram descobertas na Região Norte importantes jazidas minerais de ferro, cobre, manganês, ouro, cassiterita, entre outros. Com isso, a Sudam estimulou a implantação de projetos de extração em escala industrial, como o **Projeto Grande Carajás**, na Serra dos Carajás, no Pará. Esse projeto envolveu a construção da infraestrutura necessária para a exploração da maior jazida de minério de ferro do mundo: rodovias de acesso, alojamentos de operários, hidrelétrica para o fornecimento de energia e ferrovia para o escoamento da produção.

Além da extração, a Sudam passou a financiar a construção de indústrias de transformação de minérios, por exemplo, o polo siderúrgico da Albras/Alunorte no município de Barcarena, também no Pará, que transforma a bauxita extraída na região em alumínio, matéria-prima exportada para todo o país e o exterior.

A implantação de atividades mineradoras como essa na Região Norte transformou o Brasil em um dos maiores produtores mundiais de ferro, bauxita e ouro. Entre os grandes compradores da maior parte desses minérios estão, ainda hoje, países da Europa, os Estados Unidos, a China e o Japão.

Outra ação de destaque da Sudam foi a criação do **Polo Industrial de Manaus (PIM)**, área fabril localizada na periferia da capital amazonense. Em pleno "coração" da Floresta Amazônica, foram instaladas dezenas de empresas nacionais e multinacionais que produzem desde artigos eletroeletrônicos e motocicletas até insumos químicos. No ano de 2020, o PIM reunia cerca de 500 empresas e gerava aproximadamente meio milhão de empregos diretos e indiretos.

Jazida de exploração mineral de manganês. Marabá (PA), 2019.

Vista aérea do Polo Industrial de Manaus, em Manaus (AM), 2020.

Urbanização da Região Norte

O Norte é a região geográfica brasileira com as menores densidades demográficas. Entretanto, cabe ressaltar que, nas últimas décadas, tem ocorrido um acelerado crescimento de sua população: enquanto a média de crescimento populacional brasileiro foi, no início da década de 2020, de 0,8% ao ano, o índice do Norte foi de aproximadamente 1,6% ao ano, o maior entre as regiões brasileiras.

Outro recorde de crescimento da região está relacionado à taxa de urbanização, que saltou de 35%, no final da década de 1960, para os atuais 77%. Contudo, diferentemente do que vem ocorrendo com as demais regiões geográficas – em que há concentração da população em cidades de médio e grande porte (com população entre 100 mil e 1 milhão de habitantes ou mais) –, na Região Norte as taxas de urbanização são maiores nas cidades pequenas, com até 50 mil habitantes. As exceções são alguns centros urbanos regionais, na maioria capitais de estado, como Porto Velho, em Rondônia (cerca de 500 mil habitantes), e Palmas, no Tocantins (cerca de 300 mil habitantes). Existem ainda as duas grandes metrópoles da Amazônia, Belém (Pará) e Manaus (Amazonas), cidades que abrigam, respectivamente, 1,5 milhão e 2 milhões de habitantes aproximadamente.

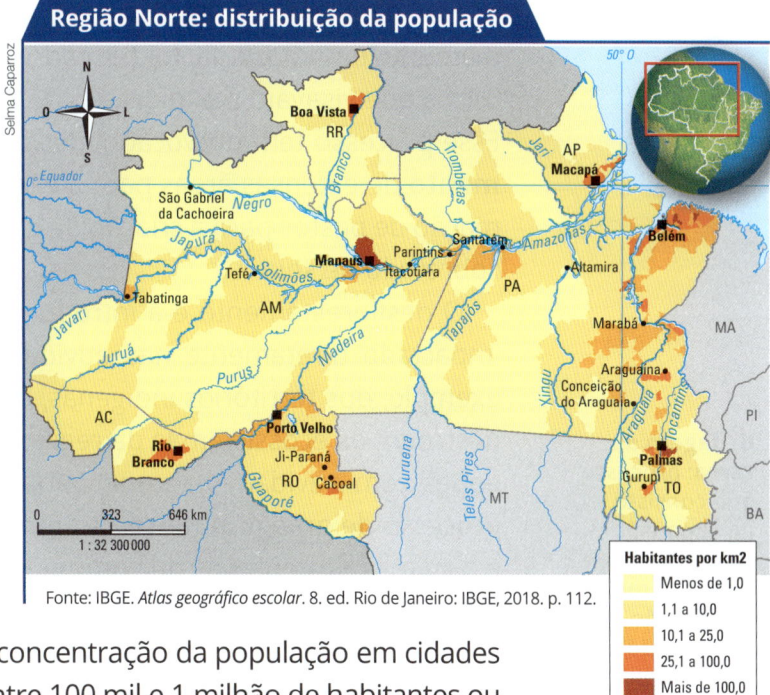

Região Norte: distribuição da população

Fonte: IBGE. *Atlas geográfico escolar*. 8. ed. Rio de Janeiro: IBGE, 2018. p. 112.

Habitantes por km2
- Menos de 1,0
- 1,1 a 10,0
- 10,1 a 25,0
- 25,1 a 100,0
- Mais de 100,0

Problemas urbanos da Região Norte

O rápido crescimento da população urbana na Região Norte deve-se, em grande parte, aos seguintes fatores:
- fracasso dos projetos voltados ao assentamento de agricultores em pequenas propriedades rurais;
- desapropriação de extensas áreas de terras do governo federal para a implantação de grandes projetos e obras de infraestrutura, como estradas e hidrelétricas;
- expansão das grandes fazendas, da grilagem de terras e de áreas de garimpo, levando à expulsão das populações tradicionais, como posseiros, ribeirinhos e indígenas de seus lugares de origem, obrigando-as a migrar para os centros urbanos.

Ao chegarem às cidades, a maioria desses migrantes acaba indo morar em locais sem infraestrutura adequada para abrigá-los, por exemplo, ruas sem calçamento e bairros sem sistema de distribuição de água ou de coleta de esgoto. Além disso, nessas cidades não existem moradias e empregos suficientes, o que contribui enormemente para a expansão da miséria e da existência de bairros carentes.

Palafitas nas margens de igarapé na periferia de Manaus (AM), 2018.

Impactos na Amazônia e na biosfera

Nas últimas décadas, o processo de ocupação da Região Norte, e mais amplamente da Amazônia, foi baseado na implantação de diversos projetos econômicos que visavam à exploração de recursos naturais e à colonização de terras. Esse processo tem provocado, desde então, o **desmatamento** ou **desflorestamento** de extensas áreas para a extração de madeira da floresta nativa e a formação de pastos para a criação de gado bovino e o estabelecimento de lavouras, sobretudo de soja.

O desflorestamento e a introdução de áreas de pastos e de plantações têm impactado diretamente nas atividades extrativas tradicionais no interior, por exemplo, dos territórios indígenas, bem como nos seringais e castanhais, já que destroem os ecossistemas da região. Além disso, o avanço das grandes propriedades com atividades agropecuárias e madeireiras sobre áreas indígenas e o processo de grilagem de terras têm desestruturado as formas de subsistência e a cultura de centenas de comunidades tradicionais da Amazônia. Tal fato provocou, nas últimas décadas, um intenso movimento migratório para os centros urbanos da Região Norte, como veremos ainda neste capítulo.

O esquema a seguir mostra as principais etapas em que, geralmente, ocorre o processo de ocupação do bioma amazônico.

Grilagem de terra: processo que consiste na expansão da propriedade rural por meio da falsificação dos documentos que comprovem a aquisição de áreas vizinhas.

Processo de ocupação do bioma amazônico

Tempo 1 – Fazendeiros e madeireiros retiram da floresta apenas as árvores ditas "nobres", ou seja, aquelas cuja madeira tem alto valor comercial, como o mogno, o cedro ou o jacarandá. Pequenos proprietários também desmatam a floresta, retirando árvores e ateando fogo a fim de abrir área para o plantio.

Tempo 2 – Em pouco tempo, o solo usado para o cultivo perde sua fertilidade, já que a camada de húmus e serrapilheira é destruída pelas queimadas e retirada pelas chuvas diárias. Fazendeiros compram ou "grilam" essas áreas, plantando pasto para a criação de gado bovino.

Tempo 3 – Com a valorização da soja no mercado internacional, fazendeiros agricultores compram as áreas de pastagem dos pecuaristas, introduzindo a cultura da soja sobre as antigas áreas de floresta e "empurrando" madeireiros, posseiros e pecuaristas para novas áreas, que podem ser terras indígenas ou do governo, como parques e reservas naturais.

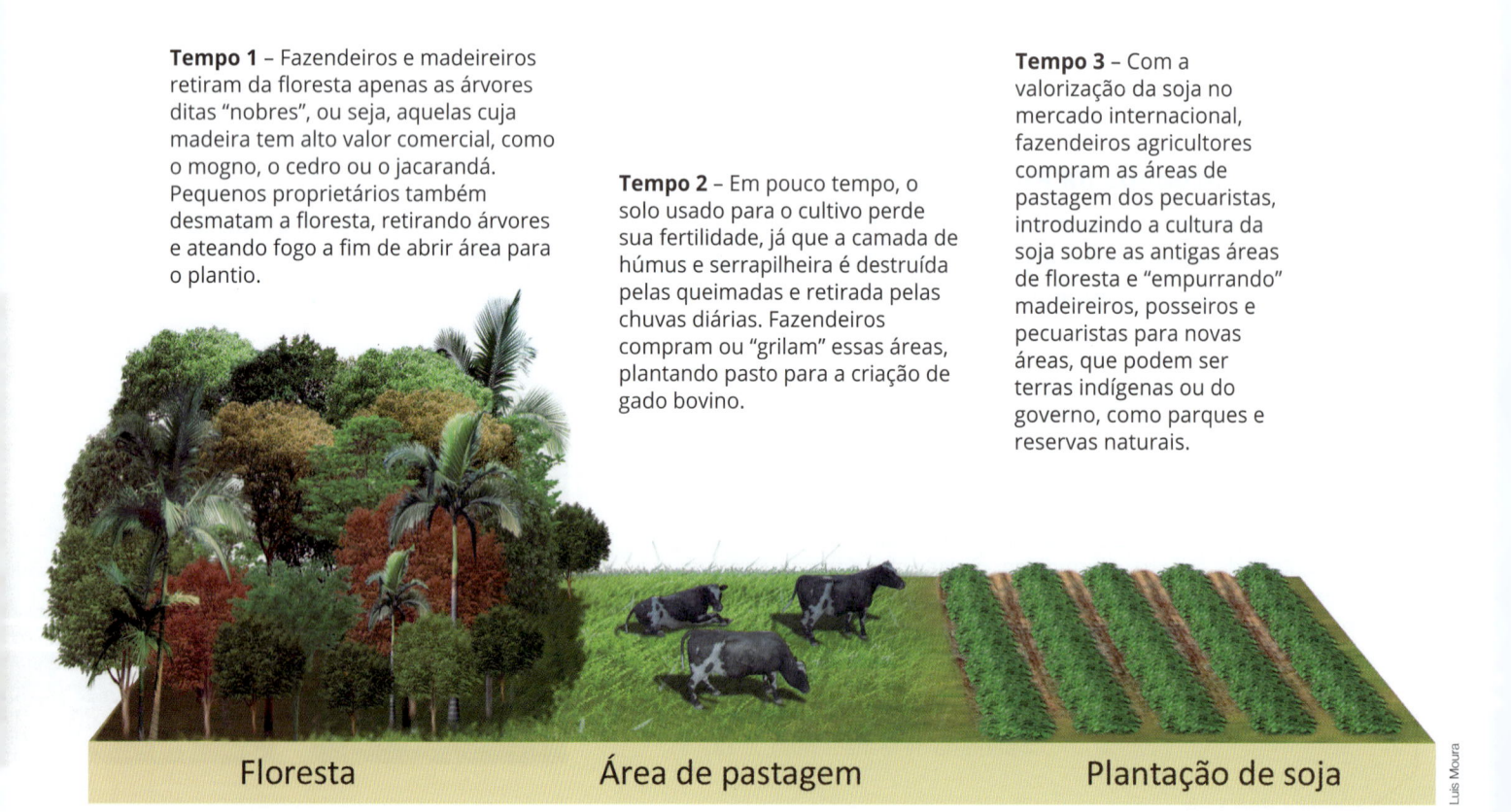

Floresta | Área de pastagem | Plantação de soja

O arco de desflorestamento da Amazônia

Como estudado até aqui, a expansão das áreas de pastagem, plantações e de áreas urbanas nas últimas décadas tem intensificado o ritmo de desmatamento da Floresta Amazônica.

Vários estudos produzidos a partir da década de 2000, com base em levantamentos de campo e por sensoriamento remoto, ou seja, com o uso de imagens aéreas de satélites de monitoramento, têm ajudado o Instituto Nacional de Pesquisas Espaciais (Inpe) a mapear a progressão da área desmatada não somente na Região Norte, mas em toda a Amazônia. Essas ações têm auxiliado na tomada de medidas que visem diminuir o ritmo de derrubada da floresta. Apesar disso, o processo de desflorestamento ainda é muito alto: no período compreendido entre 2010 e 2020, foram desmatados em média cerca de 7,5 mil km² de floresta por ano, área aproximadamente uma vez e meia o tamanho do Distrito Federal.

A maioria dos desmatamentos está na faixa de terra que vai do nordeste do Pará até o Acre, passando pelo noroeste do Maranhão e do Tocantins, e pelo norte do Mato Grosso (veja a seção **Mundo dos mapas** na página 196 do Capítulo 15) e por Rondônia (como vimos na página 117). Essa área é denominada de **arco de desflorestamento da Amazônia**. Veja no mapa ao lado.

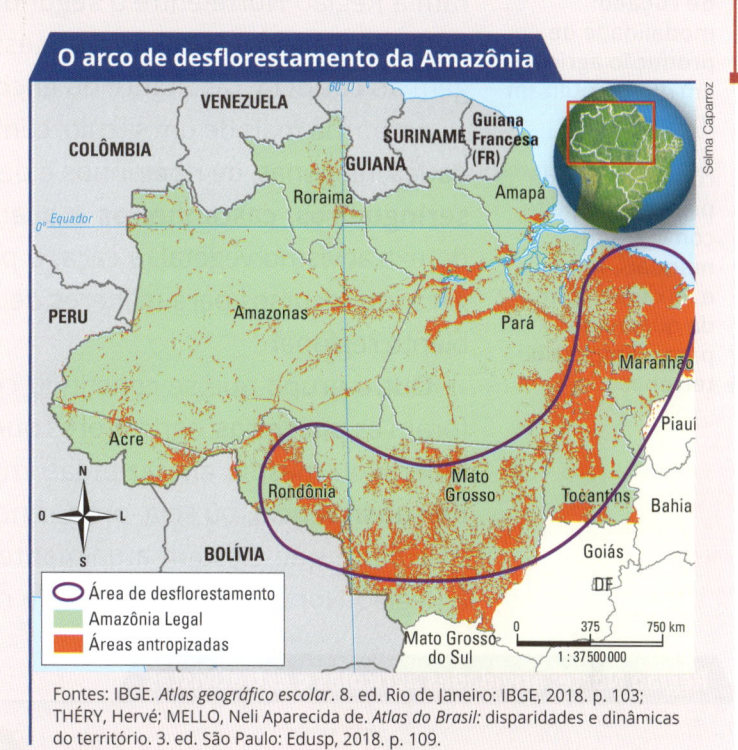

O arco de desflorestamento da Amazônia

Fontes: IBGE. *Atlas geográfico escolar*. 8. ed. Rio de Janeiro: IBGE, 2018. p. 103; THÉRY, Hervé; MELLO, Neli Aparecida de. *Atlas do Brasil*: disparidades e dinâmicas do território. 3. ed. São Paulo: Edusp, 2018. p. 109.

CONEXÕES COM CIÊNCIAS

Amazônia: pulmão do mundo?

O texto a seguir aborda como o desflorestamento do bioma amazônico pode afetar o meio ambiente nos âmbitos local, regional e até mesmo global. Leia-o com atenção.

[...] Durante muito tempo atribuiu-se à Amazônia o papel de "pulmão do mundo". Hoje, sabe-se que a quantidade de oxigênio que a floresta produz durante o dia, pelo processo de fotossíntese, é consumido à noite. No entanto, devido às alterações climáticas que causa no planeta, ela vem sendo chamada de "o condicionador de ar" do mundo. O desmatamento na Amazônia pode, aparentemente, causar alterações no clima de todo o planeta, com possível elevação da temperatura global pela eliminação da evapotranspiração. Além disso, o gás carbônico liberado pela queima de suas árvores poderia contribuir para o chamado efeito estufa, novamente aquecendo a atmosfera. [...]

NEIMAN, Zysman. *Era verde? Ecossistemas brasileiros ameaçados*. São Paulo: Atual, 2013. p. 21-22.

Porto Velho (RO), 2020.

Comunidades tradicionais da Amazônia

Agricultura de roçado: modalidade de produção agrícola em que se utilizam ferramentas e técnicas rudimentares de plantio e colheita, como arados manuais, foices e enxadas, além da queimada para a limpeza do terreno.

As centenas de milhares de famílias de migrantes nordestinos que adentraram a Região Norte entre a segunda metade do século XIX e início do século XX, desencadearam um intenso processo de miscigenação da população, dando origem ao **caboclo**, resultante do encontro entre indígenas e brancos.

Assim, há mais de um século, convivem em meio ao bioma amazônico, comunidades indígenas, de ribeirinhos e de caboclos que trabalham, por exemplo, como **seringueiros**, **castanheiros** e **açaizeiros**. Esses habitantes desenvolvem, além do extrativismo vegetal, a caça, a pesca e uma pequena agricultura de roçado, gerando recursos para milhares de famílias, com um baixo impacto no meio ambiente regional.

Outro grupo que se constituiu com a chegada de trabalhadores nordestinos foram os **posseiros**, agricultores que se instalaram em terras sem uso do governo federal ou mesmo em fazendas improdutivas, desenvolvendo uma **agricultura de subsistência**, ou seja, produzindo basicamente alimentos para suas famílias. Calcula-se que existam atualmente milhares de famílias de posseiros em toda a Região Norte e na Amazônia de maneira geral, vivendo e produzindo sem ter a propriedade da terra. Observe as imagens que seguem.

Região Norte: atividades agrícolas e extrativistas

Legenda:
- Predomínio de atividade extrativa
- Agricultura tradicional associada à pecuária extensiva
- Agricultura em modernização associada à pecuária extensiva

Produtos extrativos: Açaí, Castanha-do-pará, Cupuaçu, Copaíba, Látex de seringueira, Madeira, Goma, Guaraná, Jaborandi, Piaçava, Quina, Malva

Fonte: IBGE. *Atlas geográfico escolar*: ensino fundamental do 6º ao 9º ano. Rio de Janeiro: IBGE, 2010. p. 32.

Coleta de açaí. Comunidade quilombola de Mangabeira na Ilha de Ingapijó. Mocajuba (PA), 2020.

Pesca artesanal no rio Jamari. Governador Jorge Teixeira (RO), 2019.

Roçado em terra indígena Uru-eu-wau-wau. Governador Jorge Teixeira (RO), 2019.

Saberes tradicionais em risco

Como resultado do processo de ocupação do Norte e da Amazônia, ao longo das últimas décadas, é possível afirmar que existe na região uma grande diversidade sociocultural. Nela convivem cerca de 180 povos indígenas, totalizando aproximadamente 250 mil pessoas, 357 comunidades quilombolas e milhares de comunidades de seringueiros, ribeirinhos, castanheiros, açaizeiros, babaçueiros etc. Todos esses povos e comunidades detêm um amplo conhecimento dos fenômenos naturais e da biodiversidade existente nesse bioma.

Contudo, os projetos econômicos de ocupação vêm ameaçando o domínio dessas comunidades sobre esses saberes. Isso ocorre porque, além de suas terras serem ameaçadas por madeireiros, garimpeiros e fazendeiros, esses povos têm sido vítimas de outra forma de fraude: o roubo de seus conhecimentos práticos a respeito da fauna e da flora amazônicas por universidades e empresas, sobretudo aquelas dos ramos químico e farmacêutico. Essa prática é conhecida como **biopirataria**. Veja como ela acontece por meio do esquema ilustrativo a seguir.

Biopirataria em três passos

Passo 1 – Os criminosos se infiltram nas comunidades, disfarçados de turistas, religiosos ou estudiosos, obtendo informações sobre as propriedades orgânicas e terapêuticas de determinadas plantas, fungos e animais que vivem nos ecossistemas locais.

Passo 2 – Em seguida, coletam espécies da fauna e flora e as levam, clandestinamente, para outras regiões do Brasil ou exterior. O material sai disfarçado nas bagagens dos criminosos ou mesmo por meio de correspondências.

Passo 3 – As amostras de espécies do bioma são vendidas para laboratórios ou centros de pesquisa. Nesses locais, técnicos e cientistas, com base nos saberes dos povos tradicionais, desenvolvem, por exemplo, medicamentos, resinas e fibras, patenteando a "descoberta", ou seja, as substâncias oriundas das plantas e dos animais, e obtendo grandes lucros com a venda desses produtos no mercado internacional.

Estima-se que a biopirataria gera anualmente centenas de milhões de dólares para as empresas detentoras das patentes. Sem direito aos lucros gerados por essas patentes, as comunidades tradicionais são expropriadas de seus conhecimentos e recursos naturais.

1. Converse com os colegas e o professor sobre a situação em que a biopirataria coloca as comunidades tradicionais da Amazônia.
2. Agora avalie: O que poderia ser feito para evitar essa situação? Troque ideias com os colegas e liste no caderno as possibilidades que a turma indicou.

ATIVIDADES

Reviso o capítulo

1. Liste as principais iniciativas do governo federal, na segunda metade do século XX, para promover a ocupação e a integração da Região Norte ao território nacional.

2. Quais foram as principais modalidades de ocupação do campo implantadas pelo INCRA na Região Norte?

3. Caracterize o Polo Industrial de Manaus.

4. Por que, nas últimas décadas, vem ocorrendo um rápido processo de urbanização da Região Norte?

5. Explique, em poucas palavras, como ocorre o desflorestamento da Amazônia na atualidade.

6. O que é o arco de desflorestamento da Amazônia? Com base no que você estudou neste capítulo, explique por que ele existe.

7. Quais são as principais ameaças aos conhecimentos tradicionais das comunidades nativas da Amazônia?

Elaboro pesquisas

8. No território brasileiro, as terras indígenas com as maiores extensões situam-se na Região Norte. O mapa e o texto que seguem abordam a situação dessas terras e as ameaças que esses povos vêm sofrendo na atualidade. Leia-os com atenção.

As terras tradicionalmente ocupadas pelos povos indígenas foram reconhecidas pela Constituição Federal de 1988 como sendo de posse permanente desses povos, com direito ao usufruto exclusivo das riquezas naturais nelas existentes. Constitucionalmente, este é um direito inalienável, indisponível e imprescritível. [...]

As terras indígenas na Amazônia [...], como no restante do país, são extremamente vulneráveis, invadidas constantemente por madeireiros, garimpeiros, peixeiros, rizicultores, fazendeiros, posseiros, biopiratas e outros aventureiros em busca do lucro fácil. No sul do Pará, na Terra Indígena Kayapó, por exemplo, existe contrabando de mogno. Em Rondônia, terras indígenas continuam sendo arrasadas pela exploração ilegal de madeira e pelo garimpo. Em Roraima, na Terra Indígena Raposa Serra do Sol, fazendeiros praticam a monocultura do arroz usando agrotóxicos que envenenam os rios e os solos e provocam a mortandade dos pássaros. A Terra Indígena Yanomâmi até hoje não está livre da invasão garimpeira. A mais recente ameaça às terras indígenas na Amazônia vem da expansão do agronegócio, especialmente da monocultura da soja.

HECK, Egon; LOEBENS, Francisco; CARVALHO, Priscila D. Amazônia indígena: conquistas e desafios. *Estudos avançados*, São Paulo, v. 19, n. 53, p. 242 e 246, 2005. Disponível em: www.scielo.br/pdf/ea/v19n53/24091.pdf. Acesso em: 18 fev. 2021.

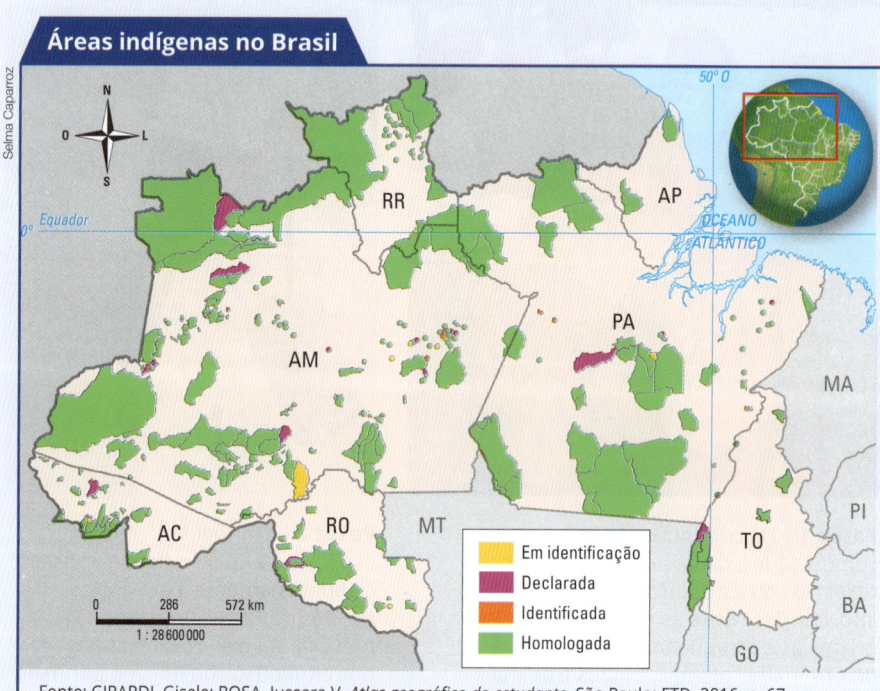

Áreas indígenas no Brasil

Legenda:
- Em identificação
- Declarada
- Identificada
- Homologada

Escala 1 : 28 600 000

Fonte: GIRARDI, Gisele; ROSA, Jussara V. *Atlas geográfico do estudante*. São Paulo: FTD, 2016. p. 67.

Com base na análise do mapa da página anterior, faça o que se pede:
- verifique a quantidade e a extensão das terras indígenas da Região Norte com as demais regiões brasileiras;
  - identifique a situação da maior parte delas;
  - identifique o estado da Região Norte em que se localiza, proporcionalmente, a maior extensão de terras indígenas.

a) Quais são as principais ameaças às terras indígenas na atualidade?

b) Escolha um dos povos indígenas mencionados no texto e faça uma pesquisa a respeito da língua, das tradições e dos costumes desse grupo étnico. Busque também informações sobre a situação atual de suas terras, procurando saber quais são os principais problemas enfrentados no lugar onde vivem.

Analiso textos

Você já comeu a Amazônia hoje?
Boss Amazonicus
(Fernanda Martins/João Meirelles/Instituto Peabiru)

9. A publicidade ao lado faz parte de uma campanha promovida pela ONG Instituto Peabiru. Veja:

a) Com base no que você aprendeu no capítulo, a que se refere a pergunta feita na publicidade?

b) A qual processo estudado no capítulo o texto se refere?

c) Por que há nomes de estados brasileiros e de países sul-americanos em cada parte do gado bovino representado?

d) Na sua opinião, de que maneira uma campanha como essa pode ajudar a conscientizar a população a respeito da preservação do bioma amazônico? Procure saber a opinião dos colegas conversando a respeito do tema e do conteúdo da campanha.

AQUI TEM GEOGRAFIA

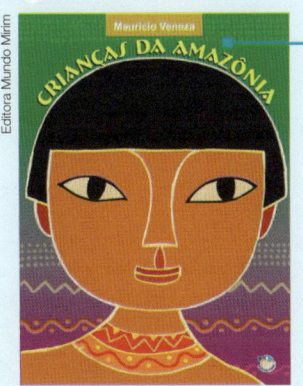

Leia

Crianças da Amazônia
Maurício Veneza (Mundo Mirim)

Nesse livro, os personagens são crianças que vivem em seu dia a dia a realidade da Floresta Amazônica, com muita aventura e diversão.

Acesse

Instituto Socioambiental
Disponível em: https://www.socioambiental.org/pt-br. Acesso em: 18 fev. 2021.

Nesse *site* você pode encontrar ricas informações sobre povos indígenas da Amazônia e de outras partes do Brasil.

UNIDADE 5
REGIÃO SUDESTE

?

A imagem destas páginas mostra o pôr do sol na rodovia Castelo Branco, no interior do estado de São Paulo. Uma densa rede de transportes articula o Sudeste com todas as regiões do Brasil e com o exterior. Esta é uma característica do Sudeste, que tem um papel importante como centro econômico do país, sendo responsável pela maior parte da produção industrial e concentrando os estados mais populosos da federação.

1. Você sabe quais estados compõem a Região Sudeste?

2. As maiores e mais importantes metrópoles brasileiras estão localizadas no Sudeste. Você sabe quais são?

3. Ainda que seja a região mais rica e próspera do Brasil, o Sudeste enfrenta sérios problemas sociais e ambientais. Converse com os colegas sobre quais podem ser esses problemas.

Nesta unidade, você vai aprender:
- os fatores do crescimento industrial do Sudeste;
- a implantação da infraestrutura de transportes e geração de energia;
- a criação e a importância dos polos tecnológicos;
- a modernização do espaço rural;
- os processos de urbanização e de metropolização do Sudeste;
- os principais impactos sociais e ambientais causados pelo crescimento econômico e pela urbanização da região.

Rodovia Castelo Branco. Itu (SP), 2017.

CAPÍTULO 10
Sudeste: centro econômico nacional

Como você já estudou, o Produto Interno Bruto (PIB) equivale à soma das riquezas geradas pelas atividades econômicas em um município, estado, país ou região durante o período de um ano. O gráfico abaixo mostra a participação proporcional de cada uma das grandes regiões brasileiras no total do PIB nacional em 2019. Observe:

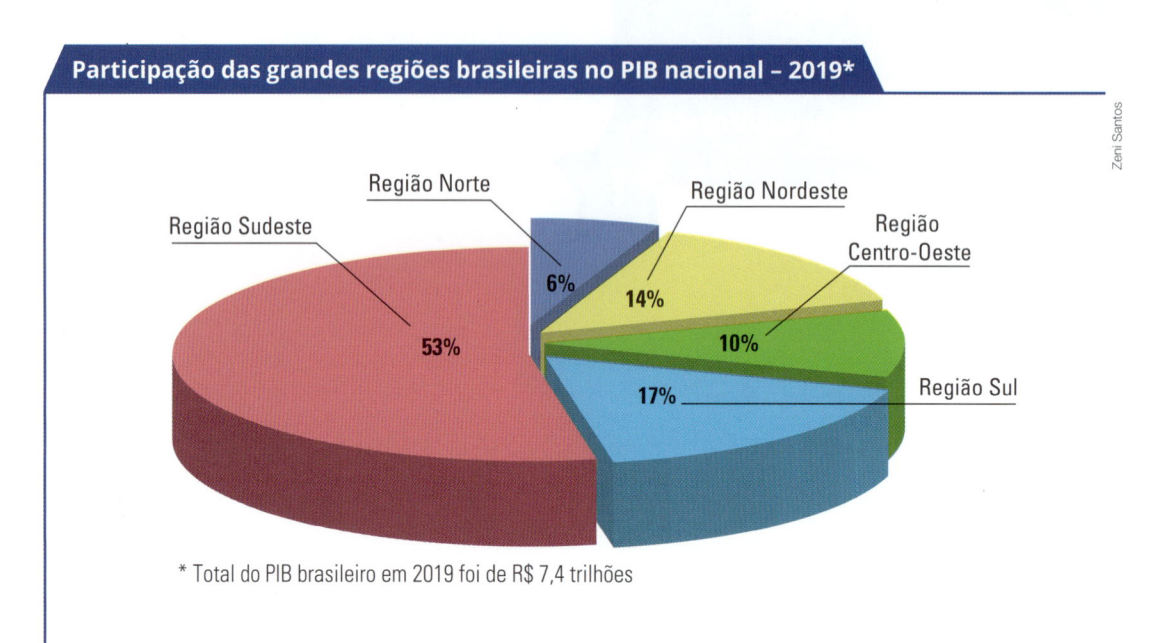

Participação das grandes regiões brasileiras no PIB nacional – 2019*

- Região Sudeste: 53%
- Região Norte: 6%
- Região Nordeste: 14%
- Região Centro-Oeste: 10%
- Região Sul: 17%

* Total do PIB brasileiro em 2019 foi de R$ 7,4 trilhões

Fonte: IBGE. O que é o PIB. Rio de Janeiro: IBGE, c2021. Disponível em: https://www.ibge.gov.br/explica/pib.php. Acesso em: 1 mar. 2021.

1. Qual é a participação, em porcentagem, da região onde você vive na produção do PIB brasileiro?

2. Quais são as regiões brasileiras com o menor PIB? E quais têm as maiores participações? A que se deve esse aspecto? Converse com os colegas e professor sobre isso, levantando hipóteses.

Pela análise dos dados do gráfico, é possível verificar que a Região Sudeste tem a maior participação no PIB brasileiro, gerando a maior parte da riqueza nacional. Isso se deve ao fato de ela concentrar os maiores polos industriais, comerciais e de serviços do país, bem como desenvolver atividades agropecuárias modernas e altamente produtivas.

Além disso, o Sudeste conta com uma complexa rede urbana, encabeçada por importantes metrópoles, com destaque para as cidades de São Paulo e Rio de Janeiro (centros financeiros e culturais do país), além de centros urbanos de porte médio, regionais e locais. Essa rede urbana é interligada por uma densa malha viária e de telecomunicações, pela qual se desloca um intenso fluxo de pessoas, mercadorias, informações e capitais.

Neste capítulo vamos conhecer um dos principais aspectos econômicos do Sudeste: o alto nível de industrialização. Identificaremos os fatores de concentração da atividade industrial nessa região, conheceremos a infraestrutura criada para atendê-la e sua distribuição espacial. Vamos explorar esta unidade de estudos.

Por dentro da Região Sudeste

A Região Sudeste é a mais populosa do Brasil, com cerca de 90 milhões de habitantes em 2021, distribuídos em quatro estados: Espírito Santo, Minas Gerais, Rio de Janeiro e São Paulo. Juntas, essas unidades da Federação ocupam uma área de aproximadamente 925 mil km². Isso torna o Sudeste a região mais povoada do país, com uma densidade demográfica média de 86 habitantes por km². Confira esses e outros dados a respeito de cada estado no mapa ao lado.

Região Sudeste: político

Fonte: IBGE. *Atlas geográfico escolar*. 8. ed. Rio de Janeiro: IBGE, 2018. p. 90.

Concentração industrial no Sudeste

Entre as atividades econômicas que geram grande parte do PIB do Sudeste está a atividade industrial. Atualmente, a região abriga o maior parque fabril brasileiro, com uma produção bastante diversificada, de matérias-primas processadas (aço, papel, álcool etc.) e máquinas (equipamentos industriais, tratores, caminhões etc.) até bens de consumo (eletrodomésticos, automóveis, alimentos etc.) e equipamentos de alta tecnologia (computadores, aviões, satélites artificiais etc.).

O processo de industrialização do Sudeste tomou força entre as décadas de 1930 e 1950, sobretudo devido aos incentivos financeiros do governo federal e dos governos estaduais. Inicialmente, foram criadas **indústrias de base**, como mineradoras, siderúrgicas e petroquímicas.

Assim, desenvolveram-se importantes siderúrgicas nessa região, como a Companhia Siderúrgica Nacional (CSN), no estado do Rio de Janeiro; a Acesita e a Belgo-Mineira, em Minas Gerais; e a Companhia Siderúrgica Paulista (Cosipa), em São Paulo. Também foram fundadas a Petrobras, com sede no Rio de Janeiro, com a função de procurar, extrair e refinar petróleo e gás natural, e a Companhia Vale do Rio Doce (atual Vale), em Minas Gerais, até hoje uma das maiores empresas de extração de minério de ferro do mundo.

Fachada da Companhia Siderúrgica Nacional, em Volta Redonda (RJ), 1941.

ZOOM

A área do Quadrilátero Ferrífero

O desenvolvimento da indústria de base no Sudeste, sobretudo dos parques siderúrgico e metalúrgico, apoiou-se na presença de jazidas minerais, como as de ferro, manganês e bauxita, matérias-primas essenciais para a fabricação de ligas metálicas. Destacam-se importantes jazidas localizadas na parte central do estado de Minas Gerais, área denominada de **Quadrilátero Ferrífero** (veja o mapa a seguir).

Durante o último século, milhares de toneladas de minérios têm sido extraídas das jazidas dessa área, tanto para servir de matéria-prima às indústrias nacionais como para a exportação para outros países do mundo.

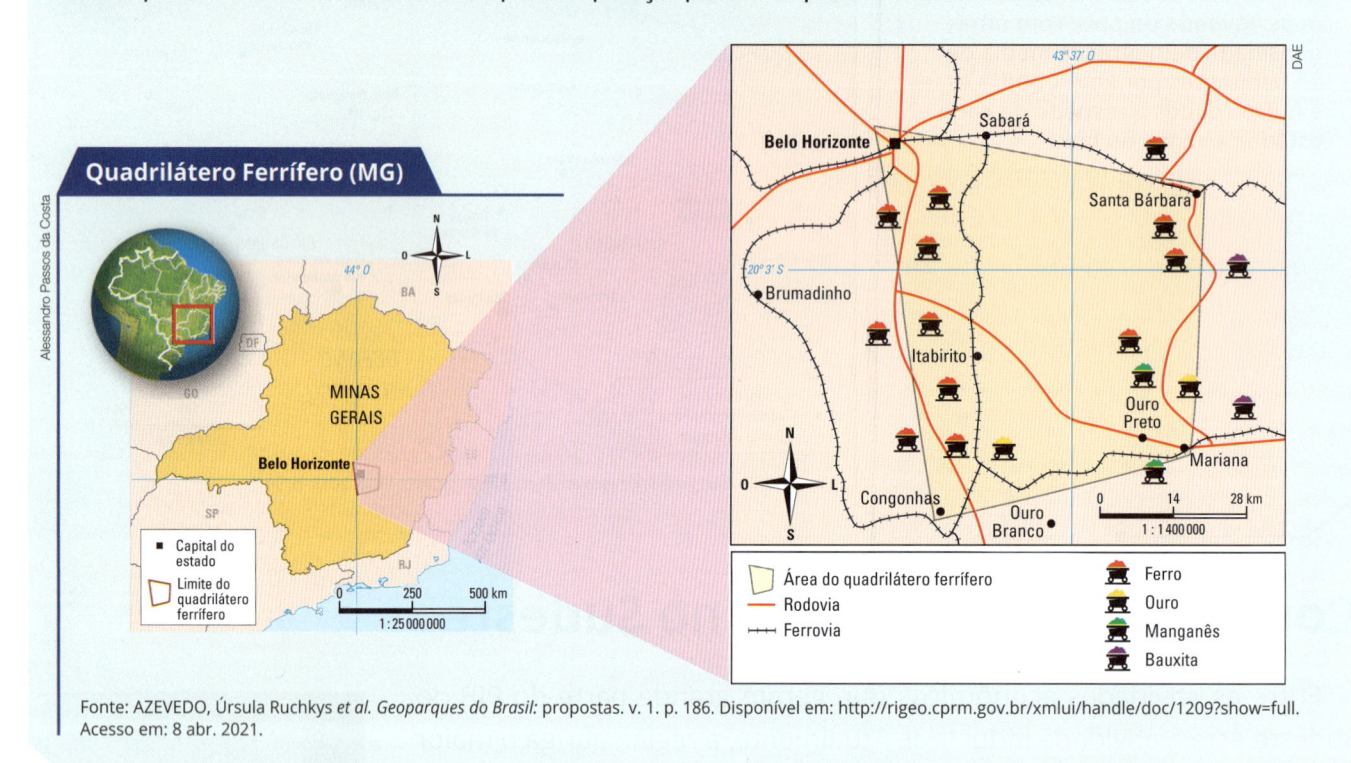

Fonte: AZEVEDO, Úrsula Ruchkys et al. Geoparques do Brasil: propostas. v. 1. p. 186. Disponível em: http://rigeo.cprm.gov.br/xmlui/handle/doc/1209?show=full. Acesso em: 8 abr. 2021.

Parque industrial diversificado

A partir das décadas de 1950 e 1960, houve a diversificação do parque industrial do Sudeste, com a instalação de **indústrias de bens intermediários** e **de consumo**, como fábricas de tratores, caminhões e automóveis, eletrodomésticos e alimentos.

Funcionários em linha de montagem de caminhões. São Bernardo do Campo (SP), 1958.

Funcionários em linha de montagem de geladeiras. São Caetano do Sul (SP), 1958.

Mão de obra e mercado consumidor

Além dos investimentos dos governos federal e estaduais, uma **numerosa mão de obra** e um **amplo mercado consumidor** para os produtos manufaturados foram fatores essenciais para o processo de concentração industrial no Sudeste.

Vimos no Capítulo 5 que, no final do século XIX e nas primeiras décadas do século XX, o Sudeste foi, entre as regiões brasileiras, a que recebeu um maior contingente de imigrantes estrangeiros. Desembarcaram nessa região, principalmente, italianos, espanhóis, portugueses, sírios e libaneses, além de muitos japoneses. Boa parte desses imigrantes já tinha alguma experiência como operários em fábricas de seus países de origem, o que facilitou o preenchimento das vagas nas indústrias do Sudeste do Brasil.

A presença de um grande mercado consumidor para os produtos fabricados também foi importante para a instalação das indústrias, sobretudo nos grandes centros urbanos, como as cidades de São Paulo e do Rio de Janeiro. Isso ocorreu porque, já na primeira metade do século XX, o Sudeste se tornou a região mais populosa do país, o que possibilitou o desenvolvimento de ampla rede de comercialização de produtos, tanto no atacado como no varejo.

Cartaz do início do século XX usado no Japão para atrair imigrantes ao Brasil. Diz: "Vamos para a América do Sul (destaque para o Brasil) com nossas famílias".

Atacado: tipo de comércio que vende produtos em geral para revenda em grandes quantidades; por isso, com preços mais baixos.

Varejo: tipo de comércio que vende produtos diretamente ao consumidor, em unidades ou pequenas quantidades.

Vista interna de loja de departamento durante inauguração. São Paulo (SP), 1957.

Infraestrutura de transportes e de geração de energia

Outros dois aspectos fundamentais para o desenvolvimento industrial da Região Sudeste foram os altos investimentos dos governos na construção de infraestrutura de transportes e de energia elétrica. Enquanto a infraestrutura dos transportes facilitou a circulação de matérias-primas e dos produtos manufaturados, a de geração de energia elétrica foi essencial para movimentar as máquinas industriais e para que a população pudesse consumir eletrodomésticos, eletroeletrônicos, entre outros.

No caso dos transportes, a expansão da rede foi focada na ampliação e na construção de rodovias. Isso ocorreu porque, já no final da década de 1950, importantes indústrias mecânicas, de peças automotivas, de pneus e montadoras de veículos (caminhões, ônibus e automóveis) instalaram-se no Sudeste, fazendo com que a região priorizasse o transporte rodoviário. Tal fato levou a região a ter, atualmente, a mais extensa malha de rodovias do país, reunindo, inclusive, a maior parte das autopistas (rodovias com pistas duplas).

Vista de drone de construção da duplicação da ponte Wagner Estelita Campos sobre o Rio Paranaíba na rodovia BR-050, divisa de Minas Gerais e Goiás. Araguari (MG), 2020.

Por outro lado, também foram muito importantes os investimentos feitos na ampliação dos portos marítimos da região, como os de Santos (SP), Rio de Janeiro (RJ) e Tubarão (ES), que auxiliam no escoamento da produção de bens manufaturados, minérios e produtos agrícolas para outras regiões brasileiras e para o exterior.

Destaca-se, ainda, a rede de aeroportos: dos cinco terminais mais movimentados do país de cargas e de passageiros, quatro estão na Região Sudeste: Guarulhos (SP), Campinas (SP), Confins (MG) e Rio de Janeiro (RJ).

Navio atracado do porto de Vitória (ES), 2019.

Aviões no Aeroporto Internacional de Confins (MG), 2018.

No caso da ampliação da infraestrutura de geração de energia, além de termoelétricas, a partir da década de 1960 houve a priorização da construção de usinas hidrelétricas, como forma de aproveitar o potencial natural existente na região. O território da maior parte dos estados do Sudeste é composto de planaltos, com a presença de muitos vales e rios caudalosos, o que propicia a construção de barragens para a geração de energia hidráulica, também chamada de hidroeletricidade.

A construção de usinas hidrelétricas em grande escala tornou o Sudeste a região que mais produz energia elétrica no Brasil. Observe os gráficos a seguir.

Gráfico 1: Principais fontes de energia elétrica no Brasil – 2020

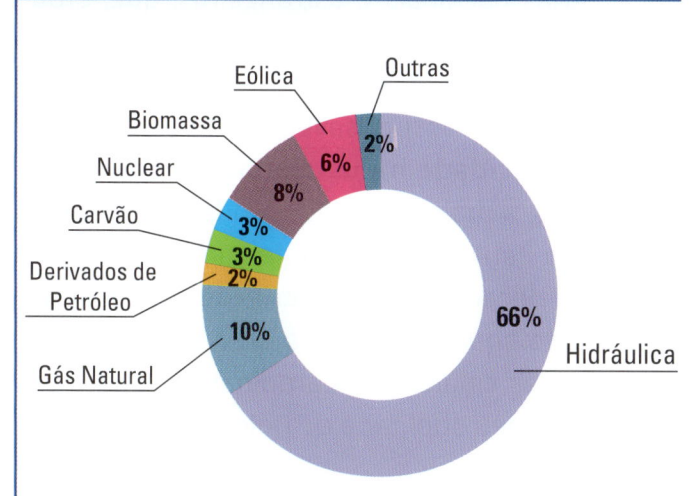

- Hidráulica: 66%
- Gás Natural: 10%
- Biomassa: 8%
- Eólica: 6%
- Nuclear: 3%
- Carvão: 3%
- Derivados de Petróleo: 2%
- Outras: 2%

Fonte: BRASIL. Ministério de Minas e Energia. *Atlas da eficiência energética Brasil 2020*: Relatório de indicadores. Brasília, DF: MME: EPE, [2021]. Disponível em: https://bit.ly/3vrf0tX. Acesso em: 28 abr. 2021.

Gráfico 2: Produção de energia elétrica no Brasil, por regiões – 2019

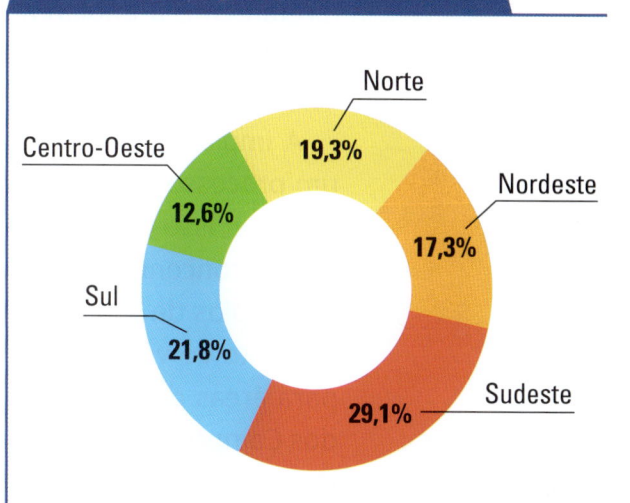

- Sudeste: 29,1%
- Sul: 21,8%
- Norte: 19,3%
- Nordeste: 17,3%
- Centro-Oeste: 12,6%

Fonte: BRASIL. Ministério de Minas e Energia. *Anuário Estatístico de Energia Elétrica 2020*. Brasília, DF: MME: EPE, [2021?]. Disponível em: https://bit.ly/3nvtgyQ. Acesso em: 28 abr. 2021.

Gráfico 3: Consumo de energia elétrica no Brasil, por regiões – 2019

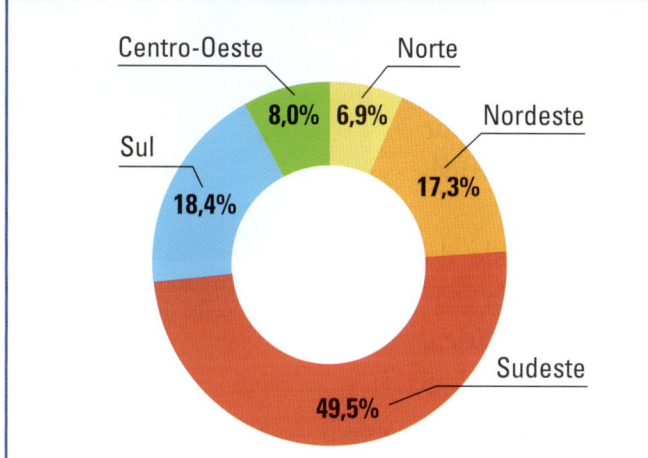

- Sudeste: 49,5%
- Sul: 18,4%
- Nordeste: 17,3%
- Centro-Oeste: 8,0%
- Norte: 6,9%

Fonte: BRASIL. Ministério de Minas e Energia. *Atlas da eficiência energética Brasil 2020*: Relatório de indicadores. Brasília, DF: MME: EPE, [2021]. Disponível em: https://bit.ly/3vrf0tX. Acesso em: 28 abr. 2021.

1. Analise o gráfico 1, identificando a participação de cada um dos tipos de fontes de energia utilizados no Brasil.

2. Verifique no gráfico 2 a participação de cada uma das grandes regiões brasileiras na geração de energia elétrica. Além do Sudeste, qual outra região se destaca?

A Embraer é uma multinacional brasileira do setor de aviação. Na fotografia, pavilhão de montagem de aeronaves, em São José dos Campos (SP), 2018.

Centros tecnológicos

A partir da década de 1970, os governos estaduais do Sudeste passaram a investir em centros de pesquisa focados no desenvolvimento de alta tecnologia no entorno de importantes universidades e instituições públicas e privadas.

São exemplos a Universidade de São Paulo (USP), a Universidade Estadual de Campinas (Unicamp), as universidades federais do Rio de Janeiro (UFRJ) e de Minas Gerais (UFMG), o Instituto de Pesquisas Espaciais (Inpe) e o Instituto de Tecnologia da Aeronáutica (ITA).

Esses centros tecnológicos, também chamados de **tecnopolos**, influenciaram diretamente a implantação de indústrias nacionais e estrangeiras, que, atualmente, fabricam materiais de telecomunicações, médico-hospitalares, bioquímicos, de informática e de tecnologia aeroespacial.

A implantação de tecnopolos também foi responsável, em boa parte, por um processo de **desconcentração da atividade industrial** na própria Região Sudeste. Isso ocorreu porque, até então, a maior parte da produção industrial estava concentrada nas cidades de São Paulo e do Rio de Janeiro e em alguns municípios de seu entorno. A partir da década de 1980, verificou-se um deslocamento de várias indústrias, sobretudo aquelas ligadas à área de tecnologia, para áreas do interior, como a região das cidades de Campinas (SP), São José dos Campos (SP), Resende (RJ) e a região metropolitana de Belo Horizonte (MG).

ZOOM

O nosso "Vale do Silício"

Conhecida como o **Vale do Silício brasileiro**, a região de Campinas – no interior de São Paulo – segue fortalecida como polo empreendedor de conhecimento e tecnologia. O local recebe o apelido por concentrar empresas do segmento tecnológico, assim como o verdadeiro Vale do Silício, na Califórnia (EUA). Por aqui, a região é composta por 19 cidades que respondem por 2,7% do PIB nacional e abrigam empresas como IBM, Dell, Lenovo e HP, só para citar algumas. [...]

A tecnologia de ponta desenvolvida no "Vale do Silício brasileiro" é abrangente a vários setores da economia, entre os quais, telecomunicações, informática, laboratórios médicos, energia renováveis e biotecnologia. [...]

Prédio que abriga o Sirius, o novo acelerador de partículas de Campinas (SP), 2020.

VALENTE, Heloisa. Região de Campinas: o Vale do Silício brasileiro. *Vagas*, [s. l.], c2021. Disponível em: https://www.vagas.com.br/profissoes/regiao-de-campinas-o-vale-do-silicio-brasileiro/. Acesso em: 26 fev. 2021.

MUNDO DOS MAPAS

Quantidade e qualidade nas legendas dos mapas

Os mapas a seguir apresentam a distribuição da atividade industrial no Brasil. O mapa 1 busca **quantificar** o número de estabelecimentos industriais por estados e regiões. Já o mapa 2 nos mostra os tipos de indústrias predominantes por segmentos fabris, ou seja, a **qualidade** ou **diversidade** desses tipos de indústrias por estados e regiões do país.

Observe os mapas e leia com atenção as legendas.

Mapa 1: Número de estabelecimentos industriais no Brasil – 2016

Número de empresas industriais extrativas ou de transformação, por município
- Menos de 1 000
- De 1 001 a 5 000
- De 5 001 a 10 000
- 33 612

Fonte: IBGE. *Atlas geográfico escolar*. 8. ed. Rio de Janeiro: IBGE, 2018. p. 134.

Mapa 2: Tipos de indústrias por segmentos fabris no Brasil – 2013

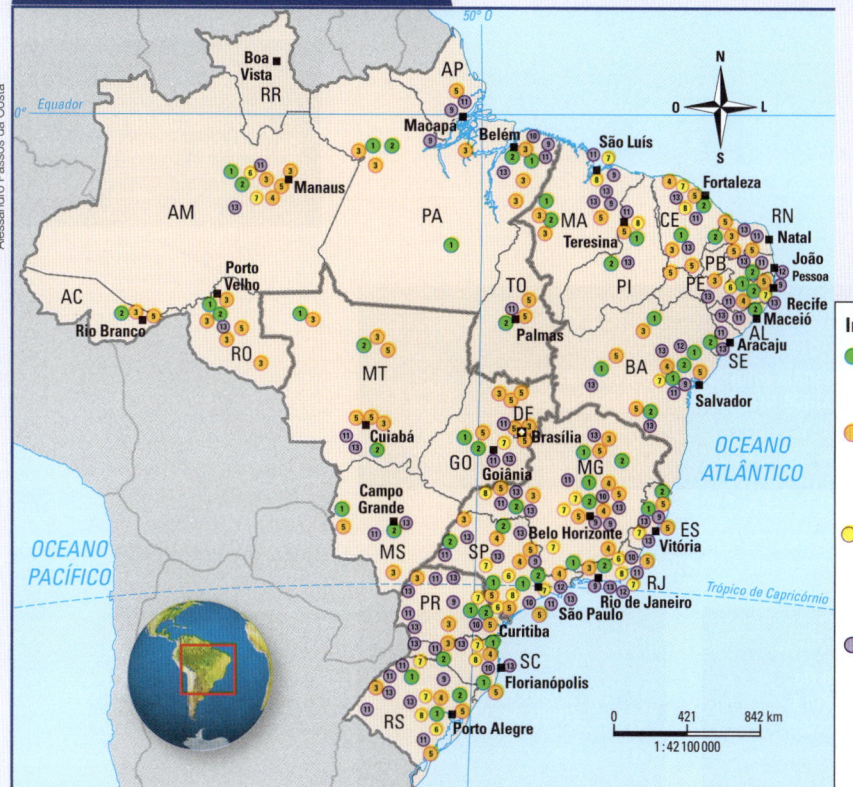

Fonte: CALDINI, Vera; ÍSOLA, Leda. *Atlas geográfico Saraiva*. 4. ed. São Paulo: Saraiva, 2013. p. 52.

1. Quais são as regiões brasileiras com o maior número de estabelecimentos industriais?

2. Qual região tem uma distribuição espacial mais uniforme de indústrias por seu território?

3. Identifique a região brasileira com maior diversidade de tipos de indústria e de segmentos fabris. Nesse caso, qual ou quais são os tipos de indústria predominantes?

Indústrias segundo categorias de uso

- BENS DE CAPITAL
  1. Metalúrgica e siderúrgica
  2. Química
- BENS INTERMEDIÁRIOS
  3. Madeira
  4. Mecânica
  5. Produtos de minerais não metálicos
- BENS DE CONSUMO DURÁVEIS
  6. Material elétrico e de comunicações
  7. Material de transporte (aeroespacial, automobilístico, naval)
  8. Mobiliário
- BENS DE CONSUMO NÃO DURÁVEIS
  9. Papel, papelão, editorial e gráfica
  10. Perfumaria, sabões e velas
  11. Produtos alimentares e bebidas
  12. Produtos farmacêuticos e veterinários
  13. Têxtil, vestuário e calçados

ATIVIDADES

Reviso o capítulo

1. De que maneira os governos estaduais e federal contribuíram para a concentração da atividade industrial brasileira no Sudeste?

2. Utilize os mapas da página 135 e descreva a distribuição espacial das indústrias entre os estados do Sudeste.

3. Sobre a indústria extrativa mineral no Sudeste, responda:
   a) O que é o Quadrilátero Ferrífero? Onde se localiza?
   b) Quais são os principais minérios explorados nessa área?
   c) Qual é a importância dessa área para outras atividades industriais do Sudeste?

4. Qual foi a importância da mão de obra imigrante para o desenvolvimento da atividade industrial no Sudeste?

5. Por que o governo federal priorizou a construção de rodovias e de hidrelétricas na Região Sudeste?

6. Sobre a consolidação do parque industrial do Sudeste, responda:
   a) O que são tecnopolos?
   b) Qual é a importância deles no processo de desconcentração industrial do Sudeste?
   c) Por que a região de Campinas (SP) é chamada de Vale do Silício brasileiro?

Organizo ideias

7. Em nossos estudos, é muito importante que aprendamos a organizar os conhecimentos adquiridos. Por isso, nesta atividade, você organizará as principais ideias relacionadas ao processo de concentração industrial no Sudeste. Para isso, monte no caderno um diagrama como o do modelo abaixo, completando as lacunas com as informações necessárias.

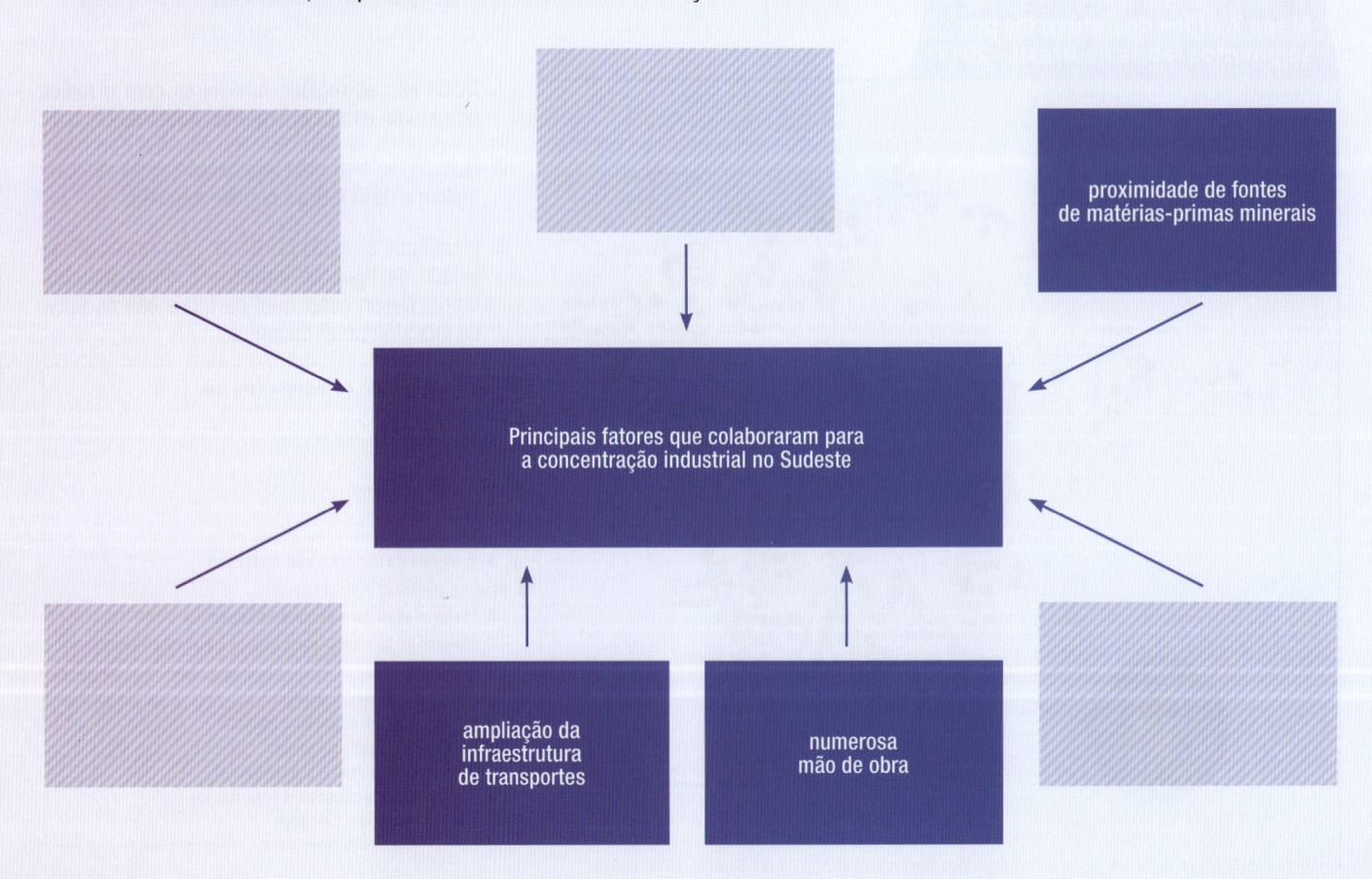

Diagrama: **Principais fatores que colaboraram para a concentração industrial no Sudeste**
- proximidade de fontes de matérias-primas minerais
- ampliação da infraestrutura de transportes
- numerosa mão de obra
- (lacunas a completar)

Estabeleço relações

8. Observe com atenção a obra de arte a seguir.

A tela ao lado, da artista brasileira Tarsila do Amaral (1886-1973), intitulada *Operários*, foi pintada em 1933. Essa obra revela algumas das principais mudanças de ordem econômica e demográfica pelas quais o Brasil, mas principalmente a Região Sudeste, estava passando na primeira metade do século XX.

Reveja os elementos pintados pela artista na tela, como o rosto dos personagens e sua disposição em primeiro plano e a paisagem urbana em segundo plano. Agora responda: De que maneira eles retratam alguns dos conteúdos que você aprendeu neste capítulo a respeito do Sudeste? Troque ideias com os colegas sobre as relações que cada um de vocês estabeleceu.

Tarsila do Amaral. *Operários*, 1933. Óleo sobre tela, 150 cm × 205 cm.

Analiso mapas

9. Analise as informações representadas nos mapas abaixo e, em seguida, responda às questões.

Brasil: rede de rodovias – 2017

- Estradas pavimentadas
- Estradas em pavimentação
- Estradas sem pavimentação
- Limites estaduais

Fonte: IBGE. *Atlas geográfico escolar*. 8. ed. Rio de Janeiro: IBGE, 2018. p. 141.

Brasil: usinas hidrelétricas – 2017

• Usina hidrelétrica principal

Fonte: IBGE. *Atlas geográfico escolar*. 8. ed. Rio de Janeiro: IBGE, 2018. p. 139.

a) Onde está localizada, de forma mais densa e concentrada, a malha rodoviária de nosso país?

b) Em quais regiões brasileiras se encontra a maior parte das usinas hidrelétricas?

c) De acordo com o que estudamos, qual foi a importância do processo de industrialização para que o Sudeste apresentasse a atual rede de transportes e de geração de energia elétrica?

Capítulo 11 — Agropecuária, urbanização e problemas socioambientais no Sudeste

Observe a imagem a seguir.

O evento anunciado no cartaz é uma feira de negócios agropecuários que ocorre anualmente em Ribeirão Preto (SP). Essa feira é considerada uma das maiores do gênero no mundo. Nela são apresentadas aos produtores rurais as principais inovações tecnológicas disponíveis para aumentar a produtividade no campo.

1. Você já foi a alguma feira ou exposição agropecuária?
2. Existe algum evento parecido com esse em seu município ou em algum município vizinho?
3. Você acha eventos como esse importantes? Por quê? Troque ideias sobre isso com os colegas de turma.

Cartaz do evento anual da Agrishow (2018), feira de tecnologia agrícola realizada em Ribeirão Preto (SP).

Complexo agroindustrial do Sudeste

A partir da segunda metade do século XX, a concentração e a diversificação das atividades industriais no Sudeste provocaram um amplo processo de modernização das atividades agropecuárias, que atingiu não somente essa região como também outras partes do Brasil.

Isso ocorreu porque as indústrias passaram a fornecer mercadorias manufaturadas com novas tecnologias aos proprietários rurais, como tratores, colheitadeiras e arados mecânicos; defensivos agrícolas, adubos químicos e sementes selecionadas; vacinas, medicamentos e rações balanceadas para os animais de criação, entre outros produtos. O emprego dessas tecnologias no campo provocou aumentos expressivos na produtividade agrícola, proporcionando uma maior rentabilidade a sitiantes e fazendeiros.

Particularmente no Sudeste, essas e outras inovações desencadearam profundas mudanças na paisagem rural do interior dos estados, já que foi priorizada a produção de matérias-primas com grande importância para as **agroindústrias** e para a exportação, como café, soja, laranja e cana-de-açúcar, e a criação de gado bovino e a de aves para o fornecimento de carne, leite e ovos.

Extensas áreas de plantação desses produtos agrícolas e de pastagens para animais ocuparam as grandes propriedades rurais dos municípios, ao passo que as áreas plantadas com culturas alimentares, como feijão, mandioca, batata, frutas e hortaliças em geral, desenvolvidas em pequenas propriedades ou por grupos comunitários de camponeses, foram reduzidas.

Esse processo de modernização acabou consolidando o Sudeste como um dos polos do setor agroindustrial do Brasil. Compare no mapa abaixo a distribuição e diversificação de agroindústrias na região em que você vive com a do Sudeste.

Plantação de soja. Unaí (MG), 2017.

Brasil: agroindústrias

Legenda:
- Óleos vegetais (soja, milho, algodão)
- Açúcar e álcool
- Cacau
- Café
- Pecuária e derivados
- Aves e derivados
- Fumo
- Arroz
- Madeira
- Papel
- Frutas (doce, polpa e suco)
- Flores

Fonte: CALDINI, Vera; ÍSOLA, Leda. *Atlas geográfico Saraiva*. 4. ed. São Paulo: Saraiva, 2013. p. 53.

Agroindústria: segmento industrial dedicado ao processamento de matérias-primas agropecuárias. São exemplos de agroindústrias os frigoríficos, os laticínios, as indústrias de óleos vegetais, as usinas de álcool e açúcar, entre outros.

Produtividade agrícola: quantidade do que é produzido no campo por área plantada ou com criações.

Produtos agropecuários de destaque no Sudeste

Nas últimas décadas, boa parte das atividades agropecuárias desenvolvidas no Sudeste passou por um amplo processo de modernização, apresentando atualmente elevado grau de emprego de tecnologia. Entre aquelas que mais se destacam, estão as atividades agrícolas que envolvem as lavouras de cana-de-açúcar, laranja, café, além da pecuária de corte e leiteira.

A produção de laranja tem muita relevância econômica para essa região e estabelece uma grande articulação com a indústria na produção de sucos.

No que se refere à pecuária, observamos o predomínio da pecuária melhorada ou intensiva em grande parte do território dos estados do Sudeste. Destaca-se a criação de bovinos destinada à produção leiteira, que fornece matéria-prima para as principais agroindústrias de laticínios do país.

Os principais consumidores de suco de laranja industrializado brasileiro são a União Europeia, os Estados Unidos, a China e o Japão. Somente no segundo semestre de 2018, o Brasil faturou cerca de um bilhão de dólares com a exportação de suco de laranja, e a colheita rendeu aproximadamente 370 milhões de caixas do produto. Na fotografia, observamos o interior de uma indústria de suco de laranja. Araraquara (SP), 2016.

FIQUE LIGADO!

Agricultura 4.0

Além de importantes instituições de pesquisa, no Sudeste também estão sediadas grandes empresas, algumas delas multinacionais que desenvolvem equipamentos e técnicas de cultivo e de criação com a mais alta tecnologia. Isso vem influenciando diretamente a forma de produzir no campo, dando origem àquilo que especialistas chamam de "agricultura 4.0". É uma nova etapa da produção agrícola que agrega recursos tecnológicos avançados como GPS, imagens de satélite, drones e computadores, todos conectados em tempo real. Veja o esquema.

O café é outro produto agrícola de destaque do Sudeste, que é a principal região produtora do país. Historicamente, o Brasil tem uma forte tradição no cultivo de cafeeiros e é, na atualidade, o maior produtor mundial de café, o que se deve sobretudo às colheitas obtidas nos quatro estados do Sudeste.

A agroindústria de laticínios é muito desenvolvida no Sudeste, região que dispõe de uma grande bacia leiteira. Em Minas Gerais, por exemplo, destaca-se a produção industrial de queijos, que atualmente fornece cerca de 25% de toda a produção nacional. Na fotografia, observamos uma etapa da produção de queijo. Cruzília (MG), 2019.

Torrefação de café. Carmo de Minas (MG), 2020.

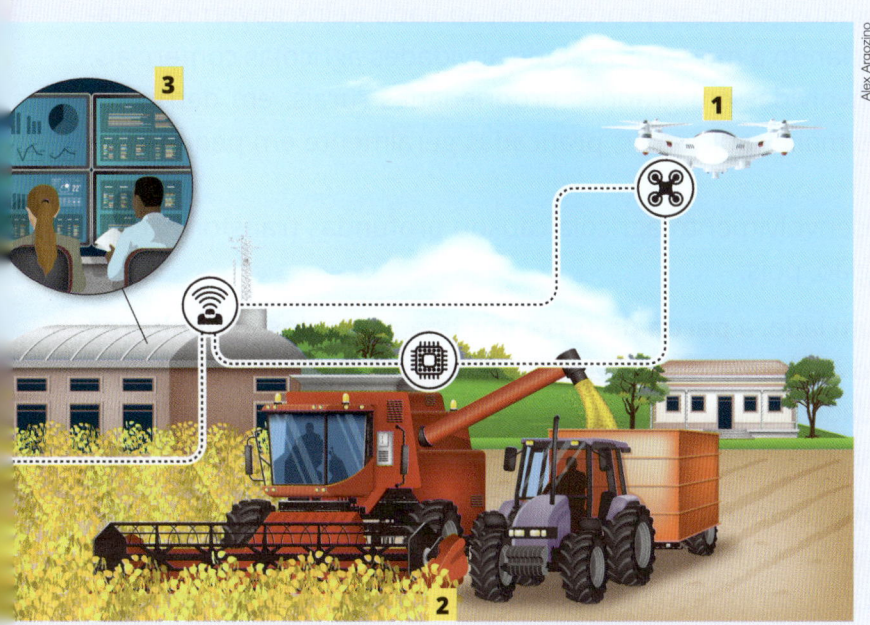

1. Drones fotografam a plantação ajudando os técnicos a identificar pragas na lavoura.

2. Sensores instalados em tratores e colheitadeiras permitem melhorar o desempenho das máquinas agrícolas no plantio ou na colheita, aumentando a produtividade.

3. GPS e *softwares* instalados em computadores possibilitam o controle de todos os dados obtidos externamente pelo agricultor.

4. Sensores fixos espalhados na plantação registram a temperatura do ar e do solo, quantidade de umidade e de chuvas, entre outros dados atmosféricos fundamentais para o agricultor decidir sobre os cuidados com a lavoura, assim como o melhor momento de plantar e colher.

Fonte: ZAPAROLLI, Domingos. Inovação no campo. *Revista Fapesp*, São Paulo, ed. 287, jan. 2020. Disponível em: https://revistapesquisa.fapesp.br/inovacao-no-campo/. Acesso em: 30 abr. 2021.

Produção da cana-de-açúcar

De acordo com a Companhia Nacional de Abastecimento (Conab), o Brasil é atualmente o maior produtor de cana-de-açúcar do mundo. Na safra entre 2018 e 2019, foram colhidos 625 milhões de toneladas desse produto agrícola no país. A liderança dessa produção fica com a Região Sudeste, com cerca de 405 milhões de toneladas.

Em nosso país, as safras da cana-de-açúcar são divididas em dois momentos. Entre abril e novembro, há um excelente período de safra nos estados da porção centro-sul. Já de setembro a março, essa produção se destaca no eixo norte-nordeste. O estado de São Paulo é o maior produtor de cana-de-açúcar do país, porém também há significativa produção nos estados do Rio de Janeiro, Minas Gerais e Espírito Santo.

A cana-de-açúcar é uma matéria-prima agrícola com excelente articulação com a indústria, formando um complexo agroindustrial para a produção de açúcar refinado e álcool combustível, chamado **etanol**. A Região Sudeste responde por mais de 60% de toda a produção nacional desse tipo de combustível, e a maior produção de etanol anidro e etanol hidratado ocorre nos estados de São Paulo e Minas Gerais.

Colheita mecanizada de cana-de-açúcar em Potirendaba (SP), 2020.

As transformações no campo e a urbanização do Sudeste

Como vimos, na segunda metade do século XX estabeleceu-se no Sudeste um amplo complexo agroindustrial. Esse processo foi apoiado pelos governos estaduais e federal, beneficiando a modernização de atividades agrícolas comerciais, em sua maioria desenvolvidas em grandes propriedades rurais, em detrimento daquelas atividades mais tradicionais, praticadas geralmente em pequenas e médias propriedades.

Esse modelo de desenvolvimento agrícola causou profundas transformações no espaço rural da região, pois:

- ocasionou, por um lado, a **perda da terra por boa parte dos agricultores** familiares devido às dívidas bancárias e à baixa produtividade de suas pequenas propriedades, e, por outro lado, o aumento da área ocupada por grandes fazendas;

- provocou a **dispensa de um número expressivo de trabalhadores**, cuja força de trabalho foi substituída, em sua maioria, por máquinas, implementos agrícolas e outras tecnologias empregadas nas grandes propriedades rurais.

Safra: termo que se refere ao período de colheita de determinada cultura agrícola e ao volume esperado de produção.

Dessa forma, principalmente entre as décadas de 1970 e 1990, centenas de milhares de pequenos proprietários e de trabalhadores rurais, sem alternativa de sobrevivência, abandonaram o campo e migraram, sobretudo para os médios e grandes centros urbanos da região, em um intenso processo de **êxodo rural**.

Casas abandonadas em vila de colonos, em Três Pontas (MG), 2018.

ZOOM

Órfãos da cana

Seu sonho era ter uma vida melhor. Para isso, deixava sua família por até nove meses por ano e viajava mil quilômetros até o "Eldorado". Hoje, 34 anos depois da primeira viagem, acumula dores no corpo e não consegue mais trabalhar. Ainda que conseguisse, não encontraria as vagas de antigamente.

Aos 47 anos, Natalino Lopes Moreira é um exemplo dos migrantes do Vale do Jequitinhonha (MG) e de estados do Nordeste que tentavam ganhar a vida [trabalhando] em lavouras de cana-de-açúcar do interior de São Paulo, especialmente na região de Ribeirão Preto, uma das mais ricas do país.

Eram milhares. Mas, com o aumento vertiginoso da mecanização das lavouras, foram praticamente expulsos dos canaviais. Além de Natalino, uma legião de Geraldos, Raimundos e Josés viu suas vidas tomarem outros rumos por causa das máquinas.

Não foram derrotados só pela tecnologia, mas perderam espaço também devido a um acordo que restringiu a queima da palha da cana, responsável por fumaça, fuligem e gases tóxicos, e obrigou as usinas a se mecanizarem cada vez mais.

TOLEDO, Marcelo; SILVA, Joel. Órfãos da cana. *Folha de S.Paulo*, São Paulo, 31 ago. 2018. Disponível em: http://temas.folha.uol.com.br/orfaos-da-cana/orfaos-da-cana/fim-da-queima-expulsa-trabalhadores-dos-canaviais-e-trava-migracao-para-sp.shtml. Acesso em: 26 fev. 2020.

1. Por que Natalino é considerado um migrante? De onde ele migrava e para onde ia todos os anos? Por quê?
2. O que levou Natalino a parar de migrar para o interior do estado de São Paulo?
3. Que mudanças ocorreram na produção de cana-de-açúcar que provocaram transformações na vida de milhões de trabalhadores do campo?

Região Sudeste: evolução da população urbana e da população rural – 1940-2020

Fonte: IBGE. *Censo demográfico*: o que é. Rio de Janeiro: IBGE, c2021. Disponível em: https://www.ibge.gov.br/estatisticas/sociais/populacao/25089-censo-1991-6.html?=&t=o-que-e. Acesso em: 22 fev. 2021.

Rápido processo de urbanização

Além do êxodo rural, a migração de pessoas de outras regiões brasileiras, principalmente de estados do Nordeste, e as altas taxas de natalidade alcançadas no final do século XX desencadearam um intenso processo de urbanização do Sudeste, ou seja, de aumento da proporção de pessoas vivendo em cidades. Veja o gráfico ao lado.

Atualmente, além de ser a região mais populosa do país, com cerca de 90 milhões de habitantes (em 2020), o que corresponde a 43% do total da população brasileira, o Sudeste conta com aproximadamente 95% de seus habitantes vivendo em cidades, boa parte delas de médio e grande porte, como é o caso das metrópoles paulistana, carioca e belo-horizontina.

Além disso, a Região Sudeste abriga a maior conurbação urbana do país, a chamada **megalópole brasileira**, também denominada pelo IBGE de **Complexo Metropolitano do Sudeste**. Dele também fazem parte as cidades localizadas na região do Vale do Rio Paraíba do Sul, como São José dos Campos (SP), Taubaté (SP), Volta Redonda (RJ) e Resende (RJ), e as regiões metropolitanas da Baixada Santista e de Campinas, ambas localizadas no estado de São Paulo. No total, viviam nessa área, em 2020, aproximadamente 48 milhões de pessoas, ou cerca de 23% do total da população brasileira.

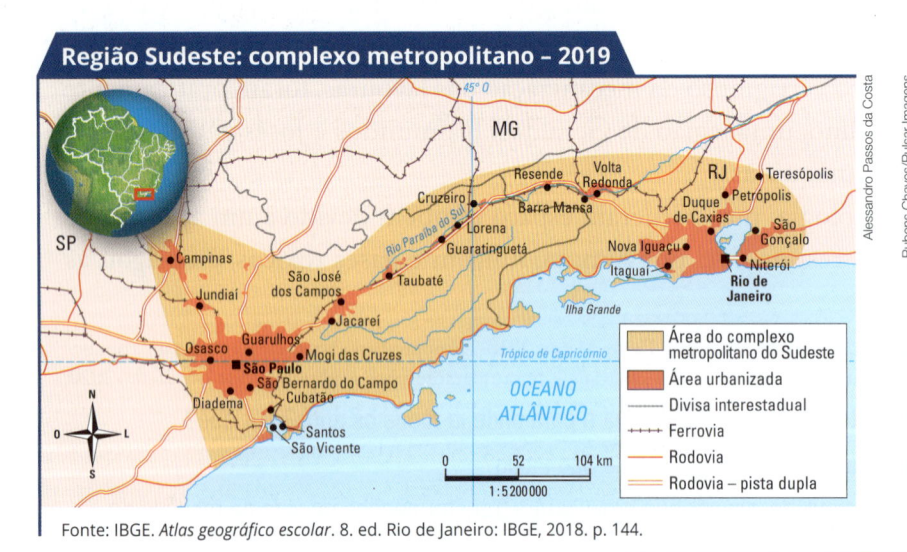

Região Sudeste: complexo metropolitano – 2019

Fonte: IBGE. *Atlas geográfico escolar*. 8. ed. Rio de Janeiro: IBGE, 2018. p. 144.

Rodovia Presidente Dutra, no município de Guarulhos (SP), 2020.

Área de influência das cidades no Brasil e no Sudeste

O mapa a seguir mostra a rede urbana brasileira, com destaque para o Sudeste.

Áreas de influência das cidades – 2018

Fonte: IBGE. *Regiões de influência das cidades*: 2018. Rio de Janeiro: IBGE, 2020. Disponível em: https://biblioteca.ibge.gov.br/index.php/biblioteca-catalogo?view=detalhes&id=2101728. Acesso em: 30 dez. 2020.

Regiões de influência: Manaus, Belém, Fortaleza, Recife, Salvador, Belo Horizonte, Rio de Janeiro, São Paulo, Curitiba, Porto Alegre, Goiânia, Brasília, Florianópolis, Vitória, Campinas

Hierarquia dos Centros Urbanos: Grande Metrópole Nacional, Metrópole Nacional, Metrópole, Capital Regional A, Capital Regional B, Capital Regional C, Centro Sub-Regional A, Centro Sub-Regional B, Centro de Zona A, Centro de Zona B

1 As capitais estaduais da Região Sudeste podem ser classificadas da seguinte maneira: São Paulo é a "grande metrópole nacional", pois exerce influência em cidades além da Região Sudeste, com destaque para parte dos estados de Goiás, Mato Grosso do Sul e Paraná.

2 O Rio de Janeiro é uma "metrópole nacional", com um poder de influência um pouco menor que São Paulo, destacando-se parte de Minas Gerais e o estado do Espírito Santo.

3 São Paulo e Rio de Janeiro são as duas metrópoles mais importantes do Brasil e os centros de decisão em âmbito nacional, uma vez que concentram as principais sedes de empresas e bancos, universidades e centros de pesquisa, redes de telecomunicações de massa etc.

4 Belo Horizonte e Campinas são consideradas "metrópoles regionais", com influência no interior de Minas Gerais e Espírito Santo e no interior paulista, respectivamente.

5 Vitória, capital do Espírito Santo, é considerada uma "capital regional", com uma influência mais restrita aos municípios do próprio estado.

Problemas das metrópoles do Sudeste

Assim como em outras regiões brasileiras, o rápido crescimento das capitais e cidades de porte médio do Sudeste ocasionou uma série de problemas ligados à infraestrutura urbana, como a falta de saneamento básico e de moradia, o aumento do preço dos imóveis, o colapso do sistema de transportes e a poluição de rios e córregos e do ar atmosférico.

Além disso, ainda que o crescimento da atividade industrial e principalmente do comércio e dos serviços tenha ampliado os postos de trabalho, a oferta de emprego não cresceu na mesma proporção que a população urbana. Dessa forma, houve um processo de empobrecimento dos trabalhadores, o que aumentou as desigualdades sociais e a segregação do espaço urbano, sobretudo no interior das grandes cidades.

A imagem abaixo utiliza uma área da cidade de São Paulo como modelo para pontuar alguns dos principais problemas enfrentados pela população das metrópoles do Sudeste: problemas de trânsito, lixo urbano, poluição hídrica e violência. Identifique-os.

Impactos das atividades agroindustriais e da urbanização nos biomas

Observe as fotografias.

Remanescente de Cerrado em meio à plantação comercial em São João Batista do Glória (MG), 2016.

Remanescente de Mata Atlântica sendo "invadida" pelo processo de urbanização em Niterói (RJ), 2019.

O processo de crescimento e expansão das atividades agropecuárias e industriais, aliado ao intenso ritmo de urbanização, têm causado profundos impactos nos biomas do Sudeste, como é possível perceber pelas imagens acima.

Entre os biomas que se estendem pela região, há a **Caatinga**, sobretudo no norte de Minas Gerais, o **Cerrado**, principalmente no interior dos estados de São Paulo e Minas Gerais, e a **Mata Atlântica**, atualmente em trechos preservados apenas na porção leste dos estados do Sudeste.

Mata Atlântica: maior biodiversidade do mundo

Dentre os biomas da Região Sudeste, certamente o mais impactado pelas atividades humanas é o de Mata Atlântica. Isso porque, já no início do século XIX, sua vegetação passou a ser derrubada em grande escala para a expansão das lavouras de café e, mais tarde, durante o século XX, para o avanço das lavouras de cana-de-açúcar, laranja e soja.

Além disso, nas últimas décadas, nos domínios desse bioma houve uma "explosão" do crescimento de boa parte das cidades do Sudeste, com destaque para os centros urbanos: Rio de Janeiro, São Paulo, Vitória e Santos.

Florestas, manguezais e restingas

A maior parte da área remanescente do bioma de Mata Atlântica do Brasil está localizada no Sudeste. Atualmente, ela se encontra protegida em parques e em outras áreas de preservação, sobretudo na região da Serra do Mar e do litoral.

Nessa região, a área de Mata Atlântica pode ser dividida em três biomas: a **floresta atlântica**, nas porções de serras e vales; os **manguezais**, nas áreas alagadas pelas cheias e vazantes das marés nas áreas de planícies litorâneas; e as **restingas**, que se desenvolvem nos trechos de areia seca das praias e das dunas. Cada bioma apresenta sua complexidade de fauna e flora, como podemos observar por meio dos exemplos do esquema abaixo.

Mata Atlântica: florestas, manguezais e restingas

A biodiversidade existente nos domínios de Mata Atlântica do Sudeste é considerada a maior do planeta. Nela vivem centenas de espécies de fauna e flora, sendo boa parte delas **endêmicas**, ou seja, encontram-se exclusivamente nessas áreas remanescentes da região, e em mais nenhuma outra parte do Brasil ou do mundo. Entretanto, por causa da pressão exercida pelas atividades humanas, é nesse bioma que cerca de 60% de todas as espécies ameaçadas de extinção de nosso país estão abrigadas.

ZOOM

Mata Atlântica, quilombos e preservação ambiental

Os quilombolas habitam e manejam a floresta atlântica no Vale do Ribeira há mais de 300 anos. Não por acaso o Vale do Ribeira é o maior remanescente de Mata Atlântica contínuo: dos 7% que restaram do bioma de Mata Atlântica em território nacional, 21% estão localizados [nessa região].

Ou seja, as maiores áreas de Mata Atlântica no estado de São Paulo estão nos municípios do Vale [...], onde vivem populações tradicionais e existem áreas protegidas, como os territórios quilombolas. Seria esse cenário apenas uma casualidade, uma coincidência? Ou teriam essas comunidades desempenhado um papel fundamental na conservação da floresta?

A partir da ocupação histórica da região nos últimos séculos, as condições da geografia de relevo acidentado com áreas desfavoráveis à agricultura de larga escala e o baixo desenvolvimento de infraestrutura como estradas, por exemplo, podem-se entender as circunstâncias que fizeram com que as comunidades sobrevivessem até hoje da agricultura tradicional. As técnicas de plantio de baixo impacto, aliadas à baixa densidade populacional da região e à permanência dos quilombolas no território, impedindo a entrada de exploradores, são fatores que se somam e contribuem para que a vegetação esteja preservada no Vale do Ribeira.

Ao longo de sua existência, para sobreviver no Vale, os quilombolas praticaram uma agricultura itinerante, herdada dos povos indígenas que habitaram a mesma região, chamada por eles de roça de coivara e que tem outros nomes em outras regiões tropicais. É a forma de agricultura milenar de povos e comunidades tradicionais. [...] Hoje essa mesma agricultura, que concilia produção com conservação, alimenta os quilombolas e outras famílias que recebem a comida produzida por meio dos programas institucionais como o Programa de Aquisição de Alimentos (PAA) e o Programa Nacional de Alimentação Escolar (Pnae). [...]

PASINATO, Raquel. Por que o sistema agrícola tradicional quilombola do Vale do Ribeira é patrimônio cultural brasileiro? *((o)) eco*, [s. l.], 30 set. 2018. Disponível em: https://bit.ly/2S2eHaD. Acesso em: 24 abr. 2021.

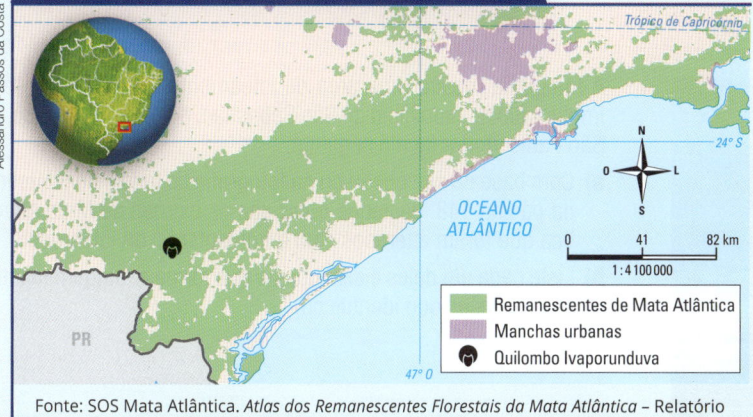

Localização e extensão da Mata Atlântica no Vale do Ribeira (SP)

Fonte: SOS Mata Atlântica. *Atlas dos Remanescentes Florestais da Mata Atlântica* – Relatório Técnico 2019 (Período 2017-2018). Disponível em: https://www.sosma.org.br/wp-content/uploads/2019/10/Atlas-mata-atlanticaDIGITAL.pdf. Acesso em: 5 abr. 2021.

Homem carregando penca de bananas em plantação no Quilombo Ivaporunduva. Eldorado (SP), 2016.

1. Onde está localizada a maior parte da área remanescente do bioma de Mata Atlântica em território brasileiro?
2. De que maneira as comunidades quilombolas do Vale do Ribeira (SP) têm contribuído para a preservação de áreas de Mata Atlântica? Que outros fatores também contribuíram para isso?
3. Com os colegas, pesquisem juntos na internet os programas institucionais PAA e Pnae.

ATIVIDADES

Reviso o capítulo

1. Sobre a atividade agropecuária no Sudeste, responda:
   a) Quais são os principais gêneros agropecuários produzidos?
   b) Esses gêneros são matéria-prima para quais tipos de agroindústria?

2. O que é a chamada "agricultura 4.0"?

3. Explique a frase:

   "Os migrantes nordestinos foram importantes para o desenvolvimento do Sudeste".

4. Quais foram as transformações causadas no espaço rural do Sudeste pela modernização das atividades agropecuárias?

5. De que maneira a modernização das atividades agrícolas acelerou o processo de urbanização do Sudeste?

6. Caracterize a área de influência:
   a) da grande metrópole nacional;
   b) de uma metrópole nacional;
   c) de uma metrópole regional;
   d) de uma capital regional.

7. O que é o Complexo Metropolitano do Sudeste? Como também pode ser chamado?

8. Sobre os biomas do Sudeste, faça o que se pede a seguir.
   a) Cite os principais biomas encontrados nessa região.
   b) Qual deles abriga a maior biodiversidade?
   c) De que maneira esse bioma vem sendo impactado pela ação humana?

9. Cite os principais problemas urbanos das grandes cidades do Sudeste. Esses problemas também são verificados no lugar em que você vive? Escreva sobre isso no caderno.

Analiso imagens

10. Observe com atenção a imagem abaixo.

    A fotografia mostra uma área de loteamento residencial, recém implantado no município de São Sebastião, no litoral do estado de São Paulo. Agora faça o seguinte:
    a) Com base no que observou na fotografia ao lado e no conteúdo da página 148, destaque quais são os biomas de Mata Atlântica que foram alterados com a implantação do loteamento.
    b) Liste cada um deles e explique de que forma a imagem mostra as alterações que identificou.

    Vista de *drone* das praias da Jureia e de Bora-Bora. São Sebastião (SP), 2018.

Elaboro textos

11. Elabore um pequeno texto, com cinco ou seis linhas, explicando de que maneira se caracterizou o processo de modernização das atividades agropecuárias no Sudeste. Para isso, empregue ao menos cinco termos do quadro abaixo.

> INDÚSTRIAS   NOVAS TECNOLOGIAS   TRATORES
> CAMPO   RAÇÕES   COLHEITADEIRAS
> PRODUTIVIDADE   PROPRIEDADES RURAIS

Analiso charges

12. Veja a charge ao lado.

a) Que trecho do diálogo entre os personagens indica que a Mata Atlântica é o bioma brasileiro mais devastado pelas atividades humanas?

b) O que os personagens da charge querem dizer com a frase: "...e 0% de bom senso na cabeça dos humanos...".

c) Por que a Mata Atlântica é considerada o bioma de maior biodiversidade do mundo? De que maneira esse bioma pode ser dividido?

AQUI TEM GEOGRAFIA

Leia

A Mata Atlântica é aqui. E daí?
Fundação SOS Mata Atlântica (Terra Virgem).

Livro comemorativo dos 20 anos da ONG SOS Mata Atlântica, relata as lutas e conquistas dessa importante organização para o meio ambiente de nosso país.

Acesse

Feira de São Cristóvão
Disponível em: https://www.feiradesaocristovao.org.br/. Acesso em: 6 abr. 2021.

Visite o *site* da maior feira de produtos típicos e de apresentações culturais nordestinas fora do Nordeste, localizada no bairro de São Cristóvão, na cidade do Rio de Janeiro.

UNIDADE 6
REGIÃO SUL

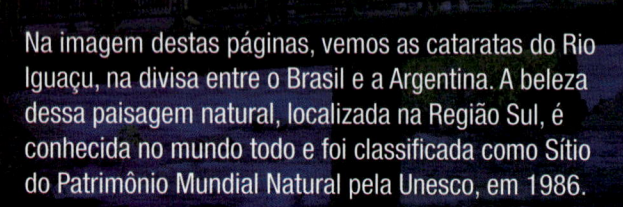

Na imagem destas páginas, vemos as cataratas do Rio Iguaçu, na divisa entre o Brasil e a Argentina. A beleza dessa paisagem natural, localizada na Região Sul, é conhecida no mundo todo e foi classificada como Sítio do Patrimônio Mundial Natural pela Unesco, em 1986.

1. Além das cataratas do Rio Iguaçu, você saberia citar outros elementos da paisagem natural ou cultural da Região Sul? Quais?

2. Você sabe quais são as principais cidades e as atividades econômicas que mais se destacam nessa região do Brasil?

3. Descubra se a turma conhece outras características dessa região e, juntos, conversem com o professor sobre elas.

Nesta unidade você vai aprender:
- os principais aspectos do processo de ocupação da Região Sul;
- a formação da população e os movimentos migratórios;
- o desenvolvimento das atividades econômicas;
- as características do espaço natural sulino;
- as transformações na paisagem da Região Sul provocadas pela ação humana.

Cataratas do Iguaçu.
Foz do Iguaçu (PR), 2019.

CAPÍTULO 12

Sul: ocupação, economia e urbanização

Observe a imagem abaixo.

Vista aérea da cidade de Curitiba (PR), 2019.

A vista aérea possibilita observar que Curitiba, capital do estado do Paraná, é uma importante metrópole da Região Sul. Ao lado de Florianópolis (SC) e Porto Alegre (RS), as outras duas capitais estaduais da região, a capital paranaense tem grande relevância econômica e cultural nos âmbitos regional e nacional. De acordo com o Instituto Brasileiro de Geografia e Estatística (IBGE), a Região Sul respondeu em 2019 por 17% de todo o PIB brasileiro, perdendo apenas para o Sudeste.

Neste capítulo, estudaremos os processos de ocupação populacional e de desenvolvimento econômico dessa porção do país, bem como os problemas e contradições derivados dessas ações.

1. Quais aspectos econômicos e sociais da Região Sul você conhece?

2. Com base no que já estudou, que problemas sociais e ambientais podem decorrer das atividades produtivas no Sul? Converse com os colegas e o professor sobre isso.

Por dentro da Região Sul

A Região Sul é formada pelos estados do Rio Grande do Sul, Santa Catarina e Paraná, reunindo aproximadamente 30 milhões de habitantes em uma área com cerca de 576 mil km². Verifique as informações do mapa ao lado. Além de populosa, a Região Sul pode ser considerada, em comparação com as demais regiões brasileiras, bastante povoada, com densidade demográfica média de 58 hab./km².

Fonte: IBGE. *Atlas geográfico escolar*. 8. ed. Rio de Janeiro: IBGE, 2018. p. 90.

Região Sul: político

Ocupação e fluxos migratórios

Originalmente, as terras que hoje formam a Região Sul eram ocupadas por povos indígenas como os charruas, os kaingangs e os guaranis, sendo estes últimos considerados os primeiros agricultores dessa porção do continente. Parte dessas terras foi, séculos atrás, controlada pela Espanha. Com a assinatura do Tratado de Madri, em 1750, os limites fronteiriços entre as áreas pertencentes à Coroa espanhola e à Coroa portuguesa foram, então, redefinidos. Assim, o Sul passou a ser governado pelos portugueses, que, objetivando ocupar e dominar todo o território, estimularam a imigração para essas áreas (reveja o texto e o mapa da página 30, do capítulo 2).

Assim, em meados do século XVIII, houve a primeira política migratória no país, já que Portugal incentivou sobretudo a vinda de famílias paulistas e de casais açorianos (portugueses do Arquipélago dos Açores) para ocupar a zona litorânea da região. Para tanto, a Coroa cedia terras, dinheiro, moradia, ferramentas e animais a fim de serem usados no trabalho da lavoura.

Ainda no século XVIII, a mineração em Minas Gerais ajudou no crescimento das terras que hoje formam a Região Sul, já que algumas de suas áreas se especializaram na pecuária para abastecer as áreas mineiras produtoras de ouro e diamantes, que careciam de gêneros alimentícios para a subsistência da população. Assim, nas estâncias (fazendas) do Rio Grande do Sul, criava-se gado para a produção de charque, que era vendido para a população mineira, a qual crescia a cada ano. Esse produto era transportado por tropas de mulas que levavam a carga ao lombo. Como a distância era grande, estabeleceram-se pousos para os tropeiros ao longo do trajeto. Muitos desses locais se transformaram, posteriormente, em cidades importantes dessa região brasileira, como Erechim (RS), Lajes (SC) e Ponta Grossa (PR).

Pescadores descendentes de açorianos retiram rede com peixes do mar. Garopaba (SC), 2019.

Charque: carne bovina cortada em peças, salgada e seca ao sol como forma de mantê-la própria para o consumo por um período prolongado.

Tropeiro: condutor de tropas de mulas e cavalos que, durante o Período Colonial, transportava mercadorias entre as diferentes regiões do Brasil.

Monumento ao Tropeiro de Poty Lazzarotto. Curitiba (PR), 2019.

Imigração e centros urbanos sulistas

Até a segunda metade do século XIX, a ocupação da Região Sul estava basicamente limitada às áreas litorânea e de planalto próximas à costa. Essa realidade mudou com a chegada de grandes levas de imigrantes europeus. Eram famílias de várias nacionalidades, sobretudo alemãs, italianas, polonesas, ucranianas e espanholas, que se instalaram principalmente em **colônias**, ou seja, localidades compostas de pequenas e médias propriedades rurais, cuja produção agrícola era baseada, sobretudo, na policultura e na criação de aves e de gado leiteiro. Algumas dessas colônias de imigrantes deram origem a importantes centros urbanos da atualidade, como as cidades de Novo Hamburgo e Caxias do Sul (RS) e Blumenau e Joinville (SC).

Mais tarde, já no início do século XX, com a expansão das plantações de café, houve uma nova "onda migratória" do interior de São Paulo em direção ao norte do Paraná. Além dos imigrantes paulistas, essa área recebeu mineiros, nordestinos, descendentes de europeus e muitos japoneses. Com esse processo de ocupação e a riqueza econômica gerada pela produção de café, foram fundados importantes centros urbanos, como as cidades de Londrina e Maringá (PR). Isso tornou a ocupação da região mais homogênea, ainda que existissem áreas pouco povoadas, como o oeste de Santa Catarina e o oeste e sudoeste do Paraná. Reveja o mapa da página 43 e compare novamente a distribuição das localidades que mais receberam imigrantes entre as regiões brasileiras.

> **Policultura:** atividade que envolve o cultivo de diversos tipos de culturas agrícolas em uma única propriedade rural.

Em Brusque (SC) e em outras cidades do Sul do país é comum encontrarmos edificações com traços da arquitetura alemã, 2019.

Festa da colônia japonesa em Londrina (PR), 2019.

Deslocamentos internos e emigração

A partir de 1950, a **modernização conservadora da agricultura**, ou seja, o processo baseado na expansão do latifúndio, da monocultura e da mecanização do campo, provocou um grande deslocamento populacional dentro da própria Região Sul. Muitas famílias, sobretudo gaúchas, migraram em busca de terras mais baratas no oeste de Santa Catarina e no sudoeste e oeste do Paraná, fazendo com que a atividade madeireira e a agricultura se destacassem nessas áreas, o que provocou o desenvolvimento de núcleos urbanos, como Chapecó (SC) e Cascavel (PR).

Contudo, a abertura dessas novas áreas de ocupação não foi suficiente para a fixação da população, o que provocou ondas de **emigração**, ou seja, a saída de sulistas para outras regiões brasileiras. Assim, entre as décadas de 1960 e 1990, grande quantidade de catarinenses, gaúchos e paranaenses deslocaram-se em busca de novas terras, principalmente no interior de Mato Grosso, Mato Grosso do Sul, Goiás e Rondônia, chegando a fixarem-se também em países vizinhos, como o Paraguai e a Bolívia. Destacam-se nesse movimento emigratório os deslocamentos provenientes do norte do Paraná e do Rio Grande do Sul, talvez o mais expressivo de todos. Segundo o IBGE, no ano de 2010, aproximadamente 2 milhões de gaúchos e paranaenses viviam fora de seu estado de origem. O mapa a seguir mostra o caso da emigração gaúcha para outros estados brasileiros e países vizinhos. Observe.

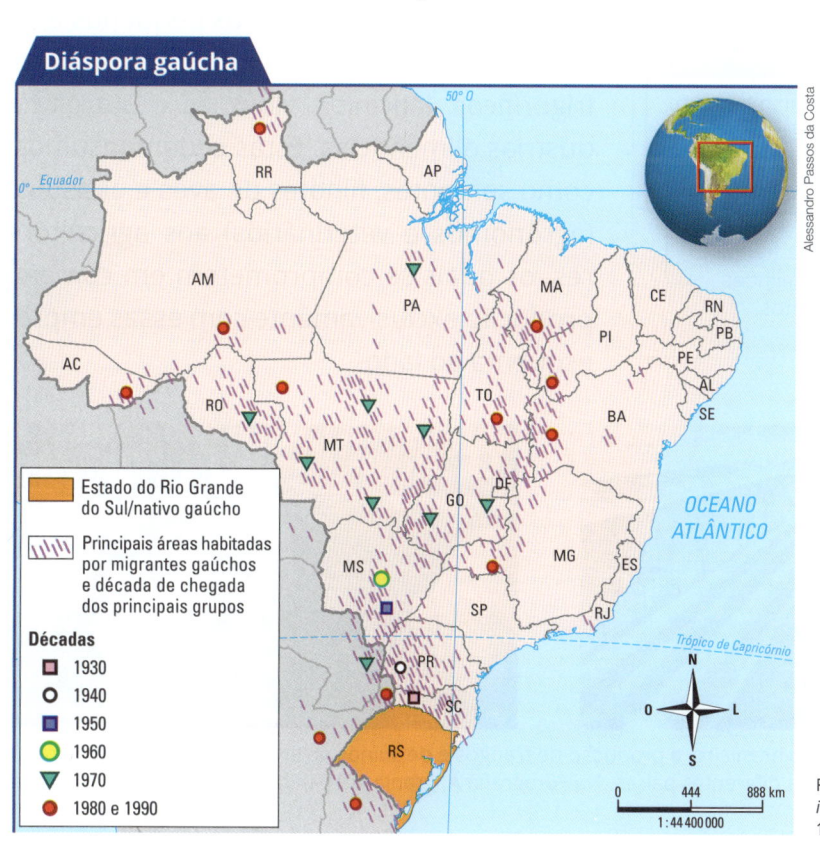

Apresentação de dança tradicional gaúcha pelos descendentes que residem em Campo Grande (MS), 2019.

Diáspora gaúcha

Fonte: HAESBAERT, Rogério. *Des-territorialização e identidade gaúcha no Nordeste*. Rio de Janeiro: Eduff, 1997. p. 23.

Agropecuária sulista

Como já vimos neste capítulo, o processo de ocupação da Região Sul esteve ligado ao desenvolvimento de atividades agropecuárias, baseadas sobretudo na mão de obra familiar, com exceção da pecuária extensiva em grandes propriedades rurais no Rio Grande do Sul. Contudo, durante a segunda metade do século XX, essa realidade começou a mudar com a expansão da chamada agropecuária comercial. Vamos entender como se desenvolvem na atualidade essas duas modalidades agrícolas na Região Sul.

Agricultura familiar

A produção rural desenvolvida em pequenas e médias propriedades (chácaras e sítios) e com base na **mão de obra familiar**, em que trabalham quase exclusivamente apenas as famílias de camponeses, é um aspecto marcante da paisagem da Região Sul do Brasil. De acordo com dados do IBGE (2018), cerca de 600 mil famílias se encontram envolvidas com a modalidade da agricultura familiar nos três estados sulistas. Nessas propriedades rurais, prioriza-se a produção de **gêneros alimentícios** como arroz, feijão, milho, mandioca, ovos e leite e de **produtos artesanais** como queijos, farinhas, doces e embutidos.

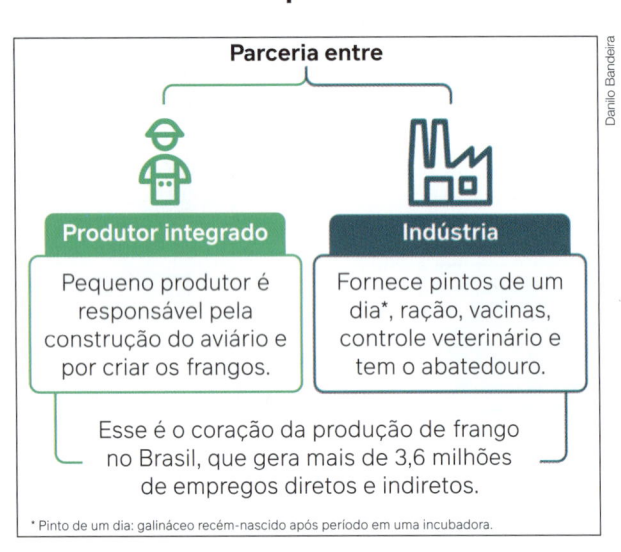

A partir da década de 1970, verificou-se um processo de modernização de boa parte das propriedades familiares nessa região, com a introdução do chamado **sistema integrado de produção**. Esse sistema consiste na parceria entre os pequenos e médios proprietários rurais e as chamadas **agroindústrias**, como frigoríficos, laticínios, vinícolas e outros tipos de indústrias alimentícias. Estas cedem insumos agrícolas, como sementes, filhotes de aves e assistência técnica (agrônomos e veterinários) aos agricultores familiares, os quais se comprometem em comercializar sua produção exclusivamente com essas empresas. Veja o esquema ao lado.

Parceria entre

Produtor integrado: Pequeno produtor é responsável pela construção do aviário e por criar os frangos.

Indústria: Fornece pintos de um dia*, ração, vacinas, controle veterinário e tem o abatedouro.

Esse é o coração da produção de frango no Brasil, que gera mais de 3,6 milhões de empregos diretos e indiretos.

* Pinto de um dia: galináceo recém-nascido após período em uma incubadora.

Além de abastecer o mercado interno brasileiro, a produção de frangos e de suínos no sistema integrado no Paraná e em Santa Catarina destina-se à exportação para diferentes países. Na Fotografia **A**, granja em Guarapuava (PR), e na Fotografia **B** fazenda de suínos, Braço do Norte (SC), 2019.

Agricultura comercial moderna

Como vimos, o espaço rural da Região Sul passou por profundas transformações a partir da década de 1970. Ao lado da modernização de parte das pequenas e médias propriedades rurais, houve também um intenso processo de concentração de terras (aumento do número de grandes propriedades rurais), de mecanização das lavouras e do cultivo de produtos voltados à exportação, as chamadas *commodities* (leia a seção **Fique ligado!**, nesta página). Dessa forma, a área de produção do trigo, do milho, do café e principalmente da soja foi ampliada na região, resultando, nas décadas seguintes, na expulsão de muitos trabalhadores rurais, obrigados a se deslocar para os centros urbanos próximos – e outras regiões distantes, como já visto na página 157.

Atualmente, a agricultura comercial moderna é praticada em grandes propriedades e com alta tecnologia (uso de sementes selecionadas, tratores, colheitadeiras etc.). Destacam-se a produção de soja, cana-de-açúcar, algodão e trigo no estado do Paraná; arroz, soja e trigo no Rio Grande do Sul; e arroz e soja em Santa Catarina. Segundo o IBGE, em 2020 o Paraná colheu sozinho, por meio dessa modalidade, aproximadamente 20 milhões de toneladas de soja em grãos e 35 milhões de toneladas de cana-de-açúcar. No caso do trigo, destacaram-se o Rio Grande do Sul e o Paraná, que são os principais produtores desse grão no país.

Além da produção de grãos, destaca-se a monocultura de eucalipto e pínus (silvicultura), que tem avançado em todo o território brasileiro. Na Região Sul, cuja área plantada é de 35% do total nacional, o estado com maior área plantada – a segunda do Brasil – é o Paraná, 1 milhão e meio de hectares, do qual cerca de 53% são de pínus.

Cultivo de trigo na cidade de Salto do Jacuí (RS), 2018.

FIQUE LIGADO!

O que são *commodities* agrícolas?

Boa parte do desenvolvimento da agricultura moderna na atualidade ocorre por meio da produção de *commodities* **agrícolas** – cultivares e criações que alcançam um valor maior de comercialização no mercado internacional de alimentos. Nesse modelo de produção, as grandes empresas – nacionais e estrangeiras – que possuem grandes extensões de terras, fabricam insumos ou processam os alimentos têm forte controle sobre todos os estágios da produção. Elas fazem investimentos maciços de capital por meio de tecnologias de ponta para melhorar a produtividade o máximo possível, empregando intensivamente maquinários nas diversas etapas de produção e introduzindo no processo fertilizantes, agrotóxicos, sementes modificadas geneticamente, entre outros insumos.

Laboratório de indústria de óleo vegetal de soja. Cambé (PR), 2015.

Impactos socioambientais no espaço rural

É possível afirmar que o processo de modernização das atividades agrícolas aumentou a produtividade das lavouras e das criações, gerando riquezas monetárias para a Região Sul e para o Brasil. Por outro lado, é importante entendermos que a agricultura e a pecuária comercial moderna também têm causado graves impactos ecológicos e sociais, que derivam de suas práticas.

Entre esses impactos estão: a contaminação do solo e da água decorrente do uso excessivo de fertilizantes e agrotóxicos, o aumento do desmatamento das vegetações nativas e, consequentemente, a diminuição da biodiversidade e o aumento da erosão e da perda de fertilidade natural dos solos, como estudaremos melhor no próximo capítulo.

> **Trabalhador rural volante:** pessoa que trabalha sem carteira assinada, recebe pelo dia de trabalho e é transportada diariamente do lugar onde mora para a propriedade rural onde será executada a tarefa (plantio ou colheita). Em determinadas regiões do Brasil também é chamado de boia-fria.

Em determinadas áreas do estado do Rio Grande do Sul, o processo erosivo é tão intenso que podem surgir fendas profundas do solo, as chamadas voçorocas. Na fotografia, voçorocas em lavoura no município de Manoel Viana, em 2018.

Do ponto de vista social, verificam-se alguns impactos negativos, como a concentração de terras e a expulsão de milhares de famílias camponesas. Na maioria das vezes, estas acabam tendo de atuar como <u>trabalhadores rurais volantes</u> ou migrar para as áreas urbanas da região ou para outras partes do país, em busca de melhores condições de vida. Além disso, nas últimas décadas cresceu grandemente a dependência do produtor rural em relação às grandes empresas do setor, que exercem controle sobre a distribuição de sementes e de outros itens da produção agropecuária.

Impactos causados por hidrelétricas

Além da concentração de terras, outro fato que tem expulsado centenas de famílias sulistas de suas propriedades rurais é a construção de barragens de usinas hidrelétricas, pois elas inundam centenas de quilômetros quadrados de terras a fim de formar seus lagos artificiais. Calcula-se que, nas últimas décadas, milhares de famílias tiveram de deixar suas terras devido à construção de hidrelétricas no Sul do Brasil, e boa parte delas, até hoje, não recebeu a devida indenização pela perda das propriedades.

Indenização: valor que uma pessoa ou empresa recebe em reparação ou compensação por algum prejuízo que ocorreu a ela.

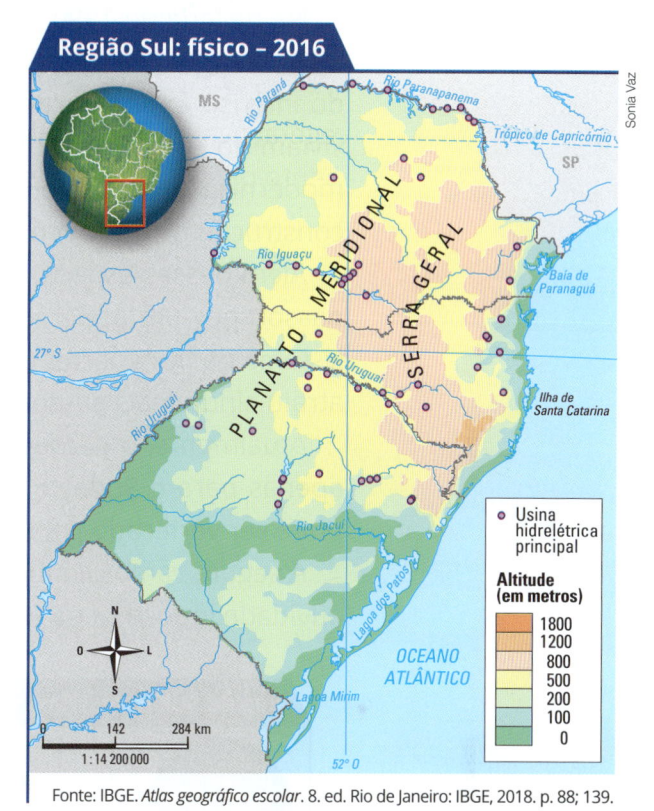

Mas por que existem tantas hidrelétricas construídas e ainda em construção nessa parte do país?

O relevo da Região Sul é composto de extensas áreas de planaltos, com terrenos acidentados e muitas serras (veja o mapa ao lado). Essa característica proporciona elevado potencial para a exploração de energia hidrelétrica, sobretudo, por meio da construção de barragens em rios de planalto, que cortam os vales bem encaixados à região. É o que ocorre nos vales tanto dos rios Paraná e Iguaçu, no Paraná, como nos rios Uruguai e Pelotas, na divisa entre o Rio Grande do Sul e Santa Catarina. Calcula-se que o Sul gere aproximadamente 25% de toda a energia elétrica consumida no Brasil. Por outro lado, os lagos formados pelas barragens dessas hidrelétricas cobriram milhares de hectares de terras produtivas.

Fonte: IBGE. *Atlas geográfico escolar*. 8. ed. Rio de Janeiro: IBGE, 2018. p. 88; 139.

Manifestação de trabalhadores rurais atingidos por barragem no município de Curitiba (PR), 2017.

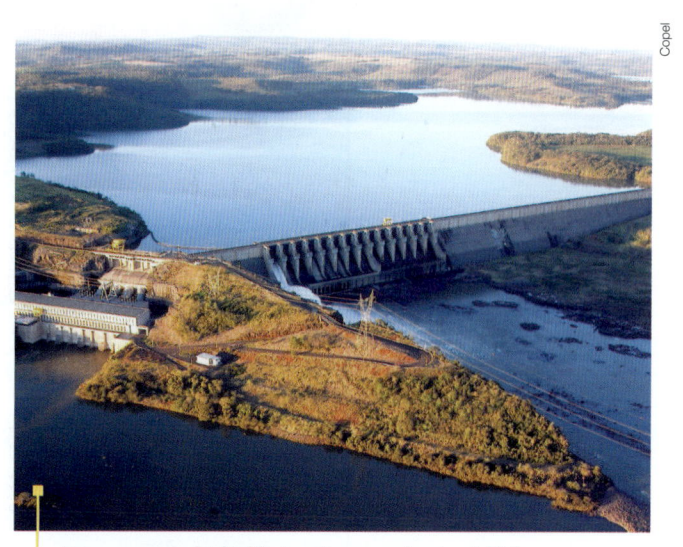

Barragem da hidrelétrica Governador José Richa, no Rio Iguaçu (PR), 2017.

Urbanização e indústria

Como foi estudado, a origem de várias cidades da Região Sul está relacionada aos fluxos migratórios e ao desenvolvimento de atividades econômicas ligadas à agropecuária. Até os anos 1970, o processo de **urbanização** sulista foi bastante vagaroso, com exceção das capitais Porto Alegre (RS) e Curitiba (PR). De maneira geral, enquanto o Sudeste apresentava, naquela década, uma urbanização mais acelerada, já com taxas acima de 70%, no Sul elas encontravam-se em torno de 40%.

Na década de 1990, a taxa de urbanização dessa região chegou a 74% e, em 2010, atingiu 85%. Esse salto no processo de urbanização sulista é decorrente do intenso **êxodo rural** ocorrido no período, ou seja, milhares de famílias que viviam no campo se dirigiram às cidades, devido, como vimos anteriormente, à modernização das lavouras, à concentração de terras ou à desapropriação para construção de barragens de usinas hidrelétricas.

Além desses aspectos, deve-se ressaltar que, nesse mesmo período, a região passou por um acelerado desenvolvimento industrial e uma ampliação de seu sistema de transportes (rodovias, portos e aeroportos) e de comunicações, o que atraiu ainda mais pessoas para os centros urbanos.

Atualmente, o parque industrial sulista é o segundo maior do Brasil – perde apenas para o Sudeste –, apresentando grande abrangência de setores, como pode ser verificado pelo mapa abaixo.

A seguir, vamos conhecer melhor as características dos espaços urbanos e da atividade industrial na Região Sul.

Fonte: CALDINI, Vera; ÍSOLA, Leda. *Atlas geográfico Saraiva*. 4. ed. São Paulo: Saraiva, 2013. p. 52.

Densa rede de cidades

Porto Alegre e Curitiba são as principais metrópoles do Sul e exercem grande influência sobre outros centros urbanos. Ao analisarmos a rede urbana da região, verificamos que Curitiba, por exemplo, influencia cidades como Londrina, Ponta Grossa e Cascavel, no Paraná. Porém, essa ação ultrapassa os limites do estado, atingindo Florianópolis, Blumenau e Chapecó, em Santa Catarina. Por sua vez, Porto Alegre influencia todas as cidades do Rio Grande do Sul. Além das duas metrópoles regionais, outras cidades se destacam na rede urbana sulista. Reveja o mapa da página 145.

Londrina (PR) é a segunda cidade mais populosa do Paraná e se desenvolveu com base no agronegócio. Atualmente é um importante centro comercial e prestador de serviços, destacando-se também em alguns ramos industriais, como o da química, o de alimentos/bebidas e o têxtil/vestuário. Fotografia de 2017.

Blumenau (SC), que foi formada por meio da colonização europeia, é outra cidade que se destaca no cenário regional. Terceira mais populosa de Santa Catarina, é conhecida nacionalmente pelo desenvolvimento das atividades industriais têxteis e do turismo. Nela ocorre a Oktoberfest (Festa de Outubro), a mais tradicional festa de origem alemã no Brasil. Fotografia de 2018.

Caxias do Sul (RS), por sua vez, é a segunda cidade gaúcha em número de habitantes, apresentando elevado nível de industrialização, sobretudo nos setores metalmecânico, de alimentos, bebidas e veículos de transporte. Fotografia de 2014.

ZOOM

Porto Alegre e os problemas de uma grande metrópole

O motorista dirige desviando dos buracos no asfalto. O ciclista quase some no meio da grama alta. O pedestre perde a hora se depender dos relógios de rua. E todos, independentemente do meio de transporte, correm risco ao percorrer ruas escuras à noite. Problemas em serviços tidos como básicos são alvo de muitas reclamações de moradores de Porto Alegre, dando um aspecto de abandono à capital gaúcha. [...]

[Além desses problemas,] a população de rua em Porto Alegre aumentou 75% em oito anos – se em 2008 eram 1 203 pessoas, em 2016 subiu para 2 115. Embora não haja levantamento atualizado, em 2016 e 2017, "sem dúvida", houve um acréscimo de pessoas nessa situação. [...]

Pessoa em situação de vulnerabilidade no centro de Porto Alegre (RS), 2016.

SETE questões [...]. *Diário Gaúcho*, [s. l.], 15 fev. 2018. Disponível em: http://diariogaucho.clicrbs.com.br/rs/dia-a-dia/noticia/2018/02/sete-questoes-que-porto-alegre-precisa-resolver-em-2018-10164607.html. Acesso em: 8 jan. 2021.

ATIVIDADES

Reviso o capítulo

1. Quais povos originalmente habitavam a Região Sul antes da ocupação pelos colonizadores europeus?

2. Sobre a vinda de imigrantes para o Sul do Brasil, responda:
   a) Quais foram os primeiros imigrantes a ocupar a região em meados do século XVIII?
   b) Quais foram os principais grupos de imigrantes a se fixar na região a partir de meados do século XIX?
   c) Onde se estabeleceram os imigrantes japoneses na região? Quando isso ocorreu?

3. Explique a importância dos tropeiros na ocupação do interior sulista.

4. Por que ocorreu uma forte onda emigratória da Região Sul entre as décadas de 1960 e 1990?

5. Em que consiste o chamado sistema integrado de produção? Em quais tipos de propriedade esse sistema é adotado na Região Sul?

6. Qual é a característica da prática da agricultura comercial no Sul na atualidade.

7. O que são *commodities* agrícolas?

8. Qual é a relação entre as características do relevo e da hidrografia da Região Sul e a existência de muitos agricultores desabrigados por barragens hidrelétricas?

9. Analise o mapa da página 162 e destaque os principais tipos de indústria em cada estado da Região Sul.

Associo textos e imagens

10. Observe com atenção as imagens a seguir.

A — Aplicação de fungicida em plantação de milho safrinha, em Campo Mourão (PR).

B — Central Hidrelétrica Bela Vista, entre os municípios de Verê e São João (PR).

C — Ocupação irregular em área de proteção ambiental no bairro Caximba, Curitiba (PR).

Agora, no caderno, indique qual fotografia relaciona o impacto socioambiental e sua causa descritos no quadro abaixo.

Impacto socioambiental	Causa
Inundação de áreas agrícolas férteis e desapropriação de agricultores.	Construção de barragens em rios de planalto.
Aumento de pessoas que vivem em bairros precários.	Intenso processo de urbanização.
Contaminação dos solos e da água por agrotóxicos.	Crescimento da agricultura comercial moderna.

Organizo ideias

11. Durante nossos estudos é fundamental que as leituras e as discussões sejam organizadas. Desse modo, propomos que organize as ideias sobre a atual agropecuária na Região Sul. Para isso, monte um quadro no caderno como o modelo a seguir e complete-o com as informações necessárias.

TIPO DE AGRICULTURA	TAMANHO DA PROPRIEDADE	PRINCIPAIS PRODUTOS	OUTRAS CARACTERÍSTICAS IMPORTANTES
Familiar moderna			
Comercial moderna			

Analiso mapas e elaboro pesquisas

12. Observe com atenção o mapa a seguir e, depois, faça o que se pede.

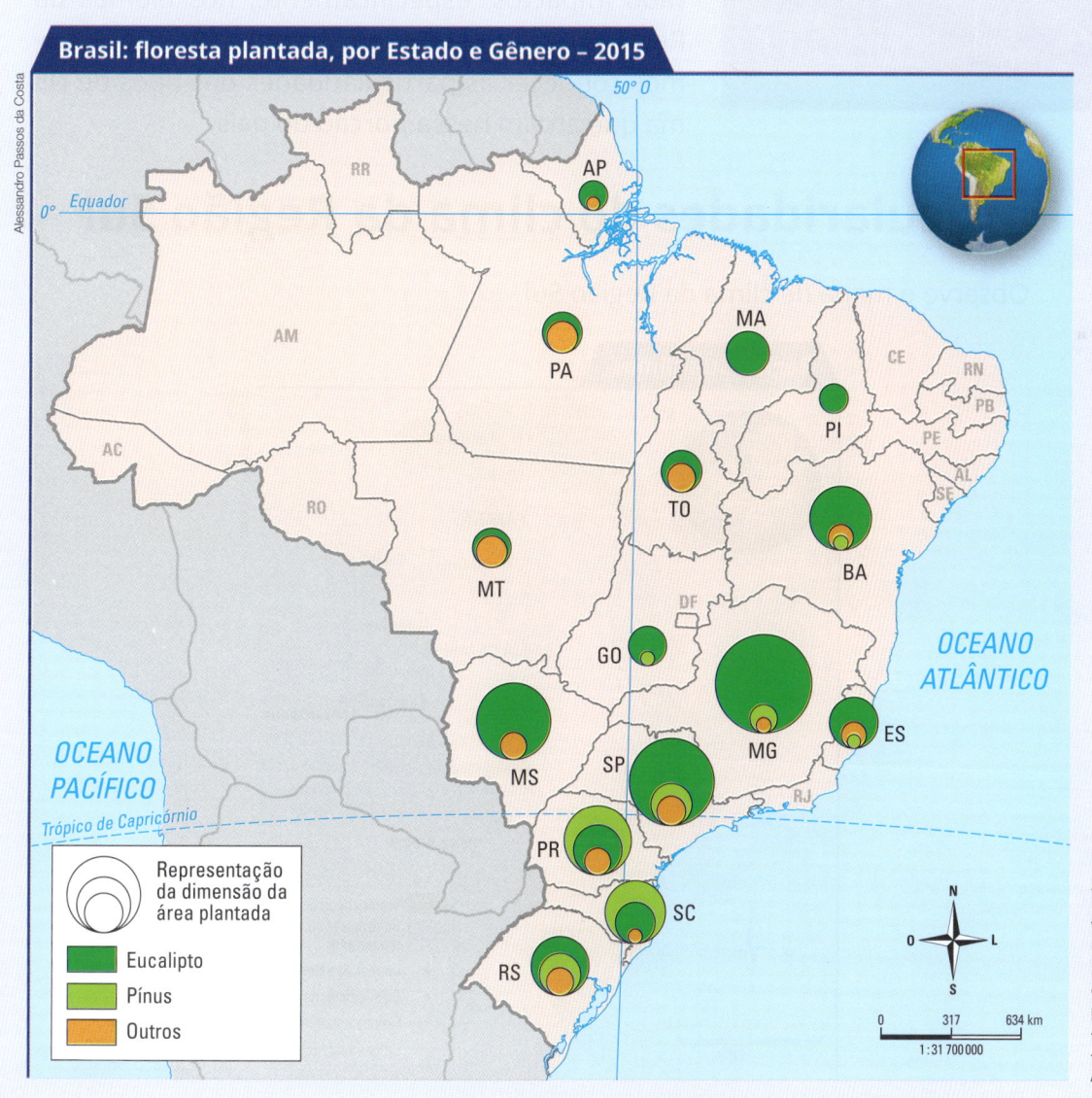

Brasil: floresta plantada, por Estado e Gênero – 2015

Representação da dimensão da área plantada:
- Eucalipto
- Pínus
- Outros

Fonte: PÍNUS é o principal gênero que proporciona inúmeros fins com valor agregado. *Celulose Online*, [s. l.], 9 set. 2016. Disponível em: https://www.celuloseonline.com.br/pinus-e-o-principal-genero-que-proporciona-inumeros-fins-com-valor-agregado/. Acesso em: 16 jan. 2020.

a) Descreva o perfil do plantio de floresta plantada na Região Sul.

b) Em qual região se desenvolve mais esse tipo de plantação? Justifique sua resposta.

c) Faça uma pesquisa na internet a fim de entender o motivo de alguns especialistas chamarem as plantações de eucalipto de "deserto verde". Anote todas as informações no caderno e as traga para a sala de aula.

CAPÍTULO 13

Clima subtropical e biomas sulinos

A imagem abaixo retrata uma paisagem rural no município de Campo Alegre, no estado de Santa Catarina. Nela observam-se pinheiros remanescentes de Mata de Araucária. Esse é um dos biomas mais alterados do país, devido à derrubada de pinheiros pela atividade madeireira ao longo de várias décadas.

No capítulo anterior estudamos os processos de ocupação e povoamento, bem como o desenvolvimento das atividades agrícolas e industriais, além dos aspectos ligados à urbanização, que causam impactos sociais e ambientais.

Neste capítulo vamos estudar como esses processos de ocupação do espaço geográfico têm gerado impactos, especificamente, nos biomas da Região Sul. Para tanto, em primeiro lugar, precisamos conhecer as particularidades dos tipos de clima que atuam nessa porção do país.

Vista aérea de Mata de Araucária no Campo Alegre (SC), 2020.

Particularidades do clima da Região Sul

Observe o mapa de clima da Região Sul.

Região Sul: climas

Fonte: IBGE. *Atlas geográfico escolar*. 8. ed. Rio de Janeiro: IBGE, 2018. p. 96.

A análise atenta desse mapa revela que o clima tropical típico atua somente na parte norte do estado do Paraná. No restante do Sul, que é a maior parte, atua o clima subtropical, caracterizado por boa distribuição de chuvas durante o ano e por médias térmicas anuais inferiores às das demais regiões brasileiras.

Sobretudo no inverno, as temperaturas são bem baixas em comparação com outros lugares do Brasil. Isso ocorre por causa da influência da massa polar atlântica (mPa), uma massa fria que ocasiona geadas e até neve nas áreas de planalto com maiores altitudes. Essa massa de ar é responsável também pela geração de **minuano**, um vento frio que adentra a Região Sul no outono e no inverno, atuando predominantemente no Rio Grande do Sul. Durante o verão, as temperaturas aumentam, já que há a predominância de atuação da massa tropical atlântica (mTa) e da massa tropical continental (mTc).

Cidade de Urupema (SC), com sua paisagem modificada devido à neve, 2017.

Analisando climogramas do Sul

Em grande parte da Região Sul, uma das características climáticas mais importantes é a pluviosidade. As chuvas são distribuídas de maneira regular ao longo do ano, favorecendo, por exemplo, o plantio de arroz, centeio e cevada. Observe estes climogramas e, em seguida, responda às questões.

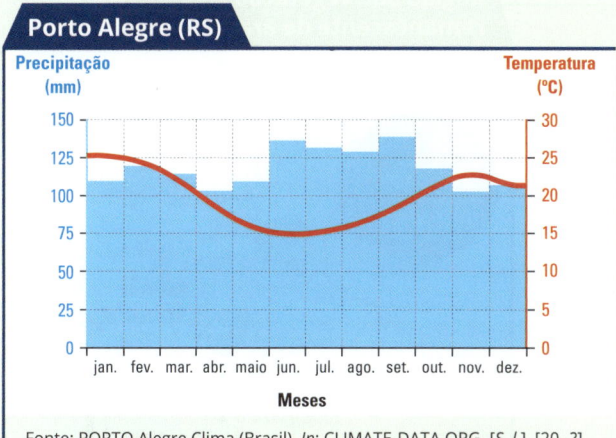

Fonte: PORTO Alegre Clima (Brasil). *In*: CLIMATE-DATA.ORG. [*S. l.*], [20--?]. Disponível em: https://pt.climate-data.org/america-do-sul/brasil/rio-grande-do-sul/porto-alegre-3845/. Acesso em: 8 jan. 2021.

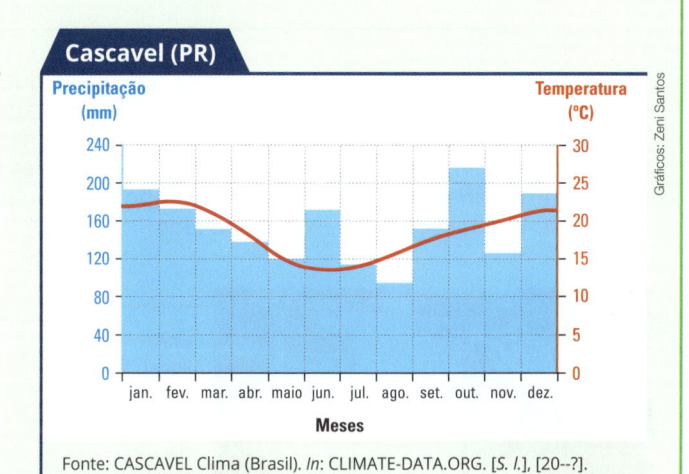

Fonte: CASCAVEL Clima (Brasil). *In*: CLIMATE-DATA.ORG. [*S. l.*], [20--?]. Disponível em: https://pt.climate-data.org/america-do-sul/brasil/parana/cascavel-5965/#climate-graph. Acesso em: 8 jan. 2021.

1. Como é a frequência da chuva durante o ano nas cidades mostradas?
2. Como se comporta a temperatura? Quais são os meses mais frios? E os meses mais quentes?

Região Sul: biomas principais

Fonte: GIRARDI, Gisele; ROSA, Jussara V. *Atlas geográfico do estudante*. São Paulo: FTD, 2016. p. 64.

Biomas sulinos

As características climáticas e suas inter-relações com outros aspectos naturais, como o relevo e a hidrografia, criam as condições necessárias à existência dos seguintes biomas na Região Sul: a Mata de Araucárias, a Mata Atlântica, a Vegetação Litorânea e os Pampas ou Campos Sulinos. Observe a distribuição espacial desses biomas pela região no mapa ao lado. Em seguida, vamos conhecer as características de cada um deles.

Mata de Araucárias

A Mata de Araucárias, também denominada Mata de Pinhais, ocorre em conjunto com áreas do bioma da Mata Atlântica. Essa formação vegetal desenvolve-se, principalmente, nas regiões de planaltos de maiores altitudes (como na fotografia da página 166), onde as temperaturas são mais baixas, desde o sul do estado de São Paulo, até o norte do Rio Grande do Sul. A espécie predominante, a *Araucaria angustifolia*, é um pinheiro (conífera) com folhas pontiagudas. São árvores de grande porte, que podem chegar a mais de 30 metros de altura. Entretanto, na mata, verifica-se a presença de outras espécies, como o cedro, a canela, jacarandá e a guabiroba.

A Mata de Araucárias foi intensamente degradada desde a ocupação inicial da Região Sul, tanto pelo desmatamento para a implantação de projetos agropecuários – como o plantio de erva-mate e a criação de gado – quanto pela exploração da madeira para a produção de móveis, entre outros.

De acordo com pesquisas feitas no Paraná, calcula-se que resta no estado menos de 1% da área original da Mata de Araucárias, em lugares com menor possibilidade de exploração agrícola, devido à baixa fertilidade do solo. Compare as extensões de Mata de Araucárias originais (no mapa no topo da página) com as de vegetação remanescente, ao lado.

Corte ilegal de araucárias, no município de São Mateus do Sul (PR), 2018.

Região Sul: vegetação remanescente de araucárias

Fonte: CALDINI, Vera; ÍSOLA, Leda. *Atlas geográfico Saraiva*. 4. ed. São Paulo: Saraiva, 2013. p. 40.

Mata Atlântica e Vegetação Litorânea

Na Região Sul, bem como em outros locais do território brasileiro, a Mata Atlântica predomina nas áreas de clima mais quente e com maior frequência de chuvas. Esse bioma tem aspecto muito exuberante nas regiões mais próximas ao litoral, como na Serra do Mar, no Paraná e em Santa Catarina, assim como em partes do interior dos três estados sulinos.

A Mata Atlântica encontra-se bastante degradada na Região Sul, devido à exploração das áreas ocupadas na época colonial, como estudado no capítulo 12, e à implantação das monoculturas – como a do café, no norte do Paraná – na primeira metade do século XX.

Além das atividades agrícolas, os processos de urbanização e industrialização contribuíram para acelerar essa degradação do bioma, reduzindo drasticamente sua área.

Ocupação irregular e deslizamento de encostas em áreas íngremes na Serra do Mar. Atualmente, áreas de Mata Atlântica ainda têm sido derrubadas para a implantação de projetos agrícolas e pecuários, urbanização e industrialização, resultando na ocupação de áreas de remanescentes por condomínios, loteamentos etc. Blumenau (SC), 2019.

FIQUE LIGADO!

Conservar a Mata Atlântica sulista

Embora a Mata Atlântica ainda esteja passando por diversas formas de degradação, existem, na Região Sul, algumas áreas importantes de proteção ao bioma, como os parques nacionais do Iguaçu (abertura desta unidade), da Serra Geral e dos Aparados da Serra, que ficam na divisa entre Santa Catarina e Rio Grande do Sul, com uma área de, aproximadamente, 30 300 hectares.

Esses parques, juntamente com algumas estações ecológicas e reservas biológicas, são exemplos de Unidades de Conservação (UCs) de proteção integral, nas quais é permitido somente o uso indireto para realização de pesquisas e práticas de lazer (turismo), sendo vedada a ocupação em seus limites.

Além disso, ainda existem as florestas nacionais, como a de Irati, no Paraná, e Caçador, em Santa Catarina, as áreas de proteção ambiental e as áreas de relevante interesse ecológico, que são UCs de uso sustentável, nas quais é possível articular a habitação humana com o desenvolvimento de atividades econômicas e a preservação ambiental.

Destacam-se nesse parque paredões verticais com elevada altitude, que pode atingir até 700 metros. Cânion Fortaleza, São José dos Ausentes (RS), 2019.

Pampas

Vista aérea dos Pampas no município de Rosário do Sul (RS), 2020.

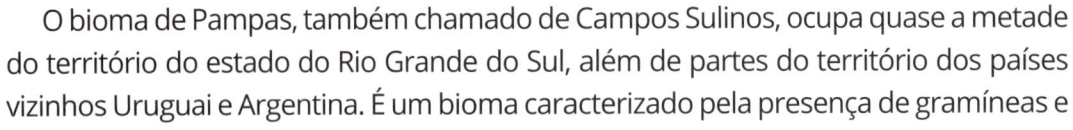

O bioma de Pampas, também chamado de Campos Sulinos, ocupa quase a metade do território do estado do Rio Grande do Sul, além de partes do território dos países vizinhos Uruguai e Argentina. É um bioma caracterizado pela presença de gramíneas e vegetação arbustiva bem esparsa. O solo é considerado fértil, porém bastante arenoso, muito propenso à erosão.

Como vimos no capítulo anterior, desde o Período Colonial, há cerca de 300 anos, os Campos Sulinos são utilizados como pastagens naturais para a criação de gado bovino e ovino. Além da atividade pecuária, mais recentemente, nas últimas décadas, os Pampas também têm sido ocupados pelas lavouras de grãos, em especial de soja. Esse processo de exploração trouxe a essa região sul-rio-grandense graves impactos ambientais, como o fenômeno de arenização dos solos.

ZOOM

Deserto? Não, é arenização!

A **arenização** é um processo em que os solos de origem arenosa são desgastados mais rapidamente, formando grandes areais. Trata-se de um fenômeno natural que pode ser acelerado pelas atividades humanas, sobretudo a agropecuária. Isso ocorre quando há retirada da vegetação de campos, deixando o solo mais exposto e mais suscetível à erosão, em uma região onde ocorrem muitas chuvas durante o ano todo. Assim, a chuva carrega os sedimentos do solo para áreas mais baixas, formando bancos de areia, como podemos observar na fotografia abaixo.

A formação de grandes areais, devido ao manejo inadequado do solo, tem sido agravada com a expansão das monoculturas de soja, eucalipto e pínus, que passaram a ocorrer nas últimas décadas. A arenização e a introdução dessas monoculturas em áreas de Pampas contribuem para a diminuição da biodiversidade desse bioma, ocasionando a dizimação de espécies de fauna e flora.

Os municípios gaúchos mais atingidos com esse fenômeno são os de Alegrete, Rosários do Sul e São Borja. Veja no mapa abaixo as áreas mais afetadas pela arenização no sul do Brasil.

Área de arenização nos pampas gaúchos. Manoel Viana (RS), 2020.

Arenização no Rio Grande do Sul

Fonte: SUERTEGARAY, D. M. A. et al. Projeto arenização no Rio Grande do Sul, Brasil: gênese, dinâmica e espacialização. *Revista Bibliográfica de Geografía y Ciencias Sociales*, Barcelona, n. 287, 26 mar. 2001. Disponível em: http://www.ub.edu/geocrit/b3w-287.htm. Acesso em: 5 fev. 2020.

MUNDO DOS MAPAS

Simbologia cartográfica

A necessidade de representar com fidelidade os fenômenos geográficos levou os cartógrafos a estabelecerem certas regras visuais para a elaboração de mapas. Essas regras buscam estabelecer relações de diferença, quantidade, ordem e movimento para os elementos e os fenômenos representados.

Essas relações são representadas, basicamente, por meio de três grandes grupos de símbolos:

- **pontos**: que podem ser figuras geométricas, pictogramas etc;
- **linhas**: que podem ser finas, grossas, tracejadas etc;
- **áreas**: representadas por extensões preenchidas por cores, hachuras, traços etc.

Sabendo dessas regras, analise o mapa de impactos ambientais da Região Sul do Brasil e, em seguida, faça o que se pede.

Região Sul: Impactos ambientais

Legenda:
- Poluição da água e do ar por atividades industriais
- Risco de contaminação por derramamento de petróleo e derivados
- Risco de contaminação do solo e da água pelas atividades de mineração e garimpo
- Contaminação da água e do solo por agrotóxicos
- Processos de desertificação ou arenização
- Uso intensivo de água para irrigação
- Maior risco à erosão dos solos

Fonte: GIRARDI, G.; ROSA, J. V. *Atlas geográfico*. São Paulo: FTD, 2016. p. 80.

1. Descreva quais são os problemas ambientais representados por meio de:
   a) linhas;
   b) pontos;
   c) áreas.

2. Elabore um pequeno texto descrevendo os principais impactos ambientais registrados na Região Sul do Brasil, complementando-o com as informações que você aprendeu no estudo deste capítulo.

ATIVIDADES

Reviso o capítulo

1. De que maneira o clima subtropical influencia na produção agrícola da Região Sul?

2. Cite três atividades ou ações humanas que têm contribuído para a devastação do bioma de Mata Atlântica.

3. Explique o fenômeno da arenização. Por que ela ocorre? E em qual parte da Região Sul?

4. Quais são as áreas de ocorrência do bioma Mata de Araucárias e por que ele recebe esse nome?

5. Liste as principais Unidades de Conservação (UCs) mencionadas no capítulo. Em seguida, explique, com base no que aprendeu neste capítulo e no Capítulo 1, por que elas são importantes para a conservação dos biomas sulistas.

Interpreto charges

6. Leia a charge a seguir.

[Charge: um tratorista diz "DIGAM ADEUS AO PAMPA!" enquanto carrega animais (avestruz, jacaré, tatu, cobra, pássaro) em sua pá mecânica, com tocos de árvores ao fundo. Autor: Gilmar]

a) Que tipo de impacto ambiental foi retratado pelo cartunista?
b) A qual porção do território brasileiro o conteúdo da charge se aplica?
c) Com base no que aprendeu no capítulo, explique por que os animais estão sendo carregados e o tratorista está dizendo "Digam adeus ao pampa!".

Analiso climogramas

7. Observe os dados apresentados nos climogramas a seguir.

Climograma 1: Palmas (TO)

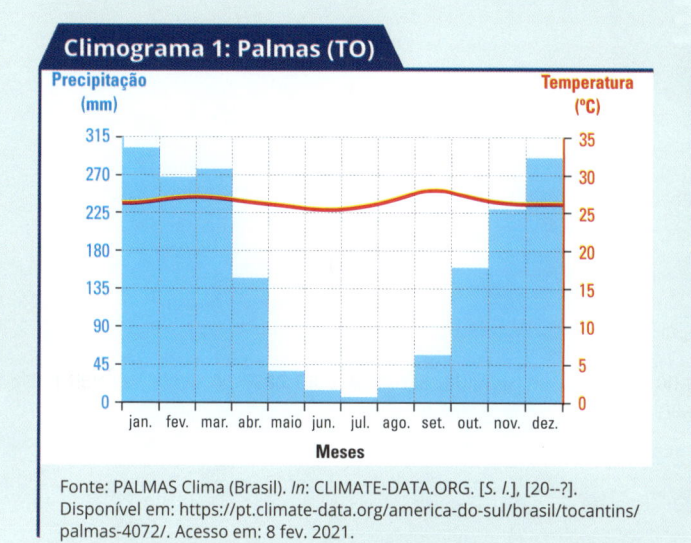

Fonte: PALMAS Clima (Brasil). *In*: CLIMATE-DATA.ORG. [*S. l.*], [20--?]. Disponível em: https://pt.climate-data.org/america-do-sul/brasil/tocantins/palmas-4072/. Acesso em: 8 fev. 2021.

Climograma 2: Curitiba (PR)

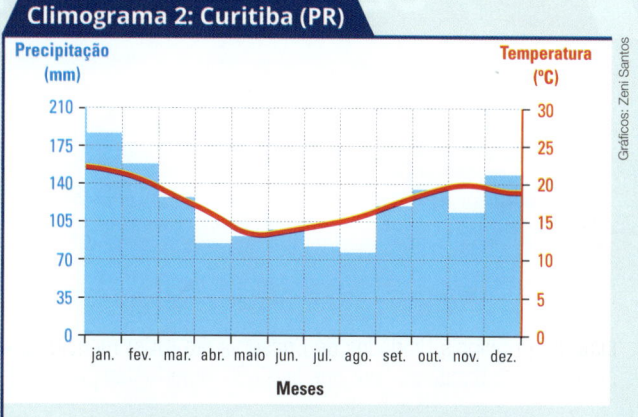

Fonte: CURITIBA Clima (Brasil). *In*: CLIMATE-DATA.ORG. [*S. l.*], [20--?]. Disponível em: https://pt.climate-data.org/america-do-sul/brasil/parana/curitiba-2010/. Acesso em: 8 fev. 2021.

a) Qual dos climogramas acima melhor representa as características do clima subtropical?

b) Explique quais foram os dados que o levaram à sua conclusão.

Elaboro propostas

8. Vários impactos ambientais gerados pela ação humana ocorrem tanto no Sul como em outras regiões do Brasil e do mundo. Assim, é possível encontrar exemplos de medidas tomadas em diferentes locais para minimizar esses impactos. Imagine que você e seus colegas sejam convidados a apresentar, em um encontro nacional de estudantes, algumas propostas para a solução de problemas ambientais. Em grupos, preparem o que se pede.

a) Pesquisem na internet e em atlas geográficos os tipos de impacto ambiental que são comuns na Região Sul. Façam uma lista deles.

b) Pesquisem as soluções adotadas para minimizar ou erradicar esses impactos ambientais e como são aplicadas.

c) Escrevam um documento propondo a adoção de soluções para os impactos ambientais que se manifestam na Região Sul e o apresentem aos colegas, em sala de aula, como se estivessem se preparando para participar do seminário nacional.

d) Discutam com o professor a viabilidade de adoção do que vocês estão propondo.

AQUI TEM GEOGRAFIA

Acesse

Araucária: pesquisa científica e conservação

Disponível em: https://www.youtube.com/watch?v=cf5739oVimM. Acesso em: 15 abr. 2021.

Vídeo produzido pela Embrapa que mostra a importância da conservação da Mata de Araucária.

Leia

Região Sul: cores e sentimentos

Rubens Chaves e Zig Koch (Escrituras, 2009).

Livro contendo cerca de oitenta imagens com lugares e paisagens da Região Sul do Brasil.

UNIDADE 7 — REGIÃO CENTRO-OESTE

Na fotografia desta abertura, você vê uma área do Cerrado, um dos três importantes biomas localizados na Região Centro-Oeste. Caracterizado por uma riquíssima biodiversidade, o Cerrado encontra-se extremamente ameaçado por atividades humanas. Na fotografia, é possível ver a plataforma metálica para observação da paisagem da Chapada dos Guimarães, no complexo turístico Morro dos Ventos.

1. Além do Cerrado, mostrado na fotografia, quais são os outros dois biomas que se estendem pela Região Centro-Oeste?

2. Que tipos de atividade você acredita que estão ameaçando a biodiversidade do Cerrado? Troque ideias com os colegas e o professor.

Nesta unidade você vai aprender:
- as formas de ocupação e povoamento da Região Centro-Oeste;
- a transformação espacial provocada pelo desenvolvimento das atividades econômicas na região;
- o crescimento das cidades do Centro-Oeste e a importância de Brasília como metrópole regional e nacional;
- as principais características físico-naturais da região;
- os impactos ambientais da urbanização e das atividades econômicas nos biomas Cerrado, Floresta Amazônica e Pantanal.

Chapada dos Guimarães (MT), 2019.

CAPÍTULO 14
Centro-Oeste: povoamento, urbanização e agronegócio

A fotografia mostra a plantação de uma monocultura que é bastante desenvolvida nos estados da Região Centro-Oeste: a soja. A produção dessa *commodity* agrícola é um fator importante para o desenvolvimento econômico do país, ainda que cause diversos impactos ambientais. O Brasil é o segundo maior produtor de soja do mundo, atrás apenas dos Estados Unidos. Destacam-se, em nível nacional, justamente os três estados da Região Centro-Oeste: Mato Grosso, principal produtor brasileiro, Goiás e Mato Grosso do Sul, seguidos do Paraná e do Rio Grande do Sul, na Região Sul.

Vista aérea de plantação de soja em Bom Jesus do Araguaia (MT), 2018.

? Observe novamente a fotografia e responda:

Você acha que essa forma de cultivo exige a aplicação de que nível de tecnologia? Alto, médio ou baixo? Converse com os colegas e o professor sobre isso e também sobre outros aspectos da imagem que lhe chamaram a atenção.

Por dentro da Região Centro-Oeste

Na atualidade, a Região Centro-Oeste é formada pelos estados de Goiás, Mato Grosso e Mato Grosso do Sul e pelo Distrito Federal, somando uma área de aproximadamente 1 600 000 km², com uma população de mais de 16 milhões de pessoas. Observe as informações do mapa ao lado.

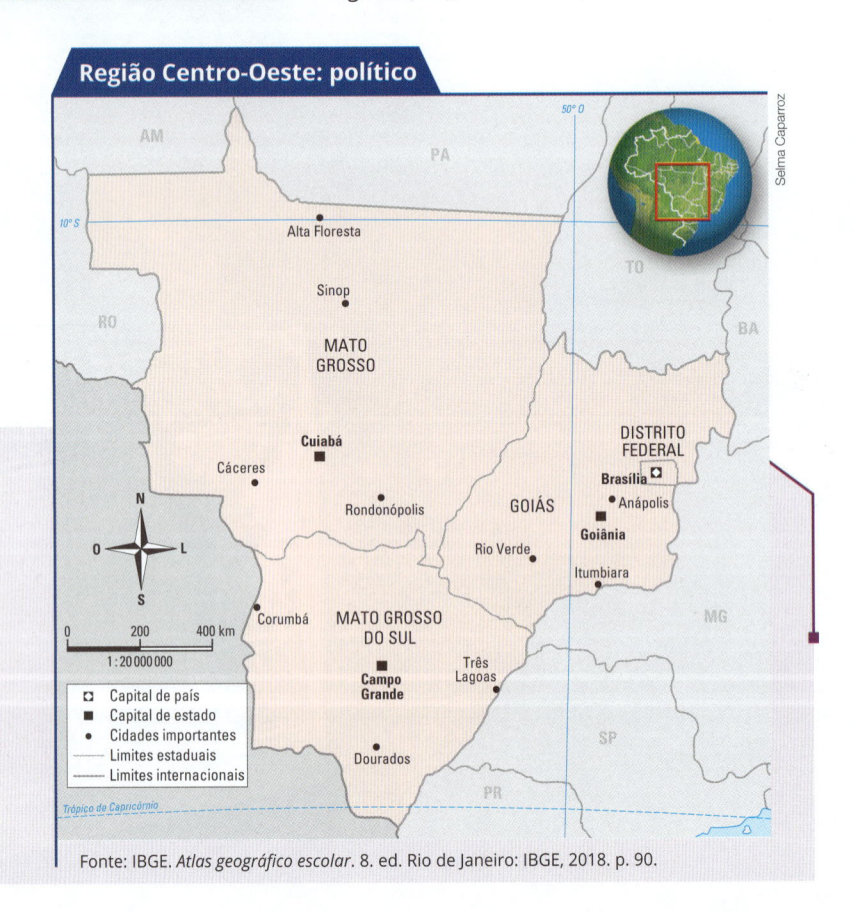

Região Centro-Oeste: político

Fonte: IBGE. *Atlas geográfico escolar*. 8. ed. Rio de Janeiro: IBGE, 2018. p. 90.

Marcha para o Oeste

Já no século XVIII, estabeleceram-se os primeiros povoados e as vilas na Região Centro-Oeste, principalmente em razão da atividade mineradora, impulsionada pelos bandeirantes paulistas, como foi o caso da cidade de Goiás Velho (GO), mostrada na foto ao lado.

Mas foi somente a partir do século XX que se desenvolveu um grande processo de ocupação da região, promovido pelo governo federal, nos anos 1940: a **Marcha para o Oeste**, um programa governamental para ocupação das regiões Centro-Oeste e Norte do país, por meio da criação de colônias de povoamento e do desenvolvimento da produção agrícola e pecuária. Esse programa oferecia terras na região com valores baixos e crédito bancário facilitado, para estimular a migração voluntária de trabalhadores e o desenvolvimento da agricultura familiar.

Assim, várias colônias se formaram nos estados de Mato Grosso e Goiás, ora por incentivos federais, ora estaduais e municipais, e até mesmo por incentivos particulares. Intensos fluxos migratórios ocorreram na região, sobretudo de nordestinos.

Durante a década de 1950, outro fator atraiu grande quantidade de trabalhadores para essa região brasileira, como veremos mais adiante: a construção da nova capital do país, Brasília.

Casa de Cora Coralina, no centro histórico da cidade de Goiás, também conhecida como Goiás Velho (GO), 2018.

Habitações temporárias de novos colonos em área de assentamento rural próximo à Colônia Agrícola Nacional de Goiás na década de 1950.

Colonização e cidades planejadas

A partir da década de 1960, o processo de ocupação do Centro-Oeste ganhou novos contornos, em uma articulação da urbanização com a colonização agrícola. Assim, os projetos de colonização oficiais e particulares passaram a criar "cidades planejadas" no interior do Mato Grosso e em áreas da chamada Amazônia Legal. A formação de novas colônias agrícolas objetivava diminuir os conflitos agrários que ocorriam em diferentes partes do país.

Destacou-se também nesse período a participação dos sulistas no processo de ocupação da região, uma vez que muitos migrantes eram do Paraná e do Rio Grande do Sul. A ocupação reorganizou a região econômica e politicamente – um exemplo foi a criação do estado do Mato Grosso do Sul, em 1977 – e atraiu novas ondas migratórias nas décadas seguintes.

Naviraí (MS) é um exemplo de cidade planejada que atraiu grande contingente de imigrantes sulistas para o Centro-Oeste nas décadas de 1970 e 1980. Fotografia de 2018.

Produção agropecuária na atualidade

Observe os gráficos a seguir.

> 1. Em 2019, qual foi a participação dos estados da Região Centro-Oeste no total da produção nacional de grãos?
> 2. Qual é a posição individual de cada um dos estados dessa região em relação aos demais estados brasileiros?

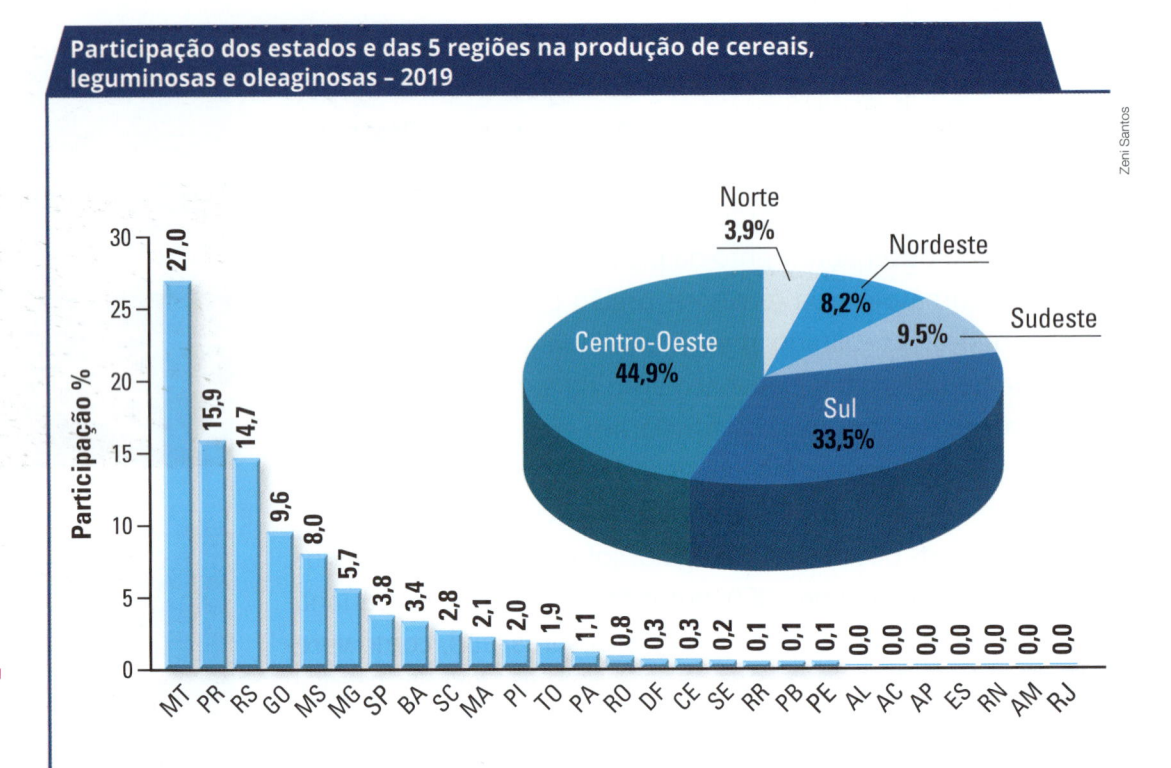

Participação dos estados e das 5 regiões na produção de cereais, leguminosas e oleaginosas – 2019

Participação % por estado:
- MT: 27,0
- PR: 15,9
- RS: 14,7
- GO: 9,6
- MS: 8,0
- MG: 5,7
- SP: 3,8
- BA: 3,4
- SC: 2,8
- MA: 2,1
- PI: 2,0
- TO: 1,9
- PA: 1,1
- RO: 0,8
- DF: 0,3
- CE: 0,3
- SE: 0,2
- RR: 0,1
- PB: 0,1
- PE: 0,1
- AL: 0,0
- AC: 0,0
- AP: 0,0
- ES: 0,0
- RN: 0,0
- AM: 0,0
- RJ: 0,0

Participação por região:
- Centro-Oeste: 44,9%
- Sul: 33,5%
- Sudeste: 9,5%
- Nordeste: 8,2%
- Norte: 3,9%

Fonte: EM março, IBGE prevê alta de 1,6% na safra de grãos de 2019. *Agência IBGE de Notícias*, Rio de Janeiro, 11 abr. 2019. Disponível em: https://agenciadenoticias.ibge.gov.br/agencia-sala-de-imprensa/2013-agencia-de-noticias/releases/24196-em-marco-ibge-preve-alta-de-1-6-na-safra-de-graos-de-2019. Acesso em: 22 fev. 2021.

O processo de ocupação do Centro-Oeste consolidou a região, a partir da década de 1980, como importante área de produção de monoculturas para exportação. Dentre essas monoculturas, destacam-se as plantações de cana-de-açúcar, soja, milho, arroz e algodão, entre outras.

Mais recentemente, o uso de sementes transgênicas (leia a seção **Conexões com Ciências**, na página seguinte) contribuiu para ampliar as áreas de monocultura, com o objetivo de elevar a produção de *commodities* e a geração de divisas para o Brasil, apesar das diversas críticas a essa prática.

Já vimos que os três estados da Região Centro-Oeste se destacam na produção de soja; conforme dados do Censo Agropecuário (2017), Mato Grosso, Goiás e Mato Grosso do Sul colheram, juntos, mais de 48 milhões de toneladas desse grão no período analisado, sendo Mato Grosso o maior produtor.

Nos estados de Goiás e Mato Grosso do Sul destacam-se, também, a produção das culturas de milho, cana-de-açúcar e sorgo, enquanto no Mato Grosso a produção de algodão está em segundo lugar. Segundo o IBGE (2018), este estado era o principal produtor brasileiro de algodão respondendo por, aproximadamente, 66% de toda a produção nacional.

Grande parte da colheita de cana-de-açúcar é destinada à produção de etanol. Em Mato Grosso, somente em 2018, foram plantados mais de 220 mil hectares, cuja colheita foi destinada para a produção de, aproximadamente, 215 milhões de litros desse combustível.

A produção agropecuária é praticada de forma extensiva e intensiva na região. Nos estados de Mato Grosso do Sul e Mato Grosso destacam-se a criação de bovinos e a de galináceos, seguidas pela criação de suínos. Em Goiás, além de galináceos e bovinos, a criação de perus também se desenvolve bem.

Segundo o IBGE (2017), em termos nacionais, a Região Centro-Oeste lidera a criação de bovinos com 34,5% da criação nacional (cerca de 75 milhões de cabeças); a maior parte do rebanho está concentrada em Mato Grosso. A criação de equinos também se destaca na região, com, aproximadamente, um milhão de cabeças, distribuídas pelos três estados.

Colheitadeira de algodão na comunidade Dom Osório. Campo Verde (MT), 2018.

Rebanho bovino pastando. Amambaí (MS), 2018.

CONEXÕES COM CIÊNCIAS

O que são os produtos agrícolas transgênicos?

Os chamados **organismos transgênicos** ou **organismos geneticamente modificados (OGM)** são seres vivos que receberam genes das células de outros organismos para modificar algumas de suas características naturais.

Nas últimas décadas, os genes de várias plantas de grande valor econômico, como soja e milho, foram alterados pela introdução de material genético de outras espécies vegetais, ou mesmo de animais, fungos ou bactérias. A ideia é tornar essas plantas mais resistentes à falta de água ou às pragas que as atacam durante o crescimento, por exemplo.

A criação e o uso de produtos agrícolas transgênicos têm desencadeado muitas discussões na sociedade, porque vários especialistas afirmam que ainda não foram feitos estudos suficientes e conclusivos mostrando que a introdução desses organismos na natureza e para o uso humano seja segura.

1. Observe a charge ao lado e responda: De que maneira o cartunista satiriza o uso de soja transgênica pelos agricultores?
2. Em sua opinião, o consumo de organismos transgênicos pode ocasionar problemas à saúde humana ou ao meio ambiente? Pesquise na internet informações sobre os OGM e traga diferentes pontos de vista a respeito do assunto para a sala de aula.

ARIONAURO. *Soja transgênica preocupa a população*. Disponível em: http://www.arionaurocartuns.com.br/2016/08/charge-soja-transgenica.html. Acesso em: 15 abr. 2021.

Crescimento das cidades

Vimos que os primeiros núcleos urbanos da Região Centro-Oeste surgiram a partir do século XVIII, com o desenvolvimento das atividades de mineração de metais preciosos. Posteriormente, já em meados do século XX, com o desenvolvimento de programas governamentais e de empresas particulares, a formação de cidades intensificou-se na região.

Naquele período, dois fatores foram fundamentais para acelerar a urbanização: a construção de Brasília e, principalmente, o processo de modernização das atividades agropecuárias, com aplicação intensiva de tecnologias, como máquinas e equipamentos que diminuem o uso da mão de obra no campo. Associado a esses fatores, o crescimento das atividades industriais ligadas ao beneficiamento de produtos agrícolas, dos serviços e do comércio potencializou a urbanização do Centro-Oeste.

Se na década de 1940 essa era a região menos urbanizada do país (21,52%), o cenário se modificou nas décadas seguintes. De acordo com o IBGE, em 2020, a taxa de urbanização chegou a aproximadamente 90% e o Centro-Oeste passou a ser a segunda região mais urbanizada do Brasil (veja o gráfico ao lado).

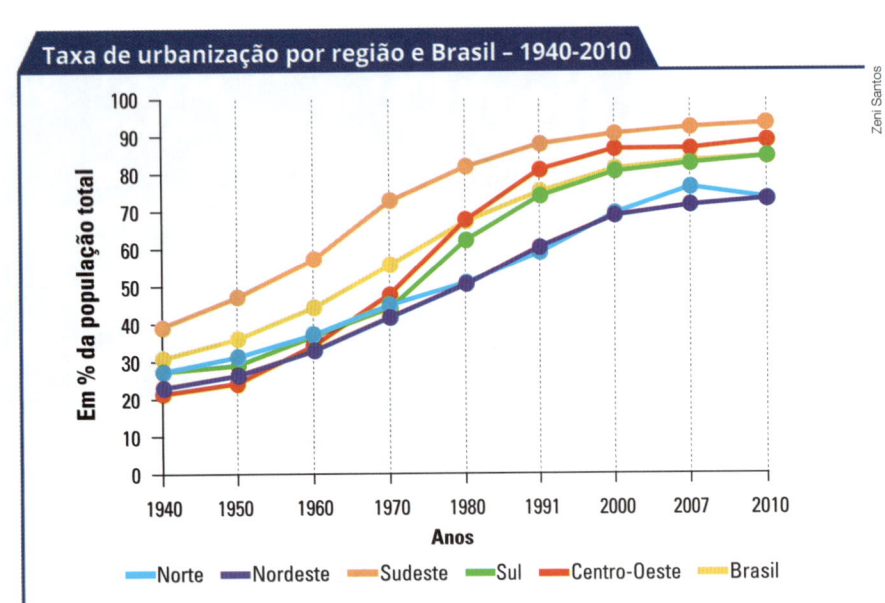

Taxa de urbanização por região e Brasil – 1940-2010

Fonte: IBGE. Séries históricas e estatísticas: taxa de urbanização. Rio de Janeiro: IBGE, [2010]. Disponível em: https://seriesestatisticas.ibge.gov.br/series.aspx?no=10&op=2&vcodigo=POP122&t=taxa-urbanizacao. Acesso em: 22 fev. 2021.

Importantes centros regionais e nacionais

Além de Brasília (DF), as capitais estaduais Cuiabá (MT), Goiânia (GO) e Campo Grande (MS) tornaram-se importantes centros regionais e nacionais. Há também, em todos os estados, municípios que atuam como polos agroindustriais, comerciais ou centros prestadores de serviços. No Mato Grosso destacam-se, por exemplo, Rondonópolis, como polo agroindustrial, e as cidades de Sinop e Sorriso, como centros prestadores de serviços e comércio.

Vista aérea da cidade de Rondonópolis (MT), 2018.

Em Mato Grosso do Sul destacam-se municípios como Dourados, com a segunda maior população do estado, com economia bastante diversificada e bom desenvolvimento nas áreas de educação e turismo; e Corumbá, que faz divisa com Bolívia e Paraguai e tem o quarto maior PIB do estado.

Em Goiás destacam-se os municípios de Catalão, Anápolis, Itumbiara, Rio Verde e Jataí, entre outros. Em Catalão, a agropecuária tem grande peso econômico, com destaque para a produção de soja, milho, arroz, trigo e café, além de atividades de extração mineral, como as minas de argila, fosfato, nióbio, titânio etc. Jataí se destaca por ser o maior produtor de grãos e leite do estado de Goiás e por dispor de um importante distrito agroindustrial, que comporta diferentes empresas.

Centro-Oeste: região de migrantes

Nos últimos anos, o crescimento populacional médio da Região Centro-Oeste é o maior do Brasil, notadamente marcado pela presença de migrantes. Segundo o IBGE, de acordo com a Pesquisa Nacional por Amostra de Domicílio Contínua (Pnad) de 2018, a participação média dos migrantes na população total do Centro-Oeste ultrapassava 34%, com destaque para Mato Grosso, que apresentava um índice de 38%.

O mapa abaixo mostra a proporção de habitantes nascidos fora do município na Região Centro-Oeste (migrantes). Observe-o com atenção.

1. Localize as principais áreas com os maiores percentuais de migrantes entre os municípios na Região Centro-Oeste. Em quais estados estão essas áreas?

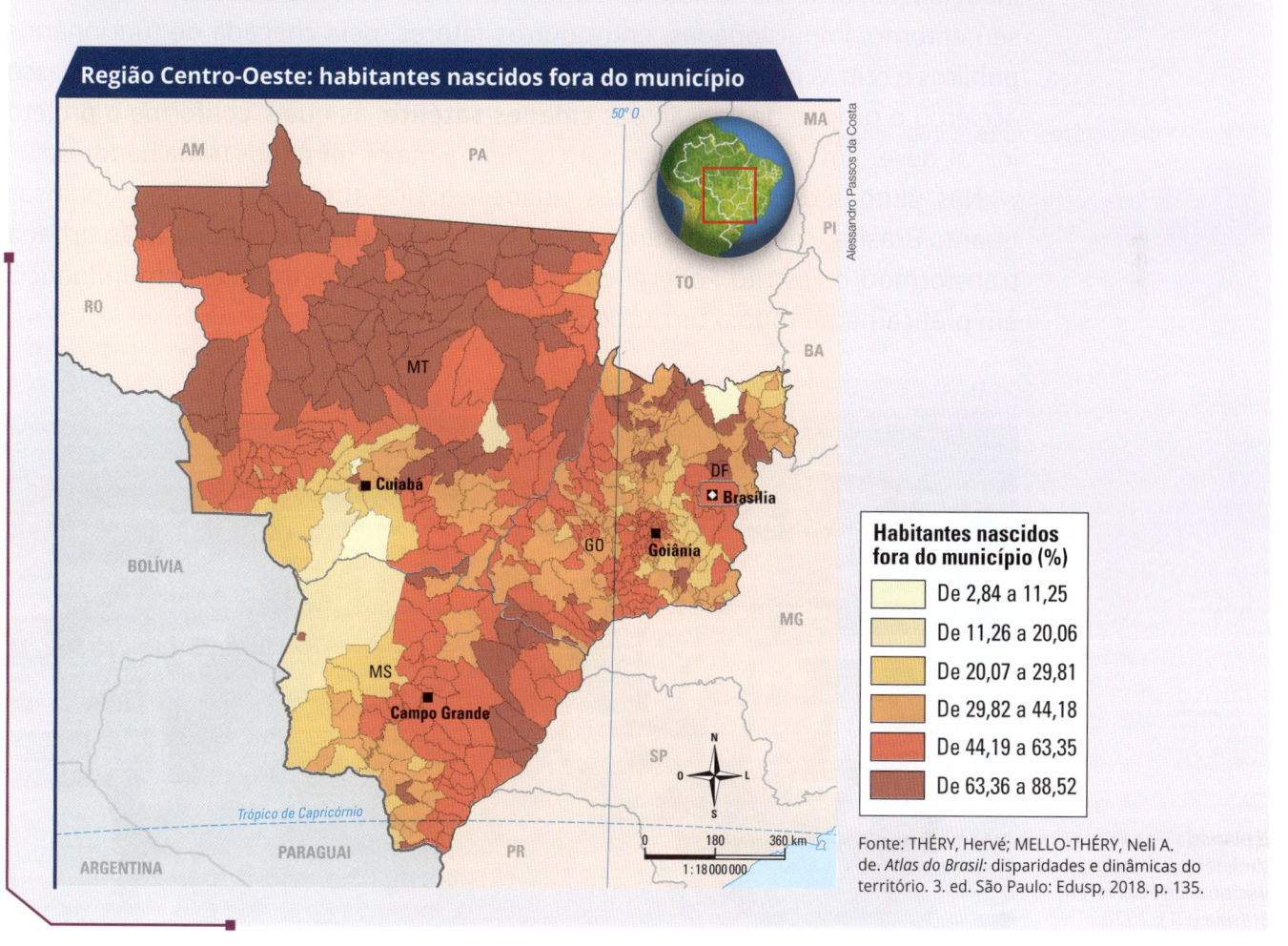

Região Centro-Oeste: habitantes nascidos fora do município

Habitantes nascidos fora do município (%)
- De 2,84 a 11,25
- De 11,26 a 20,06
- De 20,07 a 29,81
- De 29,82 a 44,18
- De 44,19 a 63,35
- De 63,36 a 88,52

Fonte: THÉRY, Hervé; MELLO-THÉRY, Neli A. de. *Atlas do Brasil*: disparidades e dinâmicas do território. 3. ed. São Paulo: Edusp, 2018. p. 135.

Brasília e a integração nacional

A necessidade de integração do território nacional preocupava a sociedade e os governantes do Brasil há muito tempo, e já havia sido abordada na Constituição de 1891. Uma das medidas pensadas para promover essa integração era a mudança da capital federal do litoral para o interior.

Porém, somente na década de 1950 esse projeto passou a ser concretizado, com a construção de Brasília durante o governo de Juscelino Kubitschek. As obras se iniciaram em 1957, com o estabelecimento da área do Distrito Federal (DF). A nova capital foi inaugurada em 1960.

As obras de construção da capital federal estimularam um grande fluxo migratório, inicialmente marcado por trabalhadores da construção civil, que se deslocavam de diversos lugares do país, especialmente do Nordeste, para trabalhar nas obras do **Plano Piloto** (onde se localizam os prédios administrativos, as residências oficiais, as embaixadas, as asas Norte e Sul, entre outras edificações do governo federal). Os migrantes que se deslocaram para o Planalto Central eram chamados de **candangos**. Estima-se que durante os quatro anos de construção da capital federal, aproximadamente 60 mil pessoas fizeram esse movimento migratório.

Posteriormente, a migração se intensificou, uma vez que, nos anos seguintes à inauguração, diversas atividades começaram a ser desenvolvidas em Brasília e no seu entorno, impulsionadas, entre outros fatores, pela chegada de funcionários públicos e outras pessoas para trabalhar no comércio e nos serviços urbanos. Isso acelerou o projeto de criação das **cidades-satélite**, as quais, conforme o projeto inicial, deveriam ser construídas para abrigar a maior parte dos trabalhadores.

Nas últimas décadas, algumas cidades-satélite tornaram-se tão populosas quanto Brasília, como Taguatinga e Ceilândia. Além disso, a aglomeração urbana transformou o Distrito Federal em uma importante metrópole, com influência em praticamente todo o território nacional.

Esplanada dos Ministérios e Congresso Nacional ao fundo, em Brasília (DF), 2020.

O Plano Piloto e seu entorno

Atualmente, Brasília e as cidades-satélite reúnem uma população de cerca de 3,3 milhões de habitantes, com grande parcela de migrantes (reveja o mapa da página 181). Segundo o IBGE (2017), a população de Brasília apresenta boa expectativa de vida ao nascer, baixa taxa de mortalidade infantil, elevado IDH e baixas taxas de analfabetismo, em comparação com outras capitais e cidades brasileiras.

Entretanto, há diversos problemas derivados da urbanização acelerada, como aumento da favelização e dos índices de violência urbana, sistema de transporte ineficiente e insuficiente para atender à demanda da sociedade e carência de infraestrutura de serviços de saúde, saneamento etc., especialmente nas cidades-satélite, onde vive a maior parte dos trabalhadores.

Favela do Sol Nascente, localizada a 40 quilômetros de Brasília (DF), apresenta diversas precariedades. Ceilândia, 2020.

A malha rodoviária consolida a integração

A construção de Brasília e o processo de ocupação territorial do Distrito Federal causaram grande reconfiguração na Região Centro-Oeste que, a partir dos anos 1960, passou a ganhar maior projeção no cenário nacional. A execução do projeto de transferência da capital pode ser considerada a continuidade de uma política territorial iniciada, como vimos, com a Marcha para o Oeste, nos anos 1940. Essa política articulou ações de povoamento com intenso deslocamento populacional e a construção de vias de transporte e comunicação que visavam integrar áreas chamadas de "vazios demográficos" – as regiões Norte e Centro-Oeste – com as regiões litorâneas, mais densamente ocupadas e com maior desenvolvimento econômico, com destaque para o Centro-Sul e parte do Nordeste.

Após a construção de Brasília, a partir dos anos 1970, já nos governos militares, finalizou-se a construção de rodovias federais para estimular o povoamento do Centro-Oeste e do Norte, com destaque para as que ligam Belém (PA) a Brasília (DF); Cuiabá (MT) a Santarém (PA) e Porto Velho (RO); e Brasília (DF) a Fortaleza (CE), como mostra o mapa ao lado.

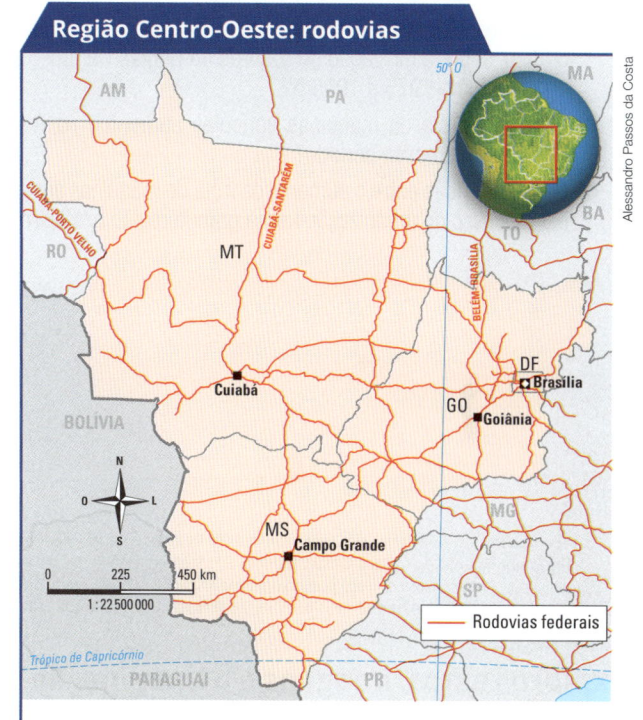

Região Centro-Oeste: rodovias

Fonte: BRASIL. Ministério da Infraestrutura. *Mapas e Bases dos Modos de Transportes*. Disponível em: https://bit.ly/3eCU4t7. Acesso em: 28 abr. 2021.

A expansão da malha rodoviária era uma prioridade nas políticas de desenvolvimento e de integração nacional. Como vimos, a articulação das diferentes regiões envolvia o incremento da produção agropecuária no interior e seu escoamento para o litoral, visando tanto ao abastecimento da população quanto à exportação. Por essa razão, a construção de rodovias foi uma das principais ações governamentais desde a Marcha para o Oeste.

ATIVIDADES

Reviso o capítulo

1. Quais Unidades da Federação compõem a Região Centro-Oeste?

2. O que foi a Marcha para o Oeste?

3. Quais foram os principais fatores de atração de migrantes para o Centro-Oeste a partir da década de 1940? De onde veio a maioria dos migrantes?

4. Cite três características que demonstrem como a Região Centro-Oeste se destaca na produção agrícola e pecuária nacional.

5. O que são produtos transgênicos?

6. Com base nos dados do mapa da página 181 e no que você aprendeu neste capítulo, explique os principais motivos do elevado percentual de migrantes na Região Centro-Oeste.

7. Sobre Brasília e o Distrito Federal, explique o que são:
   a) o Plano Piloto e as cidades-satélite;
   b) os candangos.

8. Com base no texto da página 182, explique: Como a construção de Brasília articulou as diferentes regiões do território brasileiro?

Analiso gráficos

9. Veja as informações do gráfico de colunas.
   a) O que descobrimos, de acordo com os dados representados no gráfico, sobre a utilização de tratores na Região Centro-Oeste, no período de 1975 a 1995/6?
   b) Por que a frota de máquinas agrícolas aumentou na Região Centro-Oeste nesse período?
   c) Qual é a relação entre o aumento da frota de máquinas agrícolas e o processo de urbanização nessa grande região brasileira?

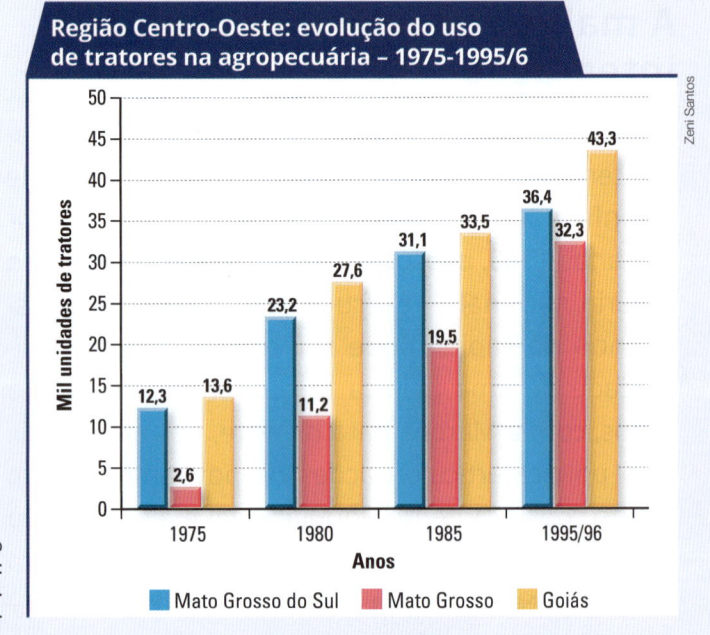

Fonte: BRASIL. Ministério do Desenvolvimento Regional. Superintendência do Desenvolvimento do Centro-Oeste. Brasília, DF: Sudeco, [1997]. Disponível em: http://www.sudeco.gov.br/documents/20182/25746/web_pdco_full.pdf/947ff447-ad43-4e5f-a5e7-4cf28d8f5ad2. Acesso em: 24 fev. 2020.

Região Centro-Oeste: evolução do uso de tratores na agropecuária – 1975-1995/6

Ano	Mato Grosso do Sul	Mato Grosso	Goiás
1975	12,3	2,6	13,6
1980	23,2	11,2	27,6
1985	31,1	19,5	33,5
1995/96	36,4	32,3	43,3

(Mil unidades de tratores)

Exploro textos, imagens e a imaginação

10. O texto a seguir foi extraído da transcrição de um programa de rádio em que a apresentadora entrevistou uma testemunha da construção de Brasília. As falas da apresentadora estão assinaladas pela letra **A** e as do entrevistado, pela letra **E**.

Leia o texto, analise as imagens e, depois, responda às questões.

   A [...] Hoje, nosso tema é a construção de Brasília. Nossa capital foi inaugurada em 21 de abril de 1960, depois de três anos e meio de construção. Uma cidade planejada em meio ao Planalto Central e nascida da terra vermelha do Cerrado.

   Um dos personagens dessa história é o alagoano Claudionor Santos, que chegou às obras em julho de 1957, quando tinha quase 18 anos de idade. O primeiro emprego dele na capital ainda em gestação foi de locutor.

E "As companhias construtoras chegavam com aquelas relações enormes... E a gente falava mais ou menos assim: 'o serviço de alto-falante *A Voz de Brasília* anuncia a necessidade de pedreiro, carpinteiro e servente para trabalhar na obra do Congresso Nacional'. Minha filha, chovia de gente!" [...]

A O pioneiro lembra o ritmo frenético nas obras.

E "Trabalhei feito louco, dia e noite, porque a obra não parava. O Congresso Nacional foi construído em três anos. Imagine! É uma epopeia! Uma loucura!"

A E nesse ritmo louco tinha tempo para diversão, Claudionor?

E "Único lazer que nós tínhamos era o futebol. No acampamento, nós fizemos um campinho de futebol naquela terra vermelha e jogávamos entre as construtoras. Todo final de semana tinha um racha [...]!"

AZEVEDO, Isabela. Na trilha da história: pioneiro relembra primeiros anos da construção de Brasília. *Rádio Agência Nacional*, Brasília, DF, 13 abr. 2017. Disponível em: https://agenciabrasil.ebc.com.br/radioagencia-nacional/acervo/educacao/audio/2017-04/na-trilha-da-historia-pioneiro-relembra-primeiros-anos-da-construcao-de/. Acesso em: 22 fev. 2021.

Caminhão com candangos. Brasília (DF), 1958.

Construção do prédio do Congresso Nacional. Brasília (DF), 1958.

Inspire-se no texto e nas imagens, analise o contexto e elabore uma redação sobre as condições de vida dos candangos nos anos da construção da nova capital federal.

Candangos na fila para pegar comida.

CAPÍTULO 15

Centro-Oeste: biomas ameaçados

A imagem abaixo retrata uma das diversas paisagens do bioma Pantanal.

?

1. Além do Pantanal, quais serão os biomas que estudaremos neste capítulo? Você conhece as características de alguns deles? Quais?

2. Por que o turismo é importante para a economia de vários municípios brasileiros? Converse com os colegas e o professor.

Turistas fazem flutuação com *snorkel* no Rio da Prata, no município de Bonito (MS), 2019.

Nos últimos anos, por causa de belezas naturais como a mostrada acima, as atividades de turismo aumentaram enormemente na Região Centro-Oeste. Nesse contexto, destaca-se o município de Bonito, no estado do Mato Grosso do Sul, que conta com vários rios, cachoeiras, cavernas e fauna e flora exuberantes, que atraem muitos visitantes e turistas para a região.

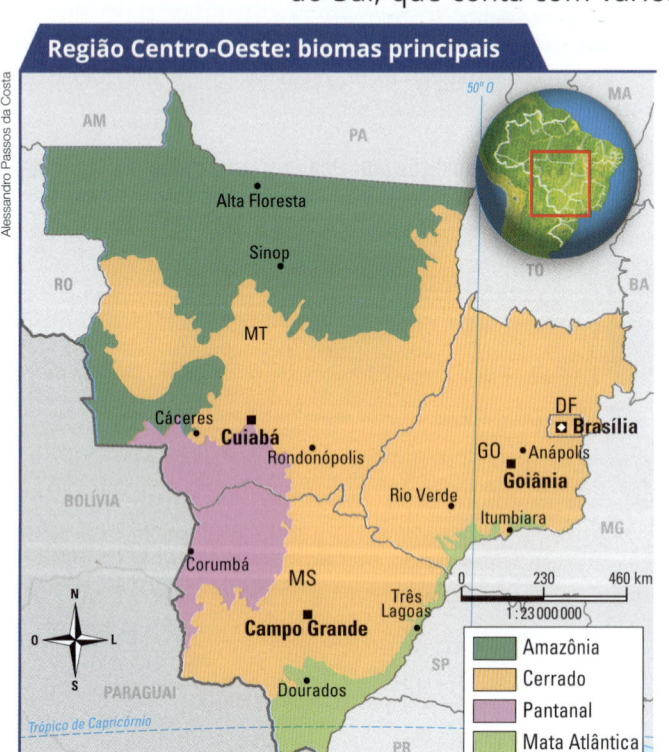

Neste capítulo conheceremos as principais características do quadro natural da Região Centro-Oeste no que se refere a seus principais biomas: Cerrado, Floresta Amazônica e Pantanal. Ao mesmo tempo, estudaremos como nossa sociedade tem se apropriado da natureza nesses biomas e os impactos ambientais decorrentes dessa apropriação. Você pode observar a distribuição original deles pelos estados do Centro-Oeste analisando o mapa ao lado.

Região Centro-Oeste: biomas principais

Fonte: IBGE. *Mapa de biomas do Brasil*. Rio de Janeiro: IBGE, 2004. Disponível em: https://geoftp.ibge.gov.br/informacoes_ambientais/estudos_ambientais/biomas/mapas/biomas_5000mil.pdf. Acesso em: 22 fev. 2021.

Cerrado

O Cerrado é o segundo maior bioma em extensão do Brasil. Ele predomina em todo o Centro-Oeste e caracteriza-se por vegetações de gramíneas e de arbustos, os quais, em geral, não ultrapassam a altura de 20 metros. Os espécimes dessa vegetação arbustiva são mais afastados entre si e seus galhos são retorcidos, com casca grossa. As raízes das plantas são profundas, pois, nos períodos de seca, torna-se necessário captar água em maiores profundidades para hidratação. Além dessas características gerais, as formações vegetais de cerrado podem ser diferenciadas conforme o perfil esquemático abaixo.

Diferentes formações de vegetação no Cerrado

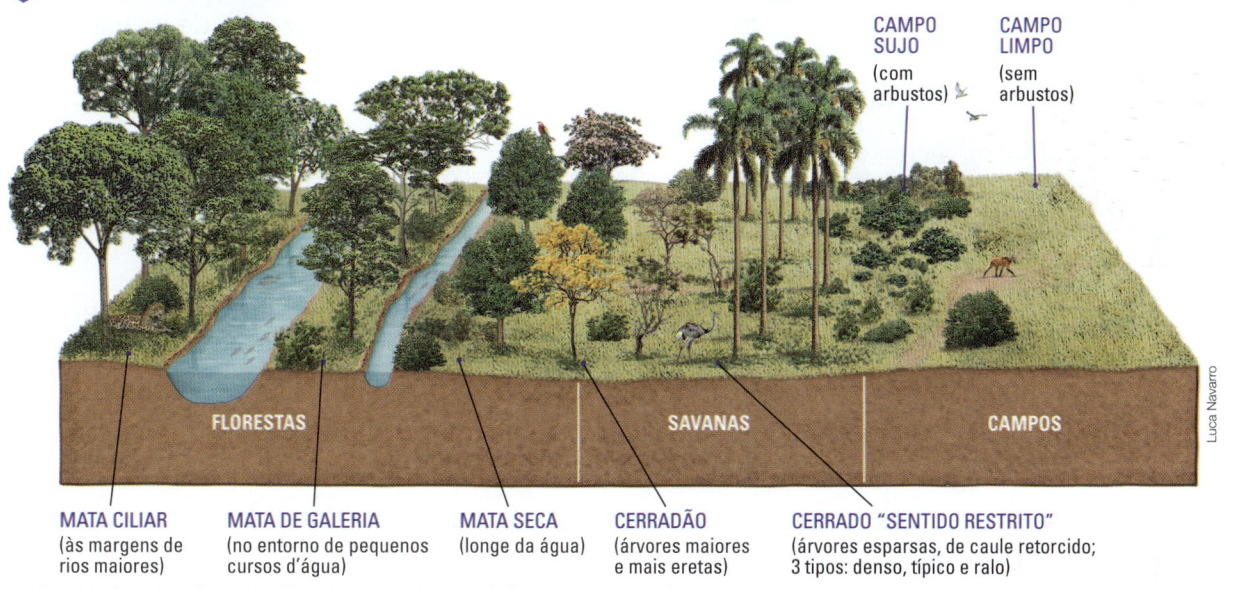

- **FLORESTAS**
  - **MATA CILIAR** (às margens de rios maiores)
  - **MATA DE GALERIA** (no entorno de pequenos cursos d'água)
  - **MATA SECA** (longe da água)
- **SAVANAS**
  - **CERRADÃO** (árvores maiores e mais eretas)
  - **CERRADO "SENTIDO RESTRITO"** (árvores esparsas, de caule retorcido; 3 tipos: denso, típico e ralo)
- **CAMPOS**
  - **CAMPO SUJO** (com arbustos)
  - **CAMPO LIMPO** (sem arbustos)

Fonte: EMBRAPA. *Bioma Cerrado*. Brasília, DF: Embrapa, [20--?]. Disponível em: https://www.embrapa.br/cerrados/colecao-entomologica/bioma-cerrado. Acesso em: 22 fev. 2021.

O solo desse bioma é considerado antigo, profundo, e contém muito alumínio, manganês e ferro. Por essa razão, é um solo ácido e com baixo índice de nutrientes, sendo necessário usar corretivos agrícolas nele, como calcário e fertilizantes, para a prática da agricultura.

A biodiversidade no Cerrado é enorme. Estima-se que existam mais de 2 500 espécies de animais, entre eles mamíferos, como antas, preás, quatis e macacos, além de aves, répteis e insetos, como borboletas.

As áreas da Região Centro-Oeste pelas quais se estende esse bioma são banhadas por cursos de água pertencentes a quatro grandes bacias hidrográficas: as dos rios Paraná, Paraguai, Araguaia-Tocantins e São Francisco. Além disso, boa parte do Aquífero Guarani se encontra nos três estados da região. Devido a essa grande riqueza hídrica, o Cerrado recebe o apelido de "Caixa-d'água do Brasil".

Rodovia TO-255 com Serra do Espírito Santo ao Fundo. Mateiros (TO), 2019.

Soja e ocupação do Cerrado

Introduzida no Brasil pelos imigrantes japoneses no início do século XX, a produção de soja tornou-se relevante somente a partir da década de 1970, com o processo de modernização agrícola do país.

Grande parte da Região Centro-Oeste, principalmente as áreas de Cerrado, tornou-se preferencial para a expansão do plantio desse grão. Isso porque, ainda que os solos necessitem de correção – como foi dito, eles são "pobres em nutrientes" –, as áreas de Cerrado encontram-se preferencialmente sobre relevos de planalto, chapadas e depressões, com terrenos muito planos e que permitem a ampla mecanização das lavouras, ou seja, o uso de máquinas e equipamentos agrícolas, como tratores, colheitadeiras e sistemas automatizados de irrigação.

Pivôs de irrigação, como mostrados na fotografia, correspondem a uma tecnologia muito comum nas monoculturas do Centro-Oeste. Cultura de milho. Cristalina (GO), 2016.

O cultivo da soja em áreas do Cerrado é tão marcante que representa, aproximadamente, 90% de tudo o que é plantado no Centro-Oeste. Entre 2000 e 2014, por exemplo, a expansão dessa cultura foi de 87%, ou seja, a soja tomou o lugar da vegetação original do Cerrado, de outros produtos agrícolas e, também, de pastagens. Isso contribuiu para que o Brasil se transformasse em um dos principais exportadores de soja do mundo. Na safra de 2018/2019 foram exportadas, aproximadamente, 75 milhões de toneladas.

Atualmente, o Brasil desponta como um dos maiores produtores de soja do mundo, disputando, ano a ano, a primeira colocação com os Estados Unidos e estando à frente de países como a Argentina, a China, a Índia e o Paraguai. Comprove essa realidade observando o gráfico e a tabela a seguir.

1. Quais foram os principais produtores de soja em grãos na safra de 2018/2019?

2. Que posição o Brasil e os Estados Unidos ocuparam em cada safra mostrada na tabela?

Produção mundial de soja em grãos – Safra 2018/2019

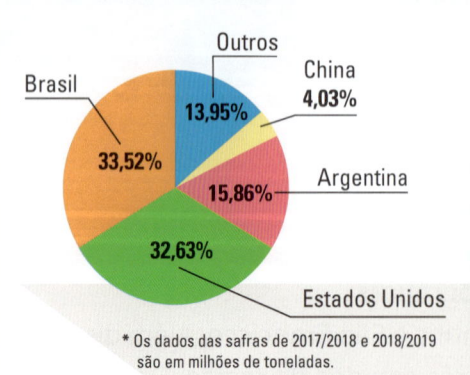

- Brasil: 33,52%
- Outros: 13,95%
- China: 4,03%
- Argentina: 15,86%
- Estados Unidos: 32,63%

PAÍS	SAFRA* 2017/2018	SAFRA* 2018/2019	DIFERENÇA %
BRASIL	119,50	120,50	0,84
ESTADOS UNIDOS	119,52	117,30	−1,86
ARGENTINA	37,00	57,00	54,05
CHINA	14,20	14,50	2,11
OUTROS	46,49	50,16	7,91
TOTAL	336,70	359,46	6,76

* Os dados das safras de 2017/2018 e 2018/2019 são em milhões de toneladas.

Nota: Brasil, EUA e Argentina são responsáveis por mais de 80% da produção mundial.

Fonte: CONAB. *Perspectivas para a agropecuária*: safra 2018/2019. Brasília, DF: Conab, 2018. v. 6, p. 36. Disponível em: https://www.conab.gov.br/images/arquivos/outros/Perspectivas-para-a-agropecuaria-2018-19.pdf. Acesso em: 10 mar. 2020.

Soja e danos socioambientais

O avanço da soja sobre o bioma Cerrado tem resultado em diversos impactos socioambientais. Isso porque, para tornar a área agricultável, são utilizadas técnicas altamente agressivas ao meio ambiente. A sequência de imagens a seguir mostra como geralmente ocorre o processo de ocupação de áreas nativas de Cerrado pelos agricultores e pecuaristas.

1. Primeiro, a vegetação original do Cerrado é derrubada com correntes puxadas por tratores. Sinop (MT), 2018.

2. Depois de derrubar a vegetação, é posto fogo no que sobrou para "limpar" o solo e prepará-lo para o plantio. Chapada dos Guimarães (MT), 2020.

3. Plantação de soja diante de vegetação de cerrado derrubada para ampliação de área de cultivo. Caiapônia (GO), 2019.

Várias ONGs que trabalham para proteger o Cerrado brasileiro apontam que, entre os impactos do desmatamento acentuado e da introdução de culturas agrícolas na região, está a diminuição da biodiversidade, pois as atividades põem em risco muitas espécies de animais, como onças, tamanduás-bandeira, emas, entre outras. Além disso, o aumento das queimadas resulta em maior emissão de gases de efeito estufa, e a correção do solo, acompanhada do uso intenso de agrotóxicos nas lavouras, contamina a terra e as águas superficiais e subterrâneas. Por fim, é importante destacar que diversas comunidades tradicionais (quilombolas, indígenas, ribeirinhos etc.) são afetadas e, muitas vezes, obrigadas a se deslocar, já que suas áreas são ocupadas pela soja e outras monoculturas, como a cana-de-açúcar e o algodão.

As populações tradicionais mantêm uma relação sustentável com o meio ambiente. Dessa forma, produzem seus alimentos em lavouras que respeitam os ecossistemas locais. Crianças indígenas da etnia Haliti Paresi regam mudas em horta orgânica. Campo Novo do Parecis (MT), 2018.

Floresta Amazônica

Já estudamos na Unidade 4 que parte da Região Centro-Oeste é recoberta pelo bioma amazônico, especialmente o norte e o noroeste do estado do Mato Grosso. São, aproximadamente, 500 mil km² de densa floresta, com árvores de mais de 50 metros de altura e grande diversidade ecológica. Nessa porção do território, encontram-se o Parque Nacional do Xingu e o Parque Estadual do Cristalino.

A área ocupada por projetos de colonização e com atividades agropecuárias e madeireiras nessa parte do Centro-Oeste ficou conhecida pelo nome de **franja amazônica**. Esse processo de ocupação tornou-se mais intenso nas décadas de 1960 e 1970, assim como ocorreu em outros espaços geográficos do Centro-Oeste e do Norte do Brasil. Os governos federal, estaduais e municipais foram os principais articuladores dessa expansão, em associação com empresas de colonização privadas.

Sinop (MT) mostrava-se como uma clareira aberta em meio a floresta em 1982.

Já em 2020, Sinop (MT) apresentava-se como uma importante capital regional do Centro-Oeste.

Impactos socioambientais da franja amazônica

Até o início do século XX houve uma ocupação "espontânea" dessa franja da floresta, realizada por pequenos agricultores que se deslocavam especialmente do Nordeste do Brasil. Como vimos, posteriormente, empresas privadas promoveram projetos de colonização estimulando a ocupação e o desenvolvimento agropecuário em vários municípios. Assim, as ocupações do norte do Mato Grosso foram marcadas pelas seguintes características:

- elevado desmatamento e queimadas para a implantação de culturas, como as de café, com intenso consumo de agrotóxicos;
- plantio de lavouras introduzidas pelos primeiros colonos, como arroz, feijão e milho, substituídas, em vários municípios, pela pastagem para criação de gado bovino (corte e leite);
- desenvolvimento de exploração mineral e de madeira (extração de madeira em toras, em grande escala e, muitas vezes, de forma irregular, em áreas indígenas);
- expansão da fronteira da soja, com grandes desmatamentos e poluição do solo e das águas.

Atualmente, ainda se observam nessa franja do bioma atividades de extrativismo vegetal, pequenas lavouras familiares, práticas de pecuária extensiva e intensiva, além do avanço da agricultura comercial, com vários impactos ambientais, como os já citados. Observam-se, também, o avanço de algumas doenças tropicais, como a malária, resultantes do desmatamento e da ocupação desordenada da região; grande destruição da floresta; e contaminação de ecossistemas aquáticos causada pelo uso dos agrotóxicos e de mercúrio nos garimpos. Além dos danos ambientais, todos esses problemas atingem diretamente as populações indígenas que vivem na região, como mostra o texto da seção a seguir.

Extração de madeira no norte do Mato Grosso, no município de Alta Floresta, 2019.

Queimada na Floresta Amazônica. Sinop (MT), 2020.

ZOOM

Ameaças ao Parque Indígena do Xingu

O Parque Indígena do Xingu (PIX) foi demarcado em 1961, com o objetivo de garantir a sobrevivência, bem como a preservação da língua e cultura de 16 diferentes povos indígenas. Contudo, a área do parque não tem sido respeitada pelos fazendeiros, donos das propriedades no entorno. O texto a seguir fala da reação dos líderes indígenas às ameaças que rondam o PIX. Leia-o com atenção.

Indígenas denunciam ameaças ao meio ambiente no Xingu

Líderes das principais etnias que vivem no Parque Indígena do Xingu, em Mato Grosso, entregaram um documento ao ministro do Meio Ambiente [...] em que manifestam preocupação com a expansão do agronegócio nas áreas limítrofes da reserva.

De acordo com informação publicada no *site* do ministério, os índios alertaram para ameaças aos principais rios que cortam o parque, que têm as suas nascentes fora dos limites da área protegida, em terras que estariam sendo desmatadas para o plantio de soja. [...]

O chefe Kuiussi Mehinako afirmou que as etnias indígenas "estão sendo desrespeitadas com as notícias que saem na mídia", anunciando revisão de terras indígenas. "Vocês, como governo, precisam nos proteger. Não fomos nós que nos aproximamos de vocês, e sim o homem branco que chegou e agora está ameaçando as nossas terras e a nossa forma de viver", afirmou o cacique. [...]

Além do desmatamento nas cabeceiras dos rios, os índios relatam a construção de pequenas centrais hidrelétricas (PCHs) para gerar energia. "As PCHs represam a água e impedem a livre passagem dos peixes, interferindo na reprodução e manutenção das espécies", assinala o documento.

Os índios observam, ainda, que "os rios já não estão com tanta água como antigamente e já não estão mais enchendo as lagoas naturais onde muitos peixes se reproduzem anualmente".

INDÍGENAS denunciam ameaças ao meio ambiente no Xingu. *Canal Rural*, São Paulo, 16 mar. 2017. Disponível em: https://www.canalrural.com.br/noticias/indigenas-denunciam-ameacas-meio-ambiente-xingu-66542/. Acesso em: 22 fev. 2020.

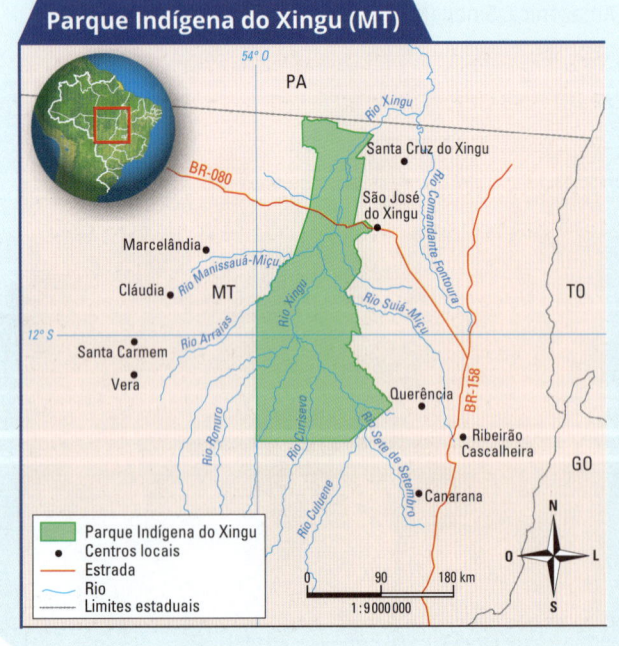

Parque Indígena do Xingu (MT)

Fonte: INSTITUTO SOCIOAMBIENTAL. Campanha Y Ikatu Xingu completa 10 anos este mês. [São Paulo]: ISA, 27 out. 2014. Disponível em: https://www.socioambiental.org/pt-br/blog/blog-do-xingu/campanha-y-ikatu-xingu-completa-10-anos-este-mes. Acesso em: 10 jan. 2021.

O PIX possui uma área de aproximadamente 26 mil km², equivalente ao estado de Alagoas. Nessa área, vivem dezenas de povos, como os kamaiurás, os matipus e os trumais, que lutam para preservar costumes, tradições e território. Na fotografia, indígenas da etnia Waurá fazem o ritual do Kuarup. Gaúcha do Norte (MT), 2019.

Pantanal

O Pantanal é um bioma que se estende, em território brasileiro, pelos estados do Mato Grosso e do Mato Grosso do Sul. Nos países vizinhos, ele também ocupa parte da Bolívia e do Paraguai, totalizando uma área com cerca de 250 mil km², sendo considerado, pela Organização das Nações Unidas (ONU), **Patrimônio Natural Mundial** e **Reserva da Biosfera**. Nele, encontramos várias áreas indígenas homologadas (com a demarcação administrativa ratificada por decreto presidencial) e algumas delimitadas e declaradas (já identificadas e com os limites estabelecidos e demarcados pelo Ministério da Justiça) ou em estudo (áreas em fase de levantamento para identificação e delimitação).

Predomina no bioma Pantanal o clima tropical, com elevados índices pluviométricos, especialmente no verão. Nesse bioma, há grande ocorrência de gramíneas, arbustos e árvores de porte médio. Também há elevada biodiversidade, com muitas espécies de fauna e flora da Mata Atlântica, da Floresta Amazônica e do Cerrado. Calcula-se que existam mais de mil espécies catalogadas nessa área, entre peixes, anfíbios, répteis, aves e mamíferos. Há ainda uma riqueza de plantas muito grande, e várias delas têm excelente poder medicinal.

O relevo da região é extremamente plano – ela é conhecida como planície do Pantanal – e sua altitude varia de 100 a 200 metros. A quase totalidade dos rios que banham esse bioma são afluentes do Rio Paraguai que, devido à planura do relevo, são bastante afetados pelo fenômeno das cheias (meses de verão) e das vazantes (meses de inverno) que ocorre durante o ano.

Onça-pintada no Pantanal no período de cheia. Porto Jofre (MT), 2019.

Tamanduá-bandeira no Pantanal no período de vazante, 2019.

Pecuária e o meio ambiente pantaneiro

Em decorrência da presença de imensos campos com pastagens e da grande disponibilidade de água, a **pecuária** avançou muito na região pantaneira nas últimas décadas. Além desses recursos naturais, diversos pecuaristas, procurando aumentar a produtividade, têm retirado a vegetação nativa e plantado pastagens para alimentação dos rebanhos. Esse processo é feito com aplicação de diversos insumos, para a correção e fertilização dos solos, que contaminam tanto os solos quanto as águas do Pantanal. Ao mesmo tempo, a expansão das áreas de pastagens aumentou o assoreamento dos rios do bioma.

Essa prática da pecuária tem contribuído também para diminuir a exploração econômica de outra potencialidade regional: o **turismo**. A região do Pantanal apresenta inúmeras belezas naturais, porém, a expansão da atividade pecuária reduziu as áreas naturais da região transformando-as em grandes pastagens.

Rebanho bovino em fazenda no Pantanal. Poconé (MT), 2020.

Impactos vão além da pecuária bovina

Outras atividades também têm grande participação nos impactos ambientais desse bioma: o **garimpo** de ouro, responsável pelo derrame de produtos químicos tóxicos, como o mercúrio, nas águas dos rios; a **caça predatória**, que abate ou comercializa aves, mamíferos e répteis; e a **pesca ilegal** de diferentes espécies de peixes da região. Sobre essa questão, leia a charge a seguir.

GIÓ. *Dilo, o jacaré do pantanal que ainda não virou couro.* Disponível em: https://tirinhasdogio.blogspot.com/2008/01/tirinhas-tirinhas-tirinhas.html. Acesso em: 15 abr. 2021.

1. Que problema ambiental é explorado por Dilo (o jacaré) em seu diálogo com a garça?

FIQUE LIGADO!

Turismo como alternativa sustentável para o Pantanal

A preocupação com o avanço do desmatamento e uso da área do Pantanal para criação de gado e agricultura foram discutidos durante um seminário realizado na Assembleia Legislativa de Mato Grosso (ALMT), em Cuiabá.

Um mapeamento divulgado pelo Instituto Socioambiental da Bacia do Alto Paraguai SOS Pantanal mostra que 15% do território do Pantanal é ocupado atualmente por pastagem. Os dados mostram também que pouco mais de 84% da área do Pantanal está preservada.

No evento, foram discutidos o turismo na região, possíveis parcerias e iniciativas para a proteção do Pantanal. Ambientalistas e palestrantes mostraram exemplos de regiões semelhantes ao Pantanal, como Everglades, nos Estados Unidos, e Okavango, em Botswana, na África. [...]

O Pantanal é considerado um Complexo de Ecossistemas, pois trata-se de uma região de encontro entre Cerrado, Chaco, Amazônia, Mata Atlântica e Bosque Seco Chiquitano. Existem no Pantanal pelo menos 3 500 espécies de plantas, 550 de aves, 124 de mamíferos, 80 de répteis, 60 de anfíbios e 260 espécies de peixes de água doce, sendo que algumas delas em risco de extinção.

SOARES, Denise. ONG aponta desmatamento no Pantanal para pecuária e agricultura. *G1*, Rio de Janeiro, 10 maio 2017. Disponível em: https://g1.globo.com/mato-grosso/noticia/ong-aponta-desmatamento-no-pantanal-para-pecuaria-e-agricultura.ghtml. Acesso em: 23 fev. 2021

Safári ecológico. Miranda (MS), 2018.

MUNDO DOS MAPAS

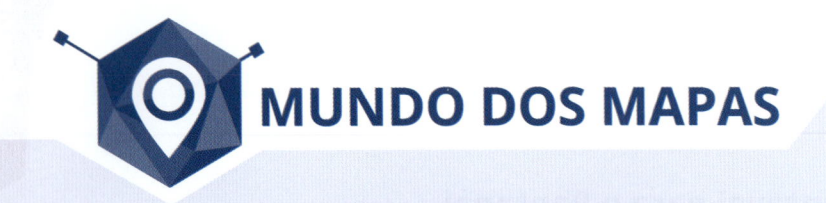

Identificação da temática das representações

Analise atentamente as informações representadas nos mapas a seguir e nas legendas.

Mapa A

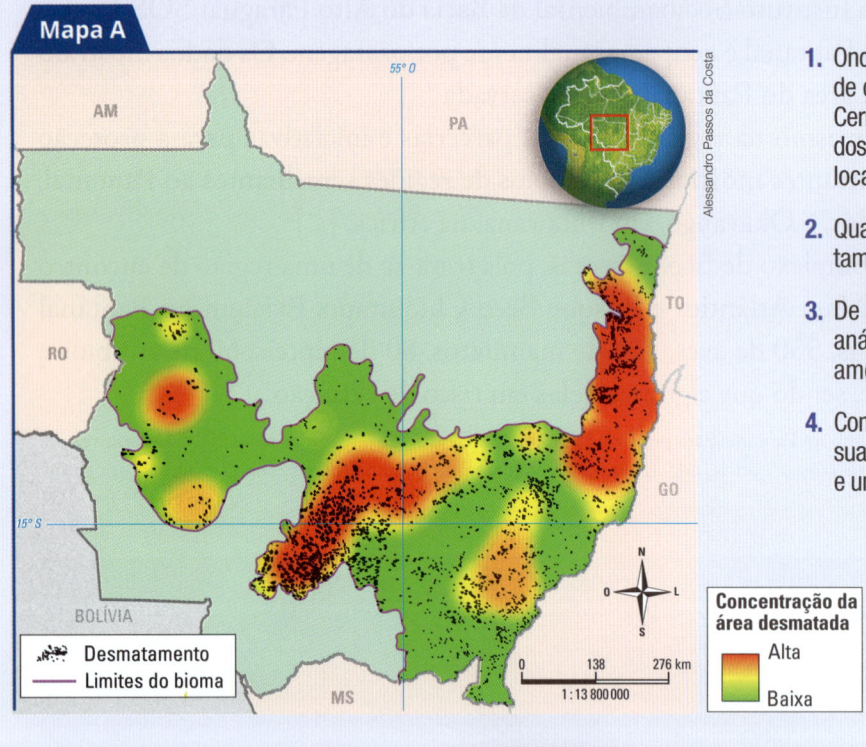

Concentração da área desmatada: Alta / Baixa
Desmatamento — Limites do bioma
Escala 1:13 800 000

Fonte: ANÁLISE do desmatamento em Mato Grosso (Prodes/2017). *In:* ICV. Cuiabá, c2020. Disponível em: https://www.icv.org.br/publicacao/8880/. Acesso em: 10 jan. 2021.

1. Onde estão concentradas geograficamente as áreas de desmatamento no estado de Mato Grosso no bioma Cerrado? E no bioma amazônico? Dica: observe a rosa dos ventos dos mapas e use as direções cardeais para localizar essas áreas de concentração.

2. Quais são os mapas que, respectivamente, representam essas informações?

3. De acordo com as informações dos mapas e de sua análise espacial, qual dos dois biomas está mais ameaçado pelos desmatamentos?

4. Com base nas informações contidas nos mapas e em suas respectivas legendas, crie um título para o Mapa A e um para o Mapa B.

Fonte: CARACTERÍSTICAS do desmatamento no Cerrado mato-grossense em c2020. *In:* ICV. Cuiabá, 2019. Disponível em: https://www.icv.org.br/publicacao/caracteristicas-do-desmatamento-no-cerrado-mato-grossense-em-2019/. Acesso em: 10 jan. 2021.

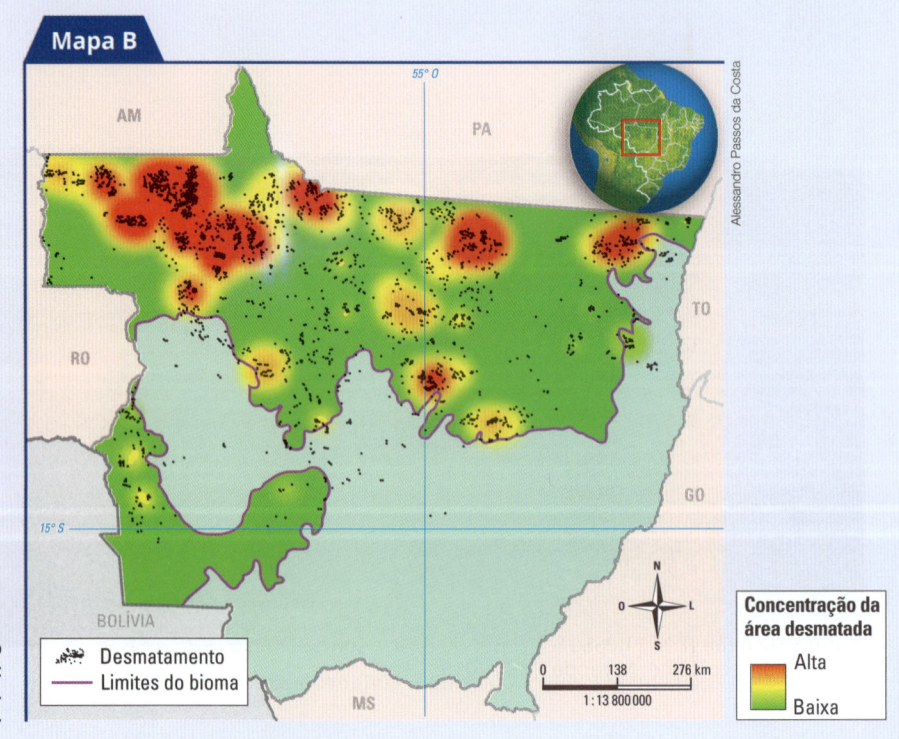

Mapa B

Concentração da área desmatada: Alta / Baixa
Desmatamento — Limites do bioma
Escala 1:13 800 000

MÃOS À OBRA

Cartaz-denúncia

Leia com atenção este cartaz.

Por que proteger o Cerrado?

- **52%** do bioma Cerrado **foi destruído**
- **62 litros** de **agrotóxicos** são consumidos por ano pelas pessoas no Mato Grosso
- **901 espécies** de **fauna** e **flora** estão ameaçadas de extinção
- O **Agronegócio** expulsa os **Povos** e **Comunidades** tradicionais, protetores da biodiversidade do Cerrado
- **6 bacias hidrográficas** brasileiras são abastecidas pelas águas do Cerrado
- **80 etnias indígenas** estão na região do Cerrado

Sem Cerrado não teremos chuva para abastecer nossos rios, água para beber, nem alimentos em nossas mesas.

SEM CERRADO ÁGUA VIDA

Participe e colabore com a Campanha nacional em defesa do **Cerrado, das Águas e da Vida**.
semcerrado@gmail.com
semcerrado.org.br

Campanha Nacional em Defesa do Cerrado

Peça de divulgação da Campanha Nacional em Defesa do Cerrado, promovida desde 2016 por organizações e movimentos sociais que lutam pela preservação desse bioma.

O cartaz traz dados e informações que mostram o quanto o bioma Cerrado é importante para o nosso país e, ao mesmo tempo, denuncia sua degradação por atividades humanas.

• Junte-se com três colegas. Tomando como base o "cartaz-denúncia" acima, criem, juntos, outros dois cartazes com o mesmo propósito, um para o bioma Pantanal e outro para a Floresta Amazônica.

• Busquem as informações necessárias para a elaboração do cartaz no texto deste capítulo e, caso julguem necessário, em outras fontes na internet.

• Montem os cartazes em formato digital utilizando programa de produção de *slides*, ou no formato físico, em folhas de cartolina. Caprichem no *layout* (arranjo dos elementos visuais e textuais) do cartaz, assim como as pessoas que criaram a campanha em defesa do Cerrado fizeram.

• Após toda a turma concluir o trabalho, publiquem os cartazes nas redes digitais, caso tenham sido elaborados nesse formato. Se foram confeccionados em papel, devem ser fixados em um local onde possam ser vistos por toda a comunidade escolar.

ATIVIDADES

Reviso o capítulo

1. Quais os principais biomas que se estendem pela Região Centro-Oeste?
2. Cite as principais diferenciações na vegetação do Cerrado.
3. Por que o Cerrado recebe o apelido de "Caixa-d'água do Brasil"?
4. De que maneira o Centro-Oeste e o bioma Cerrado tornaram-se áreas preferenciais para a expansão da lavoura de soja?
5. Quais são as principais técnicas de desmatamento utilizadas em áreas de Cerrado e de Floresta Amazônica na Região Centro-Oeste?
6. O que é a franja amazônica?
7. Qual é a importância do PIX? Como esse parque tem sido ameaçado atualmente?
8. De acordo com o que você estudou no capítulo, responda: Por que o Pantanal é considerado Patrimônio Natural Mundial e Reserva da Biosfera pela ONU?

Organizo informações

9. Monte no caderno um quadro como o modelo a seguir e preencha os espaços com as informações necessárias extraídas do texto do capítulo.

ITENS/BIOMAS	CERRADO	FLORESTA AMAZÔNICA	PANTANAL
Principais características naturais			Clima tropical, com elevados índices pluviométricos
Atividades econômicas de destaque		Extrativismo vegetal; lavoura familiar; pecuária extensiva e intensiva; agricultura comercial	
Principais impactos socioambientais	Diminuição da biodiversidade; aumento das queimadas e da emissão dos gases de efeito estufa		

AQUI TEM GEOGRAFIA

Leia:

Pantanal: mosaico das águas

Marcelo Leite (Ática, 2007).

A obra retrata as aventuras de dois irmãos em uma fazenda localizada no Pantanal durante as férias escolares. Descreve diversas características das paisagens pantaneiras.

Acesse:

IKPENG

Disponível em: http://www.ikpeng.org/. Acesso em: 19 abr. 2021.

Conheça os indígenas da etnia ikpeng, um dos 16 povos que vivem no Parque Indígena do Xingu.

TEMAS COMPLEMENTARES

Caro aluno,

O Caderno de Temas Complementares foi elaborado com o objetivo de possibilitar que você desenvolva habilidades e amplie conhecimentos que são próprios da ciência geográfica. Aqui são desenvolvidas temáticas que aprofundam as discussões e o entendimento de conceitos e noções trabalhados no decorrer dos capítulos deste volume de 7º ano. Além disso, propõem-se atividades práticas que você executará com o uso de diferentes tecnologias, podendo ser desenvolvidas individualmente ou em grupo, dentro ou fora da sala de aula.

Então, aproveite a oportunidade para se aprofundar nos estudos de Geografia!

Os autores.

Tema 1 – Patrimônio cultural: conhecer e preservar _____ 200

Tema 2 – Nosso Brasil africano _____ 204

TEMA 1

Patrimônio cultural: conhecer e preservar

Você sabe o que é patrimônio cultural? Conhece a diferença entre patrimônio material e patrimônio imaterial? Sabe o que pode ser considerado um patrimônio?

Segundo a Constituição Federal Brasileira, **patrimônios culturais** são bens que têm grande importância para a manutenção da identidade cultural e da história de nosso povo. Leia, a seguir, o trecho da Carta Magna que discorre sobre esse ponto.

Art. 216. Constituem patrimônio cultural brasileiro os bens de natureza material e imaterial, tomados individualmente ou em conjunto, portadores de referência à identidade, à ação, à memória dos diferentes grupos formadores da sociedade brasileira, nos quais se incluem:

I - as formas de expressão;

II - os modos de criar, fazer e viver;

III - as criações científicas, artísticas e tecnológicas;

IV - as obras, objetos, documentos, edificações e demais espaços destinados às manifestações artístico-culturais;

V - os conjuntos urbanos e sítios de valor histórico, paisagístico, artístico, arqueológico, paleontológico, ecológico e científico.

BRASIL. [Constituição (1988)]. *Constituição da República Federativa do Brasil de 1988*. Brasília, DF: Presidência da República, [2016]. Disponível em: http://www.planalto.gov.br/ccivil_03/constituicao/constituicao.htm. Acesso em: 19 fev. 2021.

Agora, observe alguns exemplos de patrimônios culturais brasileiros.

Apresentação de frevo, dança típica do estado de Pernambuco. Recife (PE), 2018. (Leo Caldas/Pulsar Imagens)

Etapa do modo artesanal de fazer queijo de Minas. Itaguara (MG), 2020. (Nereu Jr/Pulsar Imagens)

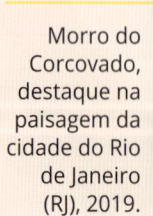

Morro do Corcovado, destaque na paisagem da cidade do Rio de Janeiro (RJ), 2019. (Iurii Dzivinskyi/Shutterstock.com)

Casarões coloniais no centro histórico de São Luís (MA), 2019. (weber santana/Shutterstock.com)

Você pode identificar quais desses exemplos são patrimônios materiais e quais são imateriais? Converse com os colegas e com o professor sobre esse assunto.

Obras de arte, construções e paisagens urbanas ou rurais, documentos históricos, acervos fotográficos, acervos de museus, entre outros objetos ou bens que sejam palpáveis, são considerados **patrimônio cultural material**.

A festa religiosa do Círio de Nossa Senhora de Nazaré, em Belém (PA), é considerada um patrimônio imaterial de nosso país. Fotografia de 2019.

A gruta do Lago Azul em Bonito (MS) é considerada um patrimônio material brasileiro.

Já os saberes, as habilidades e as crenças – como danças, músicas, festas, rituais religiosos e até o modo de preparo de um alimento – são considerados **patrimônio cultural imaterial**, pois não são palpáveis e estão relacionados ao modo de vida das sociedades.

No Brasil, para evitar a destruição de um patrimônio cultural, é necessário que ele seja **tombado**, ou seja, registrado como tal pelo **Instituto do Patrimônio Histórico e Artístico Nacional (Iphan)**, um órgão do governo federal, ou por órgãos ligados aos poderes estaduais ou municipais.

Ruínas da Igreja de São Miguel, tombada em 1983, em São Miguel das Missões (RS), 2019.

Samba de Roda do Recôncavo Baiano, tombado em 2004, em Vera Cruz (BA), 2019.

Um bem tombado não pode ser alterado sem o acompanhamento especializado de pesquisadores ou de fiscalização. O objetivo dessa restrição é mantê-lo preservado para as futuras gerações.

No Brasil, em âmbito nacional, qualquer pessoa ou empresa pode solicitar o tombamento de um bem ao Iphan. O tombamento também pode ser feito em âmbito estadual ou municipal.

Após ser pesquisado e avaliado pelo Iphan ou pelos órgãos estaduais ou municipais, o tombamento é dado para aqueles bens que tenham verdadeira importância cultural.

Tombo

A origem da expressão "tombamento" é portuguesa. Durante o século XIV, os livros de registros dos patrimônios e os arquivos reais da Coroa portuguesa ficavam guardados em uma das torres do Castelo de Lisboa, chamada de Torre do Tombo. Daí vem a palavra "tombamento", em português, que basicamente significa o ato de proteger e preservar pela lei um patrimônio cultural.

Inventário do patrimônio local

Você sabe se, no município onde mora, existe algum patrimônio tombado ou um bem que poderia se tornar um patrimônio?

A proposta aqui é que você e os colegas façam um inventário de patrimônios culturais de seu município que poderiam ser tombados. Um **inventário** é uma relação detalhada de bens materiais ou imateriais, ou seja, uma lista dos bens com diversas informações sobre cada um, como endereço ou localização, data de construção ou criação, do que é constituído, como ocorre etc.

Para esta atividade, além do professor de Geografia, peça o auxílio dos professores de História, Língua Portuguesa e Arte, e siga os próximos passos.

1. Reúna-se com dois ou três colegas e forme um grupo.

2. Converse com eles sobre paisagens, edificações, documentos históricos, comidas típicas, danças, festas anuais e músicas, entre outros bens materiais e imateriais existentes onde vocês moram e que contenham algum valor ou importância cultural para a identidade do município, do estado ou do país.

3. Façam anotações e elaborem uma lista dos bens mencionados por vocês durante a conversa.

4. Elaborem um questionário para ser aplicado na comunidade escolar (alunos, professores e funcionários). Se considerarem necessário, vocês podem também aplicá-lo na comunidade do entorno da escola ou no bairro em que moram.

5. Durante a elaboração do questionário, verifiquem se nas perguntas há informações suficientes para possibilitar aos entrevistados responder com explicações, descrições ou exemplos.

6. Nesse momento, mantenham o foco no objetivo principal: inventariar os bens materiais e imateriais do município que poderiam ser tombados como patrimônio. Por isso, no início do questionário, escrevam um pequeno texto explicativo sobre esse assunto para esclarecer a proposta do questionário ao entrevistado.

7. Incluam os bens listados por vocês na conversa inicial e questionem os entrevistados sobre a importância cultural de cada um para o município e para a população.

8. Lembrem-se de incluir uma questão sobre a existência de algum outro bem cultural que não tenha sido mencionado. Observe o modelo de questionário a seguir.

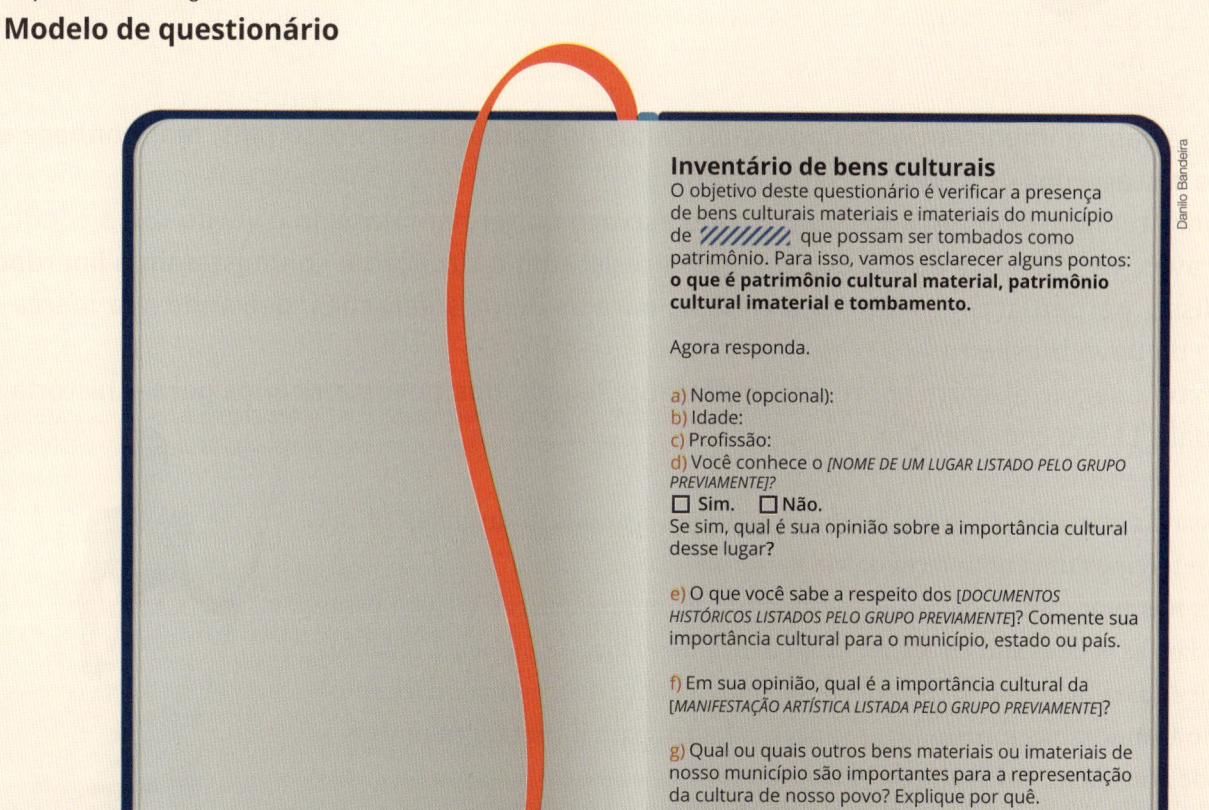

   ### Modelo de questionário

   Inventário de bens culturais
   O objetivo deste questionário é verificar a presença de bens culturais materiais e imateriais do município de ////////, que possam ser tombados como patrimônio. Para isso, vamos esclarecer alguns pontos: **o que é patrimônio cultural material, patrimônio cultural imaterial e tombamento.**

   Agora responda.

   a) Nome (opcional):
   b) Idade:
   c) Profissão:
   d) Você conhece o [NOME DE UM LUGAR LISTADO PELO GRUPO PREVIAMENTE]?
   ☐ Sim.   ☐ Não.
   Se sim, qual é sua opinião sobre a importância cultural desse lugar?

   e) O que você sabe a respeito dos [DOCUMENTOS HISTÓRICOS LISTADOS PELO GRUPO PREVIAMENTE]? Comente sua importância cultural para o município, estado ou país.

   f) Em sua opinião, qual é a importância cultural da [MANIFESTAÇÃO ARTÍSTICA LISTADA PELO GRUPO PREVIAMENTE]?

   g) Qual ou quais outros bens materiais ou imateriais de nosso município são importantes para a representação da cultura de nosso povo? Explique por quê.

9. Determinem uma quantidade mínima de questionários a ser aplicados. Ao atingir a quantidade planejada, encerrem essa etapa e analisem os dados obtidos.

10. Contabilizem as respostas mais comuns e analisem qual ou quais bens materiais ou imateriais do município poderiam ser tombados como patrimônio.

11. Verifiquem também se esses bens são importantes para o município, o estado ou o país, para que possam direcionar o pedido de tombamento ao órgão competente.

12. Os municípios e estados têm órgãos ou instituições próprias para registrar e verificar a importância cultural de um bem. Para solicitar o tombo ao órgão nacional, vocês devem encaminhar uma solicitação formal para a superintendência do Iphan no estado em que está localizado o bem. Para obter o endereço de correspondência, consulte: http://portal.iphan.gov.br/pagina/detalhes/708/ (acesso em: 19 fev. 2021).

13. Divulguem seu trabalho em *blogs* ou redes sociais. Desse modo, outras pessoas poderão conhecer e valorizar a importância cultural dos bens localizados no município de vocês.

Página inicial do *site* do Iphan.

TEMA 2

Nosso Brasil africano

Você já sabe a importância dos povos africanos na formação de nosso país, mas conhece um pouco a história dos descendentes desses povos?

Embora tenham sido forçados ao trabalho escravo ou tenham nascido e vivido sob a condição de escravos, os africanos e seus descendentes resistiram à situação e conquistaram a liberdade. Além disso, perpetuaram costumes e crenças para as demais gerações, deixando sua marca na história do povo brasileiro.

O texto a seguir discorre sobre um importante legado dos povos africanos para a história de nosso país. Leia-o com atenção.

O lugar da mãe-África não é na lembrança. É aqui, agarrada no seu filho-Brasil. Só assim teremos uma nova terra da vida – ilê aiê!

Hoje, nós praticamos, de um jeito diferente, as nossas antigas rezas, nossas antigas danças, nossas antigas festas. Hoje, dançamos a luta da capoeira, rezamos a festa de Nossa Senhora do Rosário, festejamos a dança de Iemanjá e dançamos a reza do Candomblé. E mais. Muitos negros fogem para inventar quilombos – aldeias de Angola na nova terra da vida.

Aqui, nas Gerais, os negros criaram o Quilombo do Ambrósio.

Longe, longe, na Serra da Barriga, os negros criaram o Quilombo de Palmares. Zumbi foi uma das grandes lideranças da República Livre de Palmares.

Dizem que muitos quilombos foram destruídos. Dizem que muitos continuam de pé – brasa viva na terra-Brasil.

Nos quilombos, todos trabalham. Ninguém explora o trabalho do outro.

No quilombo, a novidade é a vida.

Toda noite
montoeiras
de estrelas
embaralham
todo céu
Quilombos de estrelas.

MARQUES, Francisco. *Ilê aiê*: um diário imaginário. São Paulo: Formato, 2009. p. 12-13.

Os **quilombos**, mencionados no texto, eram comunidades formadas por africanos e seus descendentes que fugiam das fazendas deixando a condição de escravos. Nessas comunidades, a terra era compartilhada e todos podiam trabalhar livremente nela.

No entanto, como escravos fugidos eram perseguidos, os quilombos ficavam escondidos nas matas ou em locais de difícil acesso para que não fossem encontrados com facilidade.

Zumbi e Dandara dos Palmares são os nomes mais conhecidos quando se fala em resistência à escravidão no Brasil. Zumbi nasceu livre, na capitania de Pernambuco, em 1655, mas, com aproximadamente 6 anos, foi capturado e tornado escravo. Quando jovem, fugiu para o Quilombo dos Palmares e destacou-se como líder guerreiro. Lá casou-se com Dandara, que se tornara, ainda muito cedo, uma guerreira, participando de várias lutas e batalhas contra os europeus em defesa de Palmares.

Palmares, localizado no atual estado de Alagoas, foi um dos maiores quilombos de que se tem registro. Nele, Zumbi e Dandara se tornaram líderes de cerca de 30 mil quilombolas, resistindo a ataques portugueses e holandeses. Contudo, em 1694 o quilombo foi destruído e, no dia 20 de novembro de 1695, Zumbi foi morto.

Tanto nos quilombos quanto ainda nas fazendas como escravos, os povos africanos e seus descendentes mantiveram sua essência cultural e, ao mesmo tempo, transformaram o modo de praticá-la. Como relata o texto da página anterior, as lutas se tornaram danças e as festas se tornaram rezas, ou seja, apesar das proibições da Coroa portuguesa, as manifestações da cultura africana se mantiveram vivas até hoje. Por isso a cultura brasileira é repleta de elementos originados nas culturas africanas.

A umbanda, por exemplo, é uma religião que nasceu no Brasil pela união entre cultos de diferentes povos africanos com o catolicismo.

Os elementos africanos também estão presentes nos ritmos musicais, como o maracatu e o samba, e sobretudo no uso de instrumentos como o atabaque, a cuíca e o agogô.

Os hábitos alimentares de alguns povos africanos também permanecem no dia a dia de grande parte dos brasileiros, como o de comer cuscuz, canjica ou feijoada.

Ogum é um orixá, ou seja, uma divindade cultuada pela umbanda.

Atabaque, um instrumento de percussão.

A feijoada é prato tradicional na culinária brasileira.

Conhecer e valorizar a história e a rica cultura afro-brasileira é tão importante que esse assunto se tornou obrigatório nas escolas de todo o país desde 2003, com a Lei nº 10.639/2003.

A mesma lei estabeleceu também, no calendário escolar de todo o país, **20 de novembro** como o **Dia da Consciência Negra**.

Blog de africanidades

A fim de ressaltar a importância e as influências da cultura afro-brasileira em nosso país e em países da África, vamos criar um *blog*. Para isso, além do professor de Geografia, convide os professores de História e de Arte para participar da atividade e auxiliá-lo nos aspectos ligados às disciplinas deles.

1. Primeiro, reúna-se com dois ou três colegas e escolham, juntos, um aspecto da cultura afro-brasileira que vocês desejem pesquisar. Vocês podem escolher entre culinária, música, dança, arte, religião, entre outros. Atenção: o grupo que optar pelo aspecto artístico deve priorizar as artes visuais, deixando a dança e a música para outros grupos.

Máscara feminina da etnia Baulê, Costa do Marfim.

2. Façam uma pesquisa ampla buscando diferentes elementos para exemplificar o aspecto cultural em questão, como: instrumentos, hábitos, costumes, vestimentas, adornos, temperos, utensílios, tipos de material, de ingredientes, de rituais etc. Procurem também informações sobre como esse aspecto cultural é utilizado ou vivenciado atualmente nas comunidades quilombolas ou em outros locais do país.

Embora os quilombos não sejam mais locais de refúgio contra a escravidão, no Brasil existem diversas comunidades remanescentes, com numerosa população, como aponta o texto a seguir.

Não se sabe ao certo quantos quilombolas existem, hoje, no Brasil. Segundo um levantamento da Fundação Cultural Palmares, são 3 524 grupos remanescentes. Desses, só 154 foram titulados – fase final do processo de reconhecimento e proteção de quilombolas no Brasil.

WITZEL, Nicollas. Comunidades quilombolas tentam resistir ao avanço de grandes empreiteiras. *Época*, [São Paulo], 24 abr. 2019. Disponível em: https://epoca.globo.com/comunidades-quilombolas-tentam-resistir-ao-avanco-de-grandes-empreiteiras-23613697. Acesso em: 19 fev. 2021.

3. Procurem saber como o aspecto cultural que escolheram ainda faz parte do costume ou das tradições de algum país africano na atualidade.

Mulheres angolanas dançando. Benguela, Angola, 2012.

4. É importante lembrar que, no decorrer da história da escravidão, muitos brasileiros afrodescendentes retornaram ao país de origem de seus antepassados. Alguns deles se estabeleceram no Togo, no Benim e na Nigéria, e são chamados de "agudás", como explica o texto a seguir.

> Ser agudá atualmente no Benim é compartilhar uma memória comum relativa a um conjunto de realizações e a uma maneira de ser à "brasileira".
>
> GURAN, Milton. A saga dos agudás – a identidade brasileira na África Ocidental. *In*: COLÓQUIO DE FOTOGRAFIA DA BAHIA, III., 2019, Salvador. *Anais* [...]. Salvador: UFBA, 2019. Disponível em: http://www.coloquiodefotografia.ufba.br/a-saga-dos-agudas-a-identidade-brasileira-na-africa-ocidental/. Acesso em: 19 fev. 2021.

Carnaval dos descendentes de brasileiros, os agudás. Porto Novo, Benim, 2011.

5. Sabendo disso, pesquisem a influência brasileira, nos países africanos mencionados, referente ao aspecto cultural abordado por vocês.
6. Organizem as informações pesquisadas em um *blog* de uma rede social. Pode ser no Facebook, Instagram ou Twitter.
7. Ilustrem o *blog* com fotografias, mapas e textos jornalísticos que vocês pesquisaram. Para cada postagem, escrevam um texto explicativo.
8. Por fim, visitem os *blogs* criados pelos outros grupos. Leiam as postagens deles e comentem o trabalho que fizeram.

REFERÊNCIAS

AB'SÁBER, Aziz Nacib. *Brasil*: paisagens de exceção – o litoral e o pantanal mato-grossense: patrimônios básicos. Cotia: Ateliê Editorial, 2016.

AB'SÁBER, Aziz Nacib. *Litoral do Brasil*. São Paulo: Metalivros, 2008.

ANDRADE, Manuel C. de. *O Brasil e a África*. São Paulo: Contexto, 1989.

ANDRADE, Manuel C. de; ANDRADE, Sandra Maria C. de. *A Federação brasileira*: uma análise geopolítica e geossocial. São Paulo: Contexto, 2003.

AYOADE, J. O. *Introdução à climatologia para os trópicos*. São Paulo: Difel, 2003.

BECKER, B. K.; EGLER, C. A. G. *Brasil*: uma nova potência regional na economia-mundo. Rio de Janeiro: Bertrand Brasil, 1993.

CARLOS, Ana Fani A. *A cidade*. São Paulo: Contexto, 1999.

CARLOS, Ana Fani A.; OLIVEIRA, Ariovaldo Umbelino de. *Geografias das metrópoles*. São Paulo: Contexto, 2006.

CASTRO, Iná Elias de *et al.* (org.). *Explorações geográficas*: percursos no fim do século. Rio de Janeiro: Bertrand Brasil, 1997.

CONWAY, Gordon. *Produção de alimentos no século XXI*: biotecnologia e meio ambiente. São Paulo: Estação Liberdade, 2003.

CORRÊA, Roberto L. *A rede urbana*. São Paulo: Ática, 1989.

CORRÊA, Roberto L. *O espaço urbano*. São Paulo: Ática, 1995.

CORRÊA, Roberto L. *Região e organização espacial*. São Paulo: Ática, 2007.

CUNHA, Sandra B. da; GUERRA, Antonio J. T. (org.). *Geomorfologia do Brasil*. Rio de Janeiro: Bertrand Brasil, 1998.

GRAZIANO, Xico; NAVARRO, Zander. *Novo mundo rural*: a antiga questão agrária e os caminhos futuros da agropecuária no Brasil. São Paulo: Editora Unesp, 2015.

IBGE. *Censo Demográfico 2010*. Rio de Janeiro: IBGE, 2011.

LESSA, Ricardo. *Amazônia*: as raízes da destruição. São Paulo: Atual, 1991.

MORAES, Antonio C. R. *Bases da formação territorial do Brasil*: o território colonial brasileiro no "longo" século XVI. São Paulo: Hucitec, 2000.

RATTNER, Henrique. *Mercosul e Alca*: o futuro incerto dos países sul-americanos. São Paulo: Edusp, 2002.

REBOUÇAS, Aldo da C. *et al.* (org.). *Águas doces no Brasil*: capital ecológico, uso e conservação. São Paulo: Escrituras, 2006.

ROSS, Jurandyr L. S. (org.). *Geografia do Brasil*. São Paulo: Edusp, 2014.

SACHS, Ignacy *et al.* (org.). *Brasil*: um século de transformações. São Paulo: Companhia das Letras, 2001.

SANDRONI, Paulo. *Novo dicionário de economia*. São Paulo: Best Seller, 1994.

SANTOS, Milton. *A natureza do espaço*: técnica e tempo, razão e emoção. São Paulo: Edusp, 2008.

SANTOS, Milton. *A urbanização brasileira*. São Paulo: Edusp, 2005.

SANTOS, Milton. *Metamorfoses do espaço habitado*. São Paulo: Edusp, 2008.

SANTOS, Milton; SILVEIRA, María Laura. *O Brasil*: território e sociedade no início do século XXI. Rio de Janeiro: Record, 2001.

THÉRY, Hervé; MELLO-THÉRY, Neli Aparecida de. *Atlas do Brasil*: disparidades e dinâmicas do território. São Paulo: Edusp, 2018.